Dr. Oliver L. Austin, Kurator der Ornithologischen Abteilung am Florida State Museum, hat sich durch lange Vorstudien auf dieses Buch vorbereitet. Der weitgereiste Ornithologe machte sich bereits durch seine Monographien über die Vögel von Neufundland, Korea und Japan einen Namen. Arthur Singer schuf die prachtvollen Bilder, die dieses Werk über Singvögel zu einer wahren Augenweide für jeden Vogel- und Naturfreund machen.

Für die gute Mitarbeit
bei der Vogelschutz-
jugendgruppe Schöneck e.V,

Weihnachten 1982

Von Oliver L. Austin ist außerdem
als Knaur-Taschenbuch erschienen:

»Knaurs Wasser- und Watvögel der Welt« (Band 7648)

Vollständige Taschenbuchausgabe

Titel der Originalausgabe »Song Birds of the World«

Deutsche Bearbeitung von Heinz Wermuth
Umschlaggestaltung Bine Cordes
Druck Appl, Wemding
Bindung Sellier, Freising
Printed in Germany · 1 · 12 · 682
ISBN 3-426-07649-7

1. Auflage

Oliver L. Austin:
Knaurs Singvögel der Welt

Herausgegeben von Herbert S. Zim

Mit 305 farbigen Vogeldarstellungen von Arthur Singer

Knaur

Inhalt

Einleitung

»Die Säugetiere« – so schreibt Alfred Edmund Brehm in seinem klassischen »Tierleben« — »sind Nutztiere, die Vögel Vergnügungstiere des Menschen. Jene müssen geben und Frondienst leisten, wenn sie von Menschen nicht vertilgt werden wollen, diese genießen eine Bevorzugung vor allen übrigen Tieren. Sie besitzen des Menschen Wohlwollen und des Menschen Zuneigung. Die Anmut ihrer Gestalt, die Schönheit der Farben, die Schnelligkeit und Behendigkeit ihrer Bewegungen, der Wohllaut ihrer Stimme, die Liebenswürdigkeit ihres Wesens ziehen uns unwiderstehlich an. Schon die ersten Menschen, von deren Gefühl wir Kunde haben, befreundeten sich mit den Vögeln; die Wilden nahmen sie unter ihren Schutz; Priester vergangener Zeiten sahen in ihnen heilige Tiere; Dichter des Altertums und der Gegenwart lassen sich von ihnen begeistern. Ihr Leben, ihre Stimme, ihr Flug, ihre ersichtliche Zufriedenheit mit dem Dasein erheben und erbauen uns. Ihnen gewähren wir gern die Gastfreundschaft, die wir den Säugern und noch mehr den Kriechtieren und Lurchen versagen, gewähren sie ihnen, auch wenn sie uns wenig Nutzen bringen. Unter ihnen werben wir uns mehr Haus- und Stubengenossen als unter allen übrigen Tieren.«
Was »Tiervater Brehm« über die Vögel im allgemeinen gesagt hat, gilt ganz besonders für die artenreichste und höchstentwikkelte Ordnung der Gefiederten, für die Sperlingsvögel (wissenschaftlich: *Passeriformes)*, von denen wiederum die Singvögel die überwiegende Mehrheit ausmachen. Nach ihnen, die uns mit Lerchen und Schwalben, Staren und Grasmücken, Meisen und den nahezu allgegenwärtigen Spatzen am vertrautesten sind, ist denn auch dieses Buch benannt.
Die Sperlingsvögel bilden nicht nur die entwicklungsgeschichtlich am weitesten fortgeschrittene Vogelordnung, sondern auch die größte: Sie enthält nicht weniger als 5100 Arten, das sind etwa drei Fünftel sämtlicher existierender Vögel. Alle *Passeriformes* sind nur kleine oder mittelgroße Landbewohner – die größten Sperlingsvögel sind die australischen Leierschwänze und unser Kolkrabe (der übrigens, wie die ihm verwandten Krähen, ein echter Singvogel ist). Wenn wir Landbewohner sagen, so heißt dies jedoch nicht, daß etwa kein einziger Sperlingsvogel ins nasse

Element geht: Wer je am Gebirgsbach eine Wasseramsel beobachtet hat, weiß, daß dieser hübsche Vogel unter Wasser zu laufen und flügelschlagend zu schwimmen versteht.
Das charakteristische Merkmal der Sperlingsvögel besteht in ihrem Sitzfuß mit den 4 Zehen, die nie durch Schwimmhäute verbunden sind und in der gleichen Höhe ansetzen. Drei Zehen zeigen nach vorn, die vierte nach hinten; sie ist zugleich am kräftigsten und kann nie nach vorn gekehrt werden. Ferner wären noch zu nennen: der besondere Bau des Gaumens, die Verringerung der Halswirbelzahl auf 14 – nur bei den Breitmaulvögeln sind es noch 15 – und die besondere Form der Spermatozoen. Stets schlüpfen die Jungvögel fast oder ganz nackt und blind aus dem Ei; sie sind noch völlig hilflos und müssen als »Nesthocker« großgezogen werden.
Sperlingsvögel gibt es nicht nur auf allen größeren Landmassen mit Ausnahme der Antarktis, sondern auch auf den meisten ozeanischen Inseln, sofern dort überhaupt Vögel leben können. Rätselhaft bleibt allerdings noch die Herkunft dieser Gruppe und ihre Verwandtschaft zu den anderen Vogelordnungen. Wahrscheinlich gingen sie schon im frühen Tertiär oder noch eher aus verschiedenen Stammformen hervor, doch sind die frühtertiären Fossilfunde zu bruchstückhaft, um einigermaßen sicher identifiziert zu werden oder etwas über die Stammesgeschichte und Verwandtschaft auszusagen. Erst in den letzten paar Jahrzehnten haben die Paläornithologen damit begonnen, die fossilen Ablagerungen auch nach kleinsten Vogelknochen durchzusehen, und konnten wenigstens ein paar Angaben über die voreiszeitliche Verbreitung der Gruppe und die Verwandtschaftsverhältnisse einiger weniger Sperlingsvogel-Familien machen.
Vom Tertiär an haben sich die Sperlingsvögel vielseitiger und erfolgreicher entwickeln können als alle anderen Vogelgruppen. Oft ist die Entwicklung so schnell gegangen – und sie scheint auch noch anzuhalten –, daß es nicht immer möglich ist, genaue Grenzen zwischen den einzelnen Gruppen zu ziehen, und somit erscheinen manche Familien weniger deutlich abgegrenzt als die Gattungen der anderen, nicht zu den Sperlingsvögeln gehörenden Familien. Dies alles und der Fortbestand vieler primitiver Formen, die aber keineswegs zwischen den höher entwickelten Einheiten vermitteln, machen es so schwierig, die Ordnung zufriedenstellend in halbwegs geschlossene Familien aufzuteilen. Über die Klassifikation der Sperlingsvögel oder gar die lineare Reihenfolge der Familien sind sich die Ornithologen ganz und

gar nicht einig; manche werfen alles zu 50 Familien zusammen, andere splittern die Ordnung sogar bis zu 70 Familien auf. Wenn in diesem Buch nur 57 Familien unterschieden werden, ist dies vielleicht schon etwas zu niedrig gegriffen.

Vor über einem Jahrhundert erkannte der deutsche Anatom Müller, daß die Anzahl und der Ansatz der Muskeln des Stimmapparats, des Syrinx, ein grundlegendes Merkmal darstellen, nach dem man 4 Unterordnungen anerkennen kann. Die ersten 3 mit höchstens 4 Paar Syrinxmuskeln lassen sich zu den primitiveren *Suboscines* zusammenfassen. Dazu gehören die *Eurylaimi* mit der einzigen Familie der Breitmaulvögel in der Alten Welt, die *Tyranni*, eine Gruppe von 13 vorwiegend neuweltlichen Familien, darunter die Töpfer- und Tyrannenvögel, Pittas und Verwandte, sowie die *Menurae*, zu denen nur die beiden Leierschwänze und die Dickichtvögel Australiens rechnen.

Bei den *Passeres* oder Eigentlichen Singvögeln treten 5 bis 8 Paar Syrinxmuskeln auf; in dieser Hauptgruppe vereinigen wir über 4000 Arten, also fast die Hälfte aller heutigen Vögel, und unterscheiden 36 bis 55 oder noch mehr Familien. Alle Bemühungen, diese vielen Familien zu höheren natürlichen Einheiten zusammenzufassen, hatten bisher nur wenig Erfolg, aber auch die Reihenfolge, in der die Familien hier abgehandelt werden, ist durchaus nicht unumstritten.

Die Europäer neigen dazu, die Rabenvögel ihrer vermeintlichen hohen Intelligenz sowie die Lauben- und Paradiesvögel ihres hochgezüchteten Instinktes und Gefieders wegen als höchste Entwicklungsstufen anzusehen, während die Amerikaner die Webervögel und die verwandten, ebenfalls mit 9 Handschwingen ausgerüsteten Singvögel an die Spitze des Stammbaumes stellen, denn sie zeigen die vielseitigste Entwicklung und Angleichung an den Lebensraum. Auch der Verfasser dieses Buches sieht in ihnen die Krönung der Singvogel-Entwicklung.

Kleines Smaragdbreitmaul
Calyptomena viridis
Malaia, Sumatra, Borneo;
15 cm.

Langschwanz-Breitmaul
Psarisomus dalhousiae
Himalaja bis Indochina,
Sumatra und Borneo; 25 cm.

Breitmaulvögel *(Eurylaimidae)*

Mit 14 Arten treten uns die Breitmaulvögel als eine abgeschlossene Familie leuchtend bunt gefärbter Sperlingsvögel entgegen, die verstreut über die Tropen der Alten Welt leben. Durch ihren einfach gebauten und nur mit einem einzigen Muskelpaar ausgestatteten Syrinx, den Besitz von 15 – statt sonst 14 – Halswirbeln und die Tatsache, daß ihre Vorderzehen zum Teil miteinander verwachsen sind, stehen sie so weit außerhalb der anderen Sperlingsvögel-Arten, daß man ihnen eine eigene Unterordnung zuerkennt. Aus ihrer Primitivität und ihrer unzusammenhängenden Verbreitung dürfen wir schließen, daß es sich hier um die Reste einer alten Verwandtschaftsgruppe handelt, die einst viel weiter verbreitet war. Ihre nähere Verwandtschaft ist unklar, doch zeigen sie Beziehungen zu den neuweltlichen Schmuck- und Faulvögeln.
Die untersetzten, 12 bis 28 cm langen Vögel tragen auf ihrem kurzen Hals einen unverhältnismäßig großen Kopf mit einem kräftigen, breiten, abgeflachten und an der Spitze hakig gebogenen Schnabel. Zu dieser plumpen Gestalt passen so recht die kurzen Beine, doch tragen sie kräftige Füße mit langen, gebogenen Krallen. Das weiche, seidige Gefieder zeigt bei den meisten asiatischen Arten leuchtend grüne und blaue Töne, während die afrikanischen Formen eine unauffälligere Grundfärbung tragen, die aber durch bunte rote, gelbe und lavendelfarbene Flecken aufgehellt wird. Auch die Schnäbel und Augen sind oft lebhaft gefärbt, doch wirken die Weibchen im ganzen etwas dunkler. Wir unterscheiden zwei Unterfamilien: die Eigentlichen *(Eurylaiminae)* und die Smaragd-Breitmäuler *(Calyptomeninae)*. Die ersten besitzen 11 Handschwingen, einen langen, verschmälerten oder verrundeten Schwanz, aber keinen Schopf; davon leben 7 Arten aus 5 Gattungen vom Himalaja über das südöstliche Asien bis zu den Philippinen, Sumatra und Borneo, und 4 Arten beschränken sich auf die zentral- und südafrikanischen Wälder. Die Smaragdbreitmäuler sind mit nur einer Gattung in der orientalischen Region vertreten; bei ihnen finden wir 10 Handschwingen, kurze, abgestutzte Schwänze und verlängerte Stirnfedern, die den kleinen Schnabel zum großen Teil bedecken.
Alle Breitmäuler lieben den feuchten Urwald und dichte Wälder;

einige halten sich ständig in Bodennähe auf, andere in den Baumwipfeln. Zumeist leben sie ausgesprochen ortstreu und bewegen sich kaum von ihrem Standort fort. Das seltene Pracht- und das Schwarzkehl-Smaragdbreitmaul kommen nur in den Bergwäldern des nördlichen Borneo vor. Vom Grauen Breitmaul, der seltensten Art, kennen wir knapp ein Dutzend Tiere, die alle aus einem kleinen Teil eines Bambuswaldes in den Bergen am Tanganjikasee stammen. Dieser kleine grüne Vogel, der nur 12 cm lang wird, zeigt eine blaue Kehle und Brust; er lebt in den Baumwipfeln und fängt im Fluge Insekten.

Bekannter ist das häufigere Langschwanz-Breitmaul, das weit verbreitet vom Fuße des Himalaja an über Südostasien bis Sumatra und Borneo zu Hause ist. In kleinen Schwärmen ziehen die Vögel durch den Urwald, klettern wie Papageien an den Lianen und schnattern auf der Suche nach Insekten unaufhörlich einander zu. Sie sind auffällig zahm und zutraulich, denn sie nehmen noch nicht einmal Reißaus, wenn man ein paar Tiere aus der Schar herausschießt.

Im allgemeinen fressen die Breitmäuler Insekten, nehmen aber gelegentlich auch kleine Frösche und Echsen; ihre Nahrung finden sie zumeist im Laubwerk, doch greifen sie sich die Insekten auch aus der Luft. Dagegen fressen die Smaragdbreitmäuler, unter ihnen das Kleine Smaragdbreitmaul aus Malaia als am weitesten verbreitete Art, zum großen Teil Früchte oder Beeren; sie leben ziemlich ungesellig und ruhig.

Außergewöhnliche Sorgfalt verwenden die Breitmäuler auf den Nestbau. Aus Gras, Wurzeln und anderen Fasern weben sie ein langes, herabhängendes, beutelähnliches Gebilde, das sich oben und unten verschmälert; es hängt an einem langen Seil aus dem gleichen Material von einem Ast oder einer Schlingpflanze herab, oft über einem Fluß oder See. Von der Seite her führt ein Eingang zur mittelständigen Nistkammer; er kann sogar in ein nach außen verlängertes Rohr übergehen, das als Schutz und Sitzgelegenheit dient.

In diese Nistkammer legen die Tiere ihre 2 bis 8, meist 3 bis 5 weißen bis bräunlichen, oft um das breitere Ende gefleckten Eier. Darüber hinaus aber wissen wir nur äußerst wenig von den sonstigen Nistgewohnheiten. Daß sich beide Geschlechter am Nestbau beteiligen, konnte beobachtet werden, aber beim Dunklen Breitmaul aus Thailand scheinen sogar bis 10 Vögel am Bau des gleichen Nestes zusammenzuarbeiten. Ferner steht fest, daß beide Eltern ihre Jungen füttern, aber ob sie auch gemeinsam brüten, wissen wir ebensowenig wie über die Dauer der Brutzeit. Bei einigen Breitmäulern finden wir ein ausgeprägtes Balzverhalten. Dazu gehört zum Beispiel das plötzliche Vorweisen leuchtender Federflecken am Rücken, die sonst unter den Flügeln verborgen liegen. Das afrikanische Rotflanken-Breitmaul führt plötzliche, kurze Balzflüge in kleinen, 30 bis 60 cm großen Kreisen über seinem Sitzplatz aus, wobei seine steifen Flügelfedern mit einem froschähnlichen Knarren erzittern. Die Kongolesen nennen diese Art »Waldhahn«, weil ihre Rufe als erste den anbrechenden Morgen begrüßen.

Baumkletterer *(Dendrocolaptidae)*

Im Aussehen und in der Lebensweise ganz ähnlich den bekannten Baumläufern, aber doch etwas größer und dunkler gefärbt, leben die 48 Arten der schlanken, braunen Baumkletterer in den tropischen und subtropischen Wäldern Amerikas von Mexiko an bis zum nördlichen Argentinien. Die hier zusammengefaßten Arten sehen sich alle sehr ähnlich, zeigen aber überhaupt keine nähere Verwandtschaft zu den Baumläufern, die ja zu den Echten Singvögeln gehören, sondern eröffnen eine andere, primitivere Unterordnung *(Tyranni)*, deren Syrinx viel einfacher gebaut ist. Am nächsten dürften die Baumkletterer mit den Töpfervögeln verwandt sein, mit denen sie als gemeinsame Merkmale das Vorhandensein von nur 2 Paar Syrinxmuskeln teilen und die Tatsache, daß ihre Vorderzehen zum Teil miteinander verwachsen sind, so daß beide Gruppen mitunter nur als Unterfamilien aufgefaßt werden.
Die nur äußerliche Ähnlichkeit zwischen Baumkletterern und Baumläufern liefert wieder einmal ein vortreffliches Beispiel für eine Parallelentwicklung, bei der zwei völlig unabhängige Gruppen mit gleicher Lebensweise und gleichem Lebensraum eine annähernd gleiche Gestalt entwickelt haben. Beide halten sich vorwiegend an den Stämmen der Waldbäume auf, haken sich mit den scharfen, gebogenen Krallen in der Borke fest und verankern sich zusätzlich mit den steifen, spitzen Schwanzfedern.
Baumkletterer sind wenig scheu, aber da sie so unauffällig gefärbt sind, kann man sie nur schwer ausmachen. Stets finden wir eine braune Grundfärbung mit rötlichbraunen Flügeln und Schwänzen; ein paar Arten, wie der Kletterrotschwanz in Mittelamerika, sind reinbraun, die meisten aber zeigen auf dem Kopf,

Sensenschnabel
Campylorhamphus frechilirostris
Panama bis Argentinien; 23 cm.

Gebänderter Baumhacker
Dendrocolaptes certhia
Mexiko bis Brasilien; 28 cm.

Kletterrotschwanz
Sittasomus griseicapillus
Mexiko bis Brasilien; 28 cm.

dem Rücken und der Unterseite verschiedenartigste dunkle, gelbliche, graue oder weiße Streifen, Flecken oder Strichel. So deutlich diese Muster auch zutage treten, wenn man die Vögel aus nächster Nähe betrachtet, so schwer erkennt man doch die Tiere, wenn sie auf der bräunlichen Baumrinde hocken. Leichter unterscheidet man daher die Arten in der Natur nach ihrer relativen Größe oder nach der Länge und Form ihres Schnabels. Während die Länge der Vögel zwischen 14 und 35 cm schwankt, reicht die Form ihrer seitlich abgeflachten Schnäbel von kurzen, geraden bis zu langen, abwärts gekrümmten Gebilden, die so recht dazu geeignet sind, in den Rindenspalten zu suchen, in den Moosen, Farnen und Bromelien zu stochern oder Maden aus ihren Löchern zu ziehen. Niemals aber dient der Schnabel zum Meißeln wie bei den Spechten, sondern eher als eine Art Pinzette. Die meisten Baumkletterer gehen ganz methodisch vor, indem sie am Fuß des Baumes beginnen und sich – jede Spalte und Ritze untersuchend – spiralig hocharbeiten. Viele Arten suchen sich ihre Nahrung auch auf dem Erdboden und auf gestürzten Bäumen.
Gewöhnlich halten sich die Baumkletterer einzeln oder in Paaren auf, auch zwischen den Schwärmen der Ameisenvögel, Tyrannen und Tangaren, die den Urwald durchstreifen. Keine Art unternimmt jahreszeitliche Flüge, doch wandern einzelne Tiere ganz beträchtliche Strecken. Ihr Flug ist kräftig, führt aber nur von einem Baum zum anderen.
In ziemlich geräuschvoller Weise lassen die Baumkletterer ihre eintönigen Rufe immer wieder hören; der einfache Bau ihres Stimmapparates verbietet ihnen eine größere Mannigfaltigkeit in den Lautäußerungen. So aber bringen sie nur ein flötendes Trillern oder laute, rauhe, nasale Rufe hervor. Manche Arten klopfen wie die Spechte bei der Balz mit dem Schnabel gegen hohle Bäume, jedoch nicht in derart regelmäßigen Trommelwirbeln. Als Höhlennister müssen die Baumkletterer mit natürlichen Löchern in vermorschten Bäumen oder auch mit verlassenen Spechthöhlen vorlieb nehmen, denn ihre Schnäbel eignen sich nicht dazu, sich eigene Brutstätten zu meißeln; sie wählen Höhlen mit einem sehr kleinen Eingang, der ihnen gerade das Durchschlüpfen gestattet. Manche Arten entfernen jeden Holzspan aus dem Loch und brüten auf dem nackten Boden, andere bauen eine einfache Unterlage aus Borkenstückchen und totem Laub, die sie ebenso wie die verwandten Töpfervögel während der ganzen Brutperiode erneuern.

Das Gelege besteht aus 2 bis 3 weißen, manchmal auch grünlich getönten, nicht gefleckten und an beiden Enden gleichmäßig abgerundeten Eiern, die von beiden Geschlechtern abwechselnd etwa 15 Tage lang bebrütet werden. Abgesehen von einem ganz feinen Flaum auf dem Rücken, schlüpfen die Jungen ganz nackt und verbleiben ungefähr noch 3 Wochen im Nest. Aber selbst wenn sie das Nest schon verlassen haben, werden sie von ihren Eltern noch ein paar Wochen lang gefüttert.

Töpfervögel *(Furnariidae)*

Hier haben wir es mit einer großen Familie primitiver Sperlingsvögel zu tun, die vor allem durch ihr höchst unterschiedliches Nistverhalten auffällt und durch die bemerkenswerten Lehmnester, die einige Arten in der Form von altertümlichen Backöfen anlegen. Vom südlichen Mexiko bis nach Patagonien verbreitet, erreicht die Familie ihre größte Entwicklung und Mannigfaltigkeit im südlichen Südamerika (Abb. S. 18 und 19). Die 215 Arten der Töpfervögel mit einer Länge von 12 bis 28 cm können nur klein bis mittelgroß genannt werden; zumeist sind sie am Rücken einfarbig braun und am Bauch etwas heller, doch tritt häufig die Kehle auffallend weiß hervor. Mitunter zeigen sich schwarze, weiße oder rötliche Flecken und Streifen, aber nur bei ganz wenigen finden wir auffallende Farbmuster. Im Aussehen unterscheiden sich die Geschlechter wenig oder überhaupt nicht. Im Gegensatz zu ihren nächsten Verwandten, den Baumkletterern, finden wir bei den Töpfervögeln längliche, nicht runde Nasenlöcher, auch verwachsen die Vorderzehen nicht so weit miteinander, und die äußere Zehe erscheint nicht wesentlich länger als die innere.
Wenn sie auch vorwiegend im Wald zu Hause sind, so finden wir doch die Töpfervögel in den verschiedensten Lebensräumen: Ein paar Arten leben in den Sanddünen der Küsten, ein großer Teil bewohnt die offenen Pampas und das Buschland, und andere gehen ein ganzes Stück über die Baumgrenze der Anden hinaus. Alle fressen sie Insekten, einige wenige daneben auch Samen und andere Pflanzenstoffe. Die Klettertöpfer halten sich an den Baumstämmen auf und stützen sich wie die Spechte mit ihren Schwanzfedern ab. Eine andere Gruppe, die Buschkriecher, sucht sich ihre Nahrung zwischen den Blättern und Zweigen, während die Laubkratzer die Blätterschicht auf dem

Urwaldboden untersuchen. Eine Gruppe, die Spitzschwänze, ist zu Sumpfbewohnern geworden. Die Wippschwänze halten sich an den Wasserläufen auf und wippen beim Laufen ebenso wie unsere Bachstelzen mit ihren Schwänzen. Meist aber nehmen die Töpfervögel ihre Nahrung vom Boden auf und wirken so wie unsere Lerchen oder Drosseln.

Soweit wir wissen, beteiligen sich beide Eltern am Nestbau und an der Aufzucht der Jungen. Das Weibchen legt 2 bis 6 weiße, in einer Gruppe auch hellblaue, ungefleckte Eier. Nach 2 bis 3 Wochen schlüpfen die Jungen und werden 12 bis 18 Tage lang im Nest großgezogen. In der Auswahl der Niststätten und im Bau der Nester herrscht die größte Mannigfaltigkeit, nur das einfache, schlüsselförmige Nest finden wir nirgends.

Eine große Anzahl bodenbewohnender Formen baut seine Nistgänge in die Erde; die Bachläufer legen 1,5 bis 3 m lange Tunnels am Uferhang an, die in grasgepolsterten Nistkammern enden. Zu diesen Tunnelbauern gehören auch die Angehörigen der Gattungen *Automolus*, *Philydor* und der kleine, bärtige *Xenops*, einer der kleinsten Angehörigen der Familie, mit seinem nach oben gebogenen Schnabel. Die bodenbewohnenden Wippschwänze und andere nisten in Gesteinsspalten, und wieder andere benutzen natürliche Baumhöhlen.

Große, geschlossene Gebilde aus Zweigen und Gras errichten die weitverbreiteten Spitzschwänze auf dem Boden oder auch hoch in den Bäumen, während die Anumbis riesige Zweignester konstruieren, die viel zu geräumig für die kleinen, 15 bis 20 cm großen Vögel wirken. Der Rotstirn-Bündelnister baut ein mächtiges, kugelförmiges Gemeinschaftsnest, meist hoch über dem Boden um einen freistehenden Ast, und dort bezieht jedes der 4 oder 5 Brautpaare, die sich an dem Bau beteiligen, seine eigene Kammer. Verschiedene Spitzschwänze nisten in rundlichen Zweigbauten, in die eine seitliche Röhre hineinführt; bei anderen liegt der komplizierte Eingang auf der Oberseite. Bei den sumpfbewohnenden Arten finden wir geschlossene Nester aus Binsen und Schlamm.

Namengebend für die ganze Familie und am besten bekannt ist der Eigentliche Töpfervogel in Südbrasilien, Paraguay und Argentinien, den die Spanier »El Hornero« nennen, den Bäcker. Dieser unscheinbare, mit 20 cm etwa drosselgroße Vogel liebt das offene Gelände und hält sich gern längs der Straßen und in der Nähe der Häuser auf. Dort läuft er ungeniert auf dem Boden herum, sucht aber Schutz in den Bäumen. Während der Regenzeit, von

Dezember bis Februar, wenn die Erde verschlammt, baut der Vogel sein hochgewölbtes, backofenähnliches Nest von etwa 30 cm Länge, 20 cm Breite und 25 cm Höhe aus Lehm, verstärkt mit Gras und Stroh; seine Eingangshöhle liegt in Bodennähe und wird von der eigentlichen Brutkammer durch eine Wand getrennt. Als Nistplatz dienen Zaunpfähle, kahle Äste oder selbst die Dachrinnen der Häuser. Die Gebilde sind äußerst massiv und dauerhaft, so daß sie mehrere Jahre halten und später von Schwalben und anderen Höhlennistern benutzt werden; die Töpfervögel aber errichten sich in jedem Jahr wieder einen neuen Nestbau.

Ameisenvögel *(Formicariidae)*

Gleichfalls auf Mittel- und Südamerika beschränkt, bilden die merkwürdigen Ameisenvögel (Abb. S. 22) eine Familie primitiver *Passeriformes*, deren insgesamt 221 Arten sich auf 50 Gattungen verteilen und im Wald- und Buschland von Südmexiko an bis Paraguay und Nordargentinien zu Hause sind, vor allem aber in den unübersehbaren Regenwäldern des Amazonasgebietes.
Ebenso wie die Töpfervögel, zu denen sie noch die nächsten Verwandtschaftsbeziehungen zeigen, sind die Ameisenvögel mit 10 bis 35 cm Länge nur klein bis mittelgroß; ihre unscheinbare Schutzfärbung setzt sich zum größten Teil aus dunkel- oder rotbraunen, grauen und schwarzen Tönen zusammen. Die Vorderzehen sind nur am Grunde etwas miteinander verwachsen, und

Gestreifter Wüstenhacker
Upucerthia serrana
Peruvianische Anden; 20 cm.

das Gefieder wirkt recht locker. Als Unterschied gegenüber den Töpfervögeln finden wir eine andere Beschuppung der Beine und stets eine abwärts gekrümmte Schnabelspitze, bei manchen Gattungen sogar sehr stark ausgeprägt. Auch unterscheiden sich die Geschlechter in der Färbung mitunter ganz auffallend, und die Nester werden hier einfacher und einheitlicher angelegt. Einige Arten errichten geschlossene Nestbauten auf dem Boden, einige andere nisten in Baumhöhlen; die meisten aber bauen ein offenes, schüsselförmiges Nest, und zwar meistens in einer niedrigen Astgabel, seltener auch auf der Erde.

Die Ameisenvögel leben zum größten Teil in den Wäldern und suchen dort, wie ja ihr Name bereits erkennen läßt, im Bodenmulm nach ihrer Lieblingsnahrung, den Ameisen. Dabei folgen insbesondere die kleineren Arten den Zügen der Wanderameisen

Weißwangen-Spitzschwanz
Sphoeniophylax phryganophila
Brasilien, Paraguay, Argentinien; 19 cm.

Unten:
Steigschnabel
Xenops minutus
Mexiko bis Brasilien und Paraguay; 12 cm.

Töpfervogel
Furnarius rufus
Südbrasilien bis Argentinien; 20 cm.

Weißbrust-Buschkriecher
Synallaxis albescens
Costa Rica bis Argentinien; 15 cm.

und fressen nicht nur diese Insekten, sondern auch alles andere Kleingetier, das durch die wandernden Kolonnen aufgestöbert wird. Sobald sich die gefräßigen Heere der Wanderameisen auf den Marsch durch den Urwald begeben, flieht alles, was sich bewegen kann, in irrsinniger Hast davon, als ob ein Waldbrand ausgebrochen sei. Das ist selbstverständlich ein prächtiges Jagdfeld für alle insektenfressenden Vögel und ganz besonders für unsere Ameisenvögel. So sieht man stets eine ganze Anzahl verschiedener Arten neben einem solchen Wanderameisenzug daherfliegen.

Gewöhnlich ist jede Art der Ameisenvögel, die sich im Gefolge der Wanderameisen aufhält, nur durch ein oder zwei Tiere vertreten, denn die Vögel leben im allgemeinen nicht gesellig. Nur in den Wäldern von Guayana habe ich sogar 6 Weißbart-Ameisenvögel beisammen gesehen, aber hier handelte es sich wohl um einen Familienverband, der sich noch nicht getrennt hatte. Man weiß jedoch, daß diese Art mit ihrem auffallenden Federschopf gern kleine, dichte Schwärme bildet. Im übrigen ist das Flugvermögen nicht allzu gut entwickelt, und keine Art unternimmt jahreszeitliche Züge.

Abgesehen von den größeren und bekannteren Arten gibt es nur wenige Ameisenvögel, denen man auf Grund ihrer auffallenden Gestalt eigene allgemeingebräuchliche Namen beigelegt hat, aber auch die bereits benannten Arten hat man mit solchen Bezeichnungen belegt, die sich von bekannteren Vogelarten herleiten, denen die Tiere ähnlich sehen. Die kleinsten Arten nennt man beispielsweise im Englischen »Ameisen-Zaunkönige«, wenn sie auch nur in ihrer geringen Größe Anklänge an den Zaunkönig erkennen lassen. Sie huschen allerdings auch durch das Buschwerk und lassen sich nur schwer beobachten, aber sonst haben sie weder ihrem Aussehen noch ihren Lebensgewohnheiten nach irgend etwas mit einem Zaunkönig zu tun.

Zutreffender nennt man eine Gruppe »Ameisenwürger«. Das sind etwas größere, 12 bis 15 cm lange Vögel, die wie Würger auf den niederen Zweigen nach Insekten jagen und auch ihr Nest, das sie zwischen einer Astgabel aufhängen, wie die Würger bauen. Als »Ameisendrosseln« pflegt man einige größere Arten zu bezeichnen, die ihre Nahrung auf dem Boden oder in niederen Gebüschen suchen. Wieder andere heißen »Ameisenbaumläufer«, »Ameisenpittas« usw., und wenn man gar keine vergleichbare Vogelgruppe zur Hand hat, heißen sie einfach »Ameisenvögel« mit irgendeinem charakterisierenden Beiwort.

Die Ameisenpittas, die auch Ameisenstelzer genannt werden, unterscheiden sich derart stark von den übrigen Ameisenvögeln, daß man ihnen oft den Rang einer eigenen Unterfamilie zuerkennt. Es sind ziemlich plumpe, etwa wachtelgroße Vögel mit verhältnismäßig langen Beinen, auffallend großen Köpfen und mit äußerst kurzen Stummelschwänzen. Ebenso wie die Eigentlichen Pittas der Alten Welt, denen sie mit Ausnahme der Färbung fast in jeder Hinsicht ähneln, leben sie scheu und zurückgezogen auf dem Waldboden und sind nur schwer in ihrem Lebensraum zu erkennen. Ihre Stimme klingt jedoch recht laut, wenn sich die Paare in der bei Ameisenvögeln üblichen Weise gegenseitig im Wechselgesang zurufen.
Für Vögel mit derartig primitiven Stimmwerkzeugen – einige Arten sind nur mit einem einzigen Paar Syrinxmuskeln ausgestattet – zeigen die Ameisenvögel eine beachtliche stimmliche Mannigfaltigkeit. Ihre Rufe sind oft so unterschiedlich, daß man die Arten hiernach besser bestimmen kann als nach den Tieren selbst, zumal sie sich immer im dichten Laub verstecken. Bei den Ameisendrosseln, die uns am besten bekannt sind, finden wir einen ausgeprägten Hakenschnabel mit einer vorstehenden Spitze; diese Tiere erinnern tatsächlich in ihrem ganzen Verhalten etwas an unsere Drosseln. Weit verbreitet trifft man den Ringel-Ameisenwürger von Yukatan an bis nach Bolivien; das Männchen trägt ein auffälliges schwarz-weißes Streifenkleid, das Weibchen sieht einfarbig dunkelbraun aus. Mit Vorliebe hält er sich im Gebüsch an den Straßenrändern auf und kündet dort sein Vorhandensein mit einer schnellen Folge absteigender Triller an; außerdem stehen ihm noch wimmernde und schnatternde Laute zur Verfügung.
Auch sein Nistverhalten ist gut bekannt und darf wohl als charakteristisch für die ganze Familie gelten. Sein Nest legt der Vogel als napfförmiges Gebilde in den niederen Zweigen an; vom Nestbau angefangen teilen sich beide Geschlechter die gesamte Brutpflege. Tagsüber brüten beide Vögel abwechselnd, nachts aber das Weibchen allein. Das Gelege besteht aus 2 bis 3 gelblichweißen, leicht gefleckten Eiern, aus denen nach 15 bis 16 Tagen die nackten Jungen schlüpfen. Sie wachsen schnell heran und können schon nach 8 bis 11 Tagen das Nest verlassen.

1 **Weißflanken-Ameisenwürger** ♂
Myrmotherula axillaris
Honduras bis Brasilien; 10 cm.

2 **Weißbart-Ameisenvogel**
Pithys albifrons
Venezuela, Guayana-Staaten und Brasilien; 11 cm.

3 **Ringel-Ameisenwürger** ♂
Thamnophilus doliatus
Mexiko bis Argentinien; 15 cm.

4 **Brillen-Ameisenvogel**
Phlegopsis nigromaculata
Mittleres Brasilien; 18 cm.

5 **Großer Ameisenwürger ♂**
Taraba major
Mexiko bis Argentinien; 20 cm.

6 **Braunrückiger Ameisenläufer**
Myrmeciza exsul
Nikaragua bis Ekuador; 14 cm.

7 **Gestreifter Ameisenstelzer**
Grallaria perspicillata
Nikaragua bis Ekuador; 14 cm.

8 **Geschuppter Ameisenstelzer**
Grallaria guatimalensis
Mexiko bis Peru und Brasilien; 20 cm.

9 **Gefleckter Ameisenvogel**
Hylophylax naevioides
Nikaragua bis Ekuador; 11 cm.

Mückenfänger *(Conopophagidae)*

Nur recht wenig ist über die beiden Gattungen mit ihren 10 Arten bekannt, die in den Regenwäldern des Amazonas und den anschließenden Niederungen der Anden zu Hause sind. Bei diesen kleinen, höchstens 14 cm langen Vögeln finden wir stets eine dunkelbraune bis olivgrüne Grundfärbung, die bei den meisten Arten durch einen auffälligen weißen Streifen über dem Auge aufgehellt wird.

Abgesehen von ihrer geringeren Größe erinnern diese schlanken Vögel sehr stark an die Pittas der Alten Welt und leben auch ebenso am Boden oder in seiner Nähe; weiterhin finden wir auch hier wieder einen verhältnismäßig großen Kopf und lange Läufe mit kräftigen Füßen. Das Gefieder ist weich und locker, insbesondere am Rumpf, doch sehen die Vögel immer adrett und sauber aus, denn jede Feder liegt ordentlich an ihrem Platz.

Schwarzwangen-Mückenfänger
Conopophaga melanops
Östliches Brasilien; 10 cm.

Schwarzbrust-Mückenfänger
Conopophaga melanogaster
Mittleres Brasilien und Bolivien; 14 cm.

Aus den kurzen verrundeten Flügeln schließen wir mit Recht auf ein nicht allzu hoch entwickeltes Flugvermögen, und in der Tat unternehmen die Tiere auch keine größeren Wanderungen.
Von den eben behandelten Ameisenvögeln unterscheiden sich die Mückenfänger durch den gleichfalls hakigen, aber breiteren und flacheren Schnabel, der an die Verhältnisse bei den Tyrannen erinnert. Ihrem anatomischen Bau nach gehört die Gruppe in die nächste Verwandtschaft der Buschschlüpfer, denn beide unterscheiden sich von allen anderen Sperlingsvögeln dadurch, daß der Hinterrand des Brustbeins 4 statt 2 Ausschnitte aufweist.
Mückenfänger sind zwar nicht allzu scheu, treten aber nirgends sehr zahlreich auf, sondern halten sich im dichten Pflanzenwuchs verborgen, wo man sie kaum zu Gesicht bekommt. Ihre Stimme besteht aus einfachen, ausdruckslosen Zischlauten. Wegen seines schlürfenden Geräusches nennen die Brasilianer den Schwarzwangen-Mückenfänger »Spuckvogel«.

Buschschlüpfer *(Rhinocryptidae)*

Als Charles Darwin auf seiner Reise mit der »Beagle« in Chile dem ersten Buschschlüpfer begegnete, schrieb er in sein Notizbuch: »Man nennt ihn ›Tapaculo‹, das heißt: ›Bedecke deinen Hintern‹, und diesen Namen verdient der schamlose Vogel sehr wohl, denn er trägt seinen Schwanz steil zum Kopf nach oben gereckt.« Die Argentinier sprechen von »Gallitos«, also »Hühnchen«, und andere Namen, wie »Huet-huet«, »Chukao« oder »Tococo« spielen auf den Ruf der Tiere an.
Als standorttreue Bodenvögel leben etwa 26 Arten im Gras- und Buschland oder im Dickicht der Bergwälder hauptsächlich im gemäßigten Teil des südlichsten Drittels von Südamerika, wo sie vor allem in den trockenen öden Berghängen von Feuerland an bis nordwärts nach Südbrasilien zu Hause sind. Nur wenige Arten drangen weiter nach Norden bis ins südliche Mittelamerika vor. Die nördlichste Art, der Silberstirn-Tapaculo, lebt in 1800 bis 3000 m Höhe im Nebelwald und in den feuchten Schluchten im westlichen Panama und in Costa Rica.
Die untersetzten, kleinen, 11 bis 30 cm großen Buschschlüpfer sind mit kräftigen Läufen und Füßen ausgestattet, wie es sich für solche bodenbewohnende Formen gehört. Ihre kurzen, schwachen verrundeten Flügel zeigen, daß wir es hier wohl mit den allerschlechtesten Fliegern von allen Sperlingsvögeln zu tun

haben, wenn wir von den Neuseeland-Pittas absehen. Daher fliegen die Buschschlüpfer auch nur ein paar hundert Meter und versuchen lieber, sich laufend oder hüpfend vor einer Gefahr in Sicherheit zu bringen. Im Verhältnis zu der kräftigen, festen Beinmuskulatur erscheinen ihre Flugmuskeln ziemlich schlaff und wenig entwickelt.

Das weiche, lockere Gefieder zeigt eine dunkelbraune und graue Grundfärbung, dazu treten sehr oft schöne rötlichbraune oder schwarze Streifen und Wellen; Geschlechtsunterschiede gibt es hier nicht. Die nächsten Verwandten haben wir unter den Mückenfängern zu suchen, mit denen sie die 4 Ausschnitte am hinteren Brustbein gemeinsam haben, doch ist ihr Lauf anders beschuppt und gleicht darin eher dem der Ameisenvögel. An den Nasenlöchern der Buschschlüpfer finden sich Klappen, die vielleicht den Staub abhalten sollen.

Die Nahrung der Buschschlüpfer besteht aus Insekten und Pflanzenstoffen, wie Knospen und Samen; manche Arten scharren auf dem Waldboden wie Hühner. Diese flinken, neugierigen Tiere haben es zu einer wahren Meisterschaft im Verstecken gebracht. Mit komischen langen Schritten fliehen die Buschlandbewohner, wie die argentinischen Gallitos, über offene Stellen, um Schutz im Dunkel des Gesträuchs zu suchen; überrascht man sie im Freien, so huschen sie wie die Ratten in ihr Versteck. Ein großartiger Spurter ist der kleine, 18 cm lange Braune Gallito, der mit weitausladenden, bis 15 cm weiten Schritten im Zickzacklauf vor einem Störenfried flieht. Der Chilenische Turko aber hüpft davon. Darwin schreibt darüber: »Eben sieht man ihn noch mit aufgerichtetem Schwanz auf seinen Stelzbeinen und schon hüpft er ungewöhnlich geschwind von einem Busch zum anderen.«

Während sich die waldbewohnenden Arten gewöhnlich einzeln halten, bilden die Arten der offenen Landschaft außerhalb der Nistzeit oft kleinere Schwärme. Es sind äußerst lärmvolle Vögel, die über eine Auswahl klagender, rauher, glucksender, kakelnder und kollernder Laute verfügen.

Sehr unterschiedlich ist der Nestbau. Manche Waldbewohner nisten in Gesteinsspalten oder in bodennahen Baumhöhlen. Der Graue Gallito baut ein großes geschlossenes Nest aus Gras und Rinde mit einem seitlichen Eingang 60 bis 90 cm hoch in einem dichten Dornbusch. Dagegen legt der Braune Gallito einen 1 m tiefen Tunnel am Uferhang an; er endet in einer Brutkammer, die der Vogel für seine 2 weißen Eier mit Gras auspolstert.

Grauer Gallito
Rhinocrypta lanceolata
Argentinien und Paraguay; 20 cm.

Krallenschlüpfer
Acropternis orthonyx
Andengebiet von Venezuela bis Ekuador; 20 cm.

Über die näheren Einzelheiten, wie die Buschschlüpfer eigentlich Hochzeit halten und wie lange sie auf ihren Eiern brüten, liegen noch keine zuverlässigen Nachrichten vor. Auch wissen wir nur ganz wenig Einzelheiten über die Jugendentwicklung der Tiere, vielleicht mit Ausnahme der Tatsache, daß die Jungvögel ein sehr spärliches Dunenkleid tragen und von beiden Elternteilen im Nest großgezogen werden. Das Jugendkleid der Buschschlüpfer zeichnet sich durch auffällige rostrote Streifen aus.

Schmuckvögel *(Cotingidae)*

In dieser großen und formenreichen Familie urtümlicher Sperlingsvögel der Neuen Welt finden wir 90 Arten, verteilt auf 30 Gattungen, von denen einige zu den buntesten und auffallendsten neotropischen Vögeln gehören, während andere durchaus unscheinbar wirken. Ihre Größe schwankt zwischen 9 und 45 cm. Einige zeichnen sich durch Federhollen aus, andere durch leuchtend gefärbte nackte Hautstellen am Kopf, einige tragen fleischige Klunkern um den Schnabel, und bei einer Gruppe hängt

1 **Schmuckschirmvogel ♂**
Cephalopterus ornatus
Costa Rica bis Brasilien;
40 cm.

2 **Orangenfelsenhahn ♂**
Rupicola rupicola
Guayana-Staaten und
nördliches Brasilien; 30 cm.

3 **Roter Felsenhahn ♂**
Rupicola peruviana
Nördliches Andengebiet
von Kolumbien bis Peru;
30 cm.

4 **Pompadour-Schmuckvogel ♂**
Xipholena punicea
Guayana-Staaten und
nordöstliches Brasilien;
20 cm.

ein merkwürdiger, befiederter Lappen vom Vorderhals herab (Abb. S. 27). Trotz aller Verschiedenheit in Größe, Farbe und Gestalt zeigen doch alle Schmuckvögel eine Reihe gemeinsamer anatomischer Merkmale, wie den besonderen Bau des Stimmapparates, der Beine und der Füße. Am engsten dürften die Schmuckvögel mit den Schnurr- und Tyrannenvögeln verwandt sein, denen einige kleinere Arten auch in ihrem Aussehen und ihrer Lebensweise gleichen.

Im wesentlichen leben die Schmuckvögel als ungesellige Waldbewohner, die man einzeln oder in Paaren, höchstens in kleineren Familienverbänden zusammen mit ihren Jungen antrifft. Sie kommen in allen Waldformen vor, von den Dickichten der Regenwälder bis zu den Nadelholz- und Eichenwäldern des Hochlandes. Zumeist halten sie sich in den Wipfeln oder den mittleren Lagen der Wälder auf, wenige Arten auch im Gebüsch des Waldrandes; nur die kleine Gruppe der Felsenhähne oder »Cocks-of-the-Rock«, wie sie die englischsprachigen Ornithologen nennen, lebt auf dem Boden.

In den Tropenwäldern des südlichen Mittelamerika und längs des Amazonas treten die Schmuckvögel überaus häufig auf; von diesem Zentrum aus hat sich die Familie südwärts bis Paraguay, Bolivien und Nordargentinien ausgebreitet und nach Norden bis an die Südgrenze der Vereinigten Staaten. Nur eine Art, die Jamaika-Bekarde, hat als einzige dieser Familie auf den Westindischen Inseln Fuß gefaßt.

Der Name »Cotinga«, den man oft der ganzen Familie zulegt, entstammt der Sprache der Amazonasindianer und bedeutet wörtlich »Waschweiß«; er kommt eigentlich dem Zapfenglockenvogel zu, einem der merkwürdigsten Familienmitglieder, der ebenso wie einige nahe Verwandte zu den ganz wenigen weißen tropischen Urwaldvögeln gehört. Überhaupt tritt eine weiße Färbung nur äußerst spärlich bei Landvögeln außerhalb der Arktis auf.

Andere Schmuckvögel fallen durch ihre bunten, leuchtenden Farben auf und zeigen wunderschöne rote, purpurfarbene und blaue Töne, allerdings nur bei den Männchen; die Weibchen dagegen sind unscheinbar braun oder grau. Leider wissen wir nicht, welchen Gebrauch die Tiere davon bei ihrer Balz machen, denn die findet hoch in den Baumwipfeln statt.

Diese ungewöhnlich schönen Farben, insbesondere das Violett, kommt nicht, wie bei den meisten anderen bunt gefärbten Vögeln, durch eine prismatische Lichtbrechung an den Feinstrukturen der Federn zustande, sondern durch echtes Pigment; man hat es extrahiert und nennt es Cotingin. Als Beispiel mag das prächtige Purpurrot des Pompadour-Schmuckvogels (Abb. S. 27) dienen, benannt nach der bekannten französischen Kurtisane, die ihre Frisuren mit Schleifen, Blumen, Federn und ganzen Vögeln zu schmücken liebte.

Das erste Exemplar dieses bemerkenswerten Vogels befand sich in einer Schiffsladung leuchtend bunter Vogelbälge, die Madame Pompadour aus Französisch-Guayana zugedacht waren. Das Schiff aber wurde von den Engländern gekapert, und George Edwards, der britische Naturforscher und Künstler, der diesen Vogel zuerst beschrieb und benannte, taufte ihn galanterweise auf seine vorgesehene Empfängerin.

Die Stimme der Schmuckvögel klingt nicht zwitschernd, wie Edwards und andere Wissenschaftler des 18. Jahrhunderts annahmen; viele Arten sind sogar auffallend ruhig. Mitunter findet man einen feinen, wenn auch dünnen, wohltönenden Gesang oder auch grunzende, rumpelnde Laute, die gar nicht vogelähnlich klingen; einige wenige Arten lassen ein schrilles Pfeifen hören. Die Glockenvögel bringen laute, glockenähnliche Töne hervor, die man über einen Kilometer weit durch den Urwald hört.

Als eigenartig gestaltete, krähengroße Fruchtfresser treten uns die 4 Arten der Glockenvögel entgegen; so trägt der Zapfenglockenvogel einen aufrichtbaren, dunklen, spärlich mit kleinen weißen Federn besetzten Auswuchs am Grunde des Oberschnabels. Auch das Männchen des südbrasilianischen Nacktkehlglockenvogels ist reinweiß, die nackte Gesichts- und Kehlfläche aber grün und mit verstreuten Borsten bedeckt. Beim Männchen des Flechtenglockenvogels von Trinidad, Venezuela und den Guayana-Staaten hängen dünne, fleischige Klunkern an der Kehle; dieser sonst weiße Vogel zeigt schwarze Flügel und einen braunen Kopf. Die Weibchen beider Arten dagegen tragen auf sanft olivgrüner Grundfärbung gelbe Zeichnungen. Beim mittelamerikanischen Dreilappenglockenvogel treten drei auffallende Klunkern auf, die das Tier mit weit offenem Schnabel zur Schau stellt. Andere Schmuckvögel wieder fallen durch ihre merkwürdigen Schwungfedern auf, wie etwa der Pompadour-Schmuckvogel mit seinen gekräuselten Flügeldecken. Bei anderen Arten sind eine oder zwei der äußersten Handschwingen gedreht oder ganz stark verschmälert. Ob dies mit der Balz der Tiere zusammenhängt, kann man noch nicht sagen.

Geradezu einmalig erscheint der Kopfschmuck der Schirmvögel: eine Haube aus gekräuselten Federn, die schirmartig über dem Kopf ausgebreitet wird; außerdem hängt diesen Vögeln noch ein aufblasbarer Hautlappen von der Kehle herab. Bei dem 40 cm großen Schmuckschirmvogel trägt der Kehllappen Federn und erreicht beim Männchen eine Länge bis zu 33 cm. Kürzere Kehllappen treten bei den Angehörigen von Formen auf, die als weitere Unterarten hierhergehören; eine zeigt einen nackten, leuchtend roten Kehlschmuck. Die Schirmvögel benutzen diesen Schmuck bei der Balz: Das Männchen bläst den Halsumfang auf, und die Federhaube wird entfaltet. Ähnlich wie die Glokkenvögel ernähren sie sich von Früchten.

Eine gleiche Lebensweise finden wir bei den sogenannten Fruchtkrähen, wie etwa dem 45 cm langen, erdbeerfarbenen Karminkotinga der Guayana-Staaten und Ostbrasiliens, der größten Art dieser Familie. Etwas kleiner bleibt der nur 25 cm große Rotkehlkotinga, dessen Heimat von Costa Rica an bis zum Amazonasgebiet reicht. Von weitem sieht dieser schwarze Vogel mit seinem steifen, glänzend kastanienbraunen Federbusch an der Kehle wie eine dicke Krähe aus.

Zu den hübschesten Schmuckvögeln gehören die beiden Felsenhähne, deren Männchen bei der einen Art leuchtend orange- und bei der anderen karminrot gefärbt sind; die Weibchen sehen sattbraun aus. Am auffallendsten aber erscheint ihr großer, flacher, scheibenförmiger Federkamm, der sich vom Scheitel bis zur

Maskenbekarde ♂
Tityra semifasciata
Mexiko bis Brasilien und Bolivien; 20 cm.

Schwarzkehlkotinga
Phoenicircus nigricollis
Nördliches Brasilien; 23 cm.

Schnabelspitze zieht. Als Bewohner des Waldbodens sind bei diesen Vögeln die Füße kräftiger ausgebildet als bei den anderen Arten. Bei ihren gemeinschaftlichen Balzzeremonien versammeln sich bis zu 20 Tiere in einer Waldlichtung, wo sich die Männchen in possierlichen Sprüngen vor den Weibchen produzieren. Als Nester werden einfache, flache Lehmmulden, verfestigt durch Zweige und mit Blättern ausgeschmückt, am Eingang der Schlupfhöhlen in der Nähe eines Urwaldflusses angelegt.
Die Maskenbekarde kommt von Mexiko an bis Brasilien nicht nur im dichten Regenwald vor, sondern auch im trockeneren Gelände mit lockeren Baumbestand. Ihren eigentlichen Lebensraum bilden zwar die Baumwipfel, doch findet man sie auch im freien Gelände, wo sie sich gut beobachten läßt. In kleineren Schwärmen oder Familienverbänden streifen die Tiere auf der Suche nach Früchten und Beeren, ihrer hauptsächlichen Nahrung, durch den Wald, doch verzehren sie auch größere Mengen von

Dreilappen-Glockenvogel ♂
Procnias tricarunculata
Nikaragua bis Panama; 30 cm.

Liebliche Kotinga ♂
Cotinga amabilis
Mexiko bis Costa Rica; 20 cm.

Insekten, die sie meistens von den Blättern ablesen, manchmal aber auch im Fluge fangen. Durch ihren hakig gebogenen Schnabel ähnelt die Maskenbekarde entfernt einem Würger, wenn man von dem gedrungenen Rumpf, dem kürzeren Hals und dem größeren Kopf absieht. Im gleißenden tropischen Sonnenlicht wirkt die hellgraue Grundfarbe der Männchen schneeweiß und sticht scharf gegen den dunklen Flügel- und Schwanzstreifen ab. Die Weibchen haben nicht nur einen braunen Rücken, sondern es fehlt ihnen auch die dunkle Kopfzeichnung der Männchen, und ihre nackten Hautstellen wirken nicht so ausgesprochen rot. Die Stimme der Vögel klingt wie Froschgequake.

Als Rast- und Niststätten benutzen die Maskenbekarden hochgelegene Baumhöhlen, die sie gern von anderen Vögeln übernehmen. Dazu treiben sie die rechtmäßigen Eigentümer hinaus, gewöhnlich Spechte oder Tukane, indem sie in deren Abwesenheit einfach die Höhlung mit Laub und Zweigen auffüllen, bis es den Wohnungsinhabern zu dumm wird, das Zeug immer wieder herauszuräumen, und sie sich eine neue Höhle suchen. In dem einzigen Nest, das jemals untersucht wurde, lagen 2 gelbbraune, kräftig dunkelbraun gemusterte Eier im Laub versteckt. Nur das Weibchen brütet, aber das Männchen hält Wache, wenn sich das Weibchen hin und wieder auf Futtersuche begibt, und hilft auch beim Füttern der Jungen. Die Dauer der Brutzeit ist unbekannt; man weiß nur, daß die Jungen mindestens 3 Wochen im Nest verbleiben. Schon wenige Wochen, nachdem die erste Brut das Nest verlassen hat, kann das Weibchen ein zweites Gelege absetzen.

Als Bekarden im weiteren Sinne bezeichnen wir 15 Arten kleiner, wenig auffällig gefärbter, 12 bis 20 cm langer Vögel mit großen Köpfen und dicken, leicht hakigen Schnäbeln. Hier herrschen schwarze, graue und braune Farben vor; die Weibchen sehen etwas unscheinbar aus. Als nördlichste Art nistet die Rotkehlbekarde von Arizona und der texanischen Grenze an bis hinunter nach Costa Rica.

Auch die Bekarden halten sich meistens hoch in den Bäumen auf, kommen aber zum Fressen auch weiter herunter. Neben einer Beikost aus Früchten und Beeren fressen sie hauptsächlich Insekten von den Blättern oder auch während des Fluges. Gern lauern die Vögel, eng an das Laubwerk der äußeren Zweige geschmiegt, auf vorbeikriechende Raupen.

Als Niststätten bauen die Bekarden große, geschlossene Nester aus Laub und Zweigen; der Eingang führt von der Seite oder

von unten ins Innere. Diese Gebilde werden ohne jeden Versuch einer Tarnung frei sichtbar am Ende der Äste angebracht, oft in der Nähe von Wespenbauten, wie es viele tropische Vögel aus Schutzgründen gern tun.
Der gesamte Nestbau obliegt zum größten Teil – wenn nicht sogar ausschließlich – dem Weibchen; bei einigen Arten schafft allerdings das Männchen wenigstens noch das Nistmaterial herbei. Der Umfang des Geleges schwankt zwischen 3 bis 6 Eiern, deren zumeist gelblichbraune Färbung die verschiedensten braunen Muster aufweist. Soviel wir wissen, brütet auch allein das Weibchen. Dazu benötigt es bei einer der kleineren Arten, der etwa 14 cm großen, in Panama heimischen Weißflügelbekarde, 18 bis 19 Tage, aber diese Angabe ist auch nur eine der ganz wenigen, die überhaupt für die Brutdauer der Bekarden zur Verfügung stehen. An der Aufzucht der Jungen beteiligen sich die beiden Elterntiere; sie füttern ausschließlich Insekten. Die Jungvögel bleiben ungefähr 3 Wochen im Nest oder auch noch etwas länger.

Schnurrvögel *(Pipridae)*

Die lebhaften, rundlichen Schnurrvögel mit ihren leuchtenden Augen gehören zu den auffälligsten Kleinvögeln in den Wäldern der amerikanischen Tropen und Subtropen. Durch die bunten Farben der Männchen, die emsige Tätigkeit, die geringe Scheu und ihren ungewöhnlichen Gesang fallen sie weit stärker ins Auge als viele andere größere und ebenso häufige Vögel. Ihre Heimat reicht von Südmexiko bis Paraguay.
Ganz im Gegensatz zu ihren nächsten Verwandten bilden die 59 Arten der Schnurrvögel oder Manakins, wie man sie auch nennt, eine ziemlich einheitliche Gruppe. Die meisten bleiben recht klein, knapp 12 cm lang, und die paar Formen, die die 15-cm-Grenze überschreiten, tun dies nicht auf Grund ihrer größeren Körper, sondern nur infolge der verlängerten Schwanzfedern. Im typischen Fall finden wir kurze Schwänze und Flügel, zierliche Läufe und Füße, bei denen die mittlere Vorderzehe am Grunde mit einer der beiden Außenzehen verwächst. Der Schnabel setzt breit an und endet mit einer Spitze; dabei ragt der Oberschnabel etwas über den unteren Teil und läßt an seinem Ende einen kleinen Einschnitt erkennen.
Bei den meisten Arten unterscheiden sich die Geschlechter äußer-

lich. Die Männchen zeichnen sich durch leuchtend rote, gelbe oder blaue Stellen an Kopf, Rücken oder Schenkel aus, die lebhaft von der grünlichbraunen oder samtschwarzen Grundfärbung abstechen; die Weibchen dagegen fallen mit ihrem olivgrünen Gefieder nicht weiter auf. Nur in einer kleinen und wenig untersuchten Gruppe, die vielleicht gar nicht zu dieser Familie gehört, gibt es keinen äußeren Geschlechtsunterschied. Hierzu rechnet der Drosselmanakin *(Schiffornis)*, ein scheuer, rötlich-brauner Vogel im Unterholz der Wälder von Mexiko bis Brasilien.

Meistens halten sich die Schnurrvögel einzeln oder in kleinen Schwärmen auf, wenn sie die Wälder nach Beeren und Insekten durchstreifen; mitunter sieht man sie zwischen den Schwärmen der Ameisenvögel, Tangaren und anderer insektenfressender Arten, die sich im Gefolge der Wanderameisenzüge aufhalten und die aufgescheuchten Kleintiere fressen. Allerdings nehmen die Manakins die Insekten weniger vom Boden auf, sondern fressen vielmehr die Tiere, die sich vor den Ameisen auf die Blätter zu retten versuchen.

Gar nicht vogelähnlich wirken die Lautäußerungen der Manakins. Sie klingen wie das Knacken eines splitternden Steckens, das Knattern einer Fahne im Winde oder wie ein Raspeln, als streife man mit einem Nagel über einen Kamm. Ihre Stimmäußerungen, zu denen der primitiv gebaute Syrinx befähigt ist, bestehen aus einem einfachen Zirpen oder dünnen, hohen Pfiffen. Nur ein paar wenige Arten lassen wohltönende, glockenähnliche Strophen von geringer Lautstärke und Dauer hören. Die anderen Geräusche aber werden mechanisch mit den Flügeln erzeugt, denn die Schwingen der meisten Männchen zeigen ganz besondere Einrichtungen, die offenbar nur diesem Zweck dienen. Beim Gelbschenkel-Schnurrvogel sind die Armschwingen verbreitert, versteift und gebogen, bei anderen Arten verschmälern sich die äußeren Handschwingen zur Spitze hin oder sind sogar in einigen Fällen gedreht. Langschwänzige Arten haben oft Handschwingen mit eigenartig verdickten Schäften. Wie diese rasselnden Geräusche zustande kommen, ob die Flügel gegeneinander gerieben werden, ob die Schäfte gegeneinander vibrieren oder ob der Ton nur durch den hindurchstreichenden Wind erzeugt wird, wissen wir nicht.

Bei den paar Schnurrvögeln, deren Eheleben man genauer untersucht hat, leben die Männchen ausgesprochen polygam, und das ist wohl auch die Regel für alle Arten, bei denen sich die Geschlechter äußerlich stark unterscheiden. Zum Beginn der Brutzeit, nördlich des Äquators im Januar oder Februar, begeben sich die Männchen an einen als Balzplatz passenden Ort, auf dem Boden oder im Gezweig, und beginnen nun, durch Tanzen, durch Vorweisen ihrer leuchtenden Farben und durch ihre lauten Geräusche auf sich aufmerksam zu machen. Die Balzplätze der einzelnen Männchen können weit voneinander getrennt liegen, doch gibt es auch Arten, bei denen sich 20 oder mehr Männchen auf einem Fleck von wenigen 100 qm produzieren.

Der Gould- und der Mönchsschnurrvogel bauen ihre Balzplätze zwischen zwei nicht allzu weit voneinander entfernten Baumschößlingen; sie säubern den Platz von allem herumliegenden Laub und Astwerk. Plötzlich läuft das Männchen mit klappenden, schwirrenden Flügeln von einem Baum zum anderen, springt hin und her und wiederholt dies in Abständen, bis sich ein Weibchen dazugesellt. Die Männchen der Gelbschenkel-Schnurrvögel verlegen ihren Tanzplatz in die Höhen der Bäume; jeder sucht sich einen kahlen Ast für seinen Balztanz.

Sobald sich ein Weibchen nähert, verstärkt das Männchen seine Aktivität und unternimmt auch kurze Schwirrflüge, um seine Pracht ins rechte Licht zu setzen. Wenn das Weibchen seine Wahl getroffen hat, gibt es keine Rivalitätskämpfe, und keines der

benachbarten Männchen räumt das Feld. Nach der Hochzeit fliegt das Weibchen ebenso ruhig, wie es kam, wieder fort; das Männchen aber bleibt die ganze Brutzeit über auf seinem Tanzplatz und tritt so viele Weibchen, wie es herbeizulocken vermag.
Ganz allein baut das Weibchen sein Nest, brütet die Eier aus und zieht die Jungen groß. Je nach der Artzugehörigkeit flechten die Tiere 1,5 bis 25 m hoch über dem Boden an der Gabelung eines waagrechten Astes aus Gras und Fasern ein zierliches Körbchen und legen dort zwei gefleckte Eier hinein, die sie 19 bis 21 Tage bebrüten. Die Jungen werden mit Insekten oder auch Beeren gefüttert und sind nach 2 Wochen flügge. Ihr Jugendkleid, das dem Gefieder der Weibchen gleicht, behalten sie ein Jahr lang oder auch bis zur Geschlechtsreife; diese Tatsache war wohl der Anlaß für die irrige Meinung, daß sich auch die Weibchen am Balztanz beteiligen.

Tyrannen *(Tyrannidae)*

Die große, insektenfressende Familie der Tyrannen ist nicht nur die angriffslustigste, sondern auch – biologisch gesehen – die erfolgreichste unter allen primitiven Sperlingsvögeln. Mit 365 Arten besiedelt sie beide Teile Amerikas von der kanadischen Baumgrenze bis hinunter nach Patagonien. Am zahlreichsten sind die Tyrannen in den tropischen Niederungen vertreten, wo vermutlich auch ihr Entstehungszentrum lag, und von dort aus haben sie sich dann allmählich die gemäßigten Zonen erobert, jede ökologische Nische ausnutzend, wo immer ihnen genügend Insekten als Beute zur Verfügung standen. Abgesehen von einigen wenigen südamerikanischen Arten, die ihr Futter auf dem Boden suchen, leben alle Tyrannen auf Bäumen. Bei den Bodenbewohnern finden wir längere und kräftigere Beine als bei den anderen Familienmitgliedern sowie eine etwas gesellige Lebensweise.
Wie alle urtümlichen Sperlingsvögel sind auch die Tyrannen mit einem verhältnismäßig einfach gebauten Stimmapparat ausgerüstet. Die Tatsache, daß zwei ihrer Vorderzehen am Grunde etwas miteinander verwachsen sind, und andere primitive Merkmale lassen uns auf eine nähere Verwandtschaft mit den Schmuck- und Schnurrvögeln schließen, mit denen zusammen sie sich wahrscheinlich vor vielen Millionen von Jahren, vielleicht schon im frühesten Tertiär oder noch eher, von gemeinsamen Vorfahren abgespalten haben.

Die meisten Tyrannen sind hauptsächlich olivgrün, braun und grau gefärbt. Abgesehen von einigen besonders leuchtend bunten Arten unterscheiden sich die Geschlechter äußerlich nicht. Trotz ihrer meist gedeckten Farbtöne fallen die Tyrannen doch durch ihre Aktivität und Stimmfreudigkeit auf. Sie suchen sich gern ihre Nahrung im offenen Gelände und lassen sich daher auch leicht beobachten. Viele der kleineren Arten sehen sich derart ähnlich, daß man sie in der Natur kaum auseinanderhalten kann, und doch geben sie sich alle, insbesondere durch ihre aufrechte Haltung beim Sitzen, einwandfrei als Mitglieder der Tyrannenfamilie zu erkennen.

Ihre Größe schwankt zwischen 9 und 40 cm, übersteigt aber nur bei wenigen Arten die 30-cm-Grenze; stets finden wir einen großen Kopf und einen flachen Schnabel, der bei den nördlichen Formen stärker, bei den südlichen weniger deutlich in eine hakenförmig gekrümmte Spitze ausläuft. Als weitere Merkmale seien genannt die meist spitzen Flügel und die abgerundeten oder wenig, nur bei einigen langschwänzigen Arten tiefer gegabelten Schwänze. Lauf und Fuß bleiben stets ziemlich klein und schwach entwickelt.

Die meisten Arten können ihre Scheitelfedern mehr oder weniger stark aufrichten. Nicht selten tragen die Tiere kräftig entwickelte Hauben mit leuchtend roten, gelben oder weißen Farbtönen, die hauptsächlich bei der Balz, aber auch zur Einschüchterung eines Gegners verwendet werden.

Am stärksten ist dieser Kopfschmuck beim Schopftyrannen ausgebildet, der in den Regenwäldern von Mexiko bis Brasilien vorkommt; trotz seiner bunten Färbung fällt der Vogel doch im Dämmerlicht der niederen und mittleren Höhen der Urwaldbäume, an denen er sich aufhält, nicht ins Auge, zumal er seine bunte Haube nur in der Erregung entfaltet.

Die meisten Tyrannen pflegen aufmerksam, aber ruhig und in aufrechter Haltung auf einem Zweig zu sitzen und auf Beute zu lauern. Fliegt ein Insekt in ihr Gesichtsfeld, so stürzen sie sich darauf, packen das Opfer mit hörbarem Schnabelklappen und fliegen wieder zu ihrem Sitzast zurück, um es dort in Ruhe zu verzehren. Größere Beutetiere halten sie mit den Zehen fest und zerlegen sie mit dem Schnabel in mundgerechte Stücke. Einige kleinere Arten schlüpfen auch nach Art unserer Grasmücken im Geäst umher und suchen die Blätter nach Insekten ab. Dann gibt es noch eine ganze Anzahl von Tyrannen, die zusätzlich kleinere Beeren fressen; bei diesen Gattungen sind die Schnabel-

1 **Rubintyrann** ♂
Pyrocephalus rubinus
Südwestliche USA bis Argentinien; 14 cm.

2 **Gabeltyrann**
Muscivora forficata
Südliche zentrale USA; 38 cm.

3 **Königstyrann**
Tyrannus tyrannus
Mittleres und östliches Nordamerika; 23 cm.

4 **Gelbbrusttyrann**
Myiarchus crinitus
Östliches Nordamerika; 23 cm.

5 **Östlicher Schnäppertyrann** ♂
Sayornis phoebe
Östliches Nordamerika; 18 cm.

borsten schwächer entwickelt oder können sogar ganz fehlen. Die größeren Arten, wie der ruhige Bauchschnabel, nehmen selbst kleinere Lurche und Kriechtiere, und der Schwefelgelbe Tyrann hat sich sogar nebenbei noch aufs Fischen verlegt.
Zu den ansehnlicheren Formen Nordamerikas gehören die Königstyrannen der Gattung *Tyrannus,* nach der die Familie ihren Namen trägt. Mit Recht bezeichnet man sie als Könige, denn sie dulden keine fremden Eindringlinge in ihrem Revier, und seien sie noch ein paarmal so groß wie sie selbst. Als Beispiel sei der Östliche Königstyrann genannt, ein häufiger Vogel östlich des Mississippi, den schon die Indianer vor dem Weißen Mann als »kleinen Häuptling« zu bezeichnen pflegten. Diesen 23 cm großen gefiederten Raufbold erkennt man ziemlich leicht an seiner dunklen Oberseite, dem weißen Bauch und den hellen Schwanzspitzen; sein Schopf trägt einen orangeroten Farbfleck, den er bei der Balz oder sonstiger Aufregung vorzeigt. Von seinem Sitzplatz auf einem Zaunpfahl, einem Busch oder einer Telegraphenstange aus stürzt sich der Vogel schneidig auf jede Krähe oder selbst einen größeren Raubvogel, der es wagt, in seinen Bereich einzudringen, und setzt ihm so lange zu, bis der Fremdling aus dem Felde geschlagen ist. Diese Kühnheit begeistert jeden Vogelfreund, jedoch ganz und gar nicht den Bienenzüchter, der den Königstyrann geradezu als »Bienenschwalbe« bezeichnet.
Andere nordamerikanische Tyrannen bieten ihrem Aussehen und ihrer Lebensweise nach nicht so viel Bemerkenswertes wie dieser Königstyrann. Häufig sehen sie einander derart ähnlich, wie etwa die olivgrünen Erlentyrannen der Gattung *Empidonax,* daß der Vogelbeobachter sie in der Natur kaum zu unterscheiden imstande ist. Wohl erkennt man die einzelnen Arten recht gut an ihrer Stimme, aber das nützt zur Zeit der Herbstzüge so gut wie gar nichts, denn dann verhalten sich die Tiere äußerst schweigsam.
Eine Anzahl Tyrannen ist äußerst stimmfreudig, so daß man sie nach ihren charakteristischen Rufen benannt hat. So ruft der dunkle, kleine Waldpiwi immerfort sein »pie-e-wie«, als würde es ihm nie zuviel. Auch der Östliche Schnäppertyrann, den die Amerikaner »Phoebe« nennen, stellt sich mit seinem englischen Namen vor; dieser kecke, olivgraue Vogel baut seine Nester aus Schlamm und Moos unter den Brücken in der freien Landschaft. Während Piwi und Phoebe unaufhörlich vom Sitzast aus rufen, bringt der Königstyrann sein rauhes, knarrendes Geplapper im Fluge hervor.

Wie alle insektenfressenden Vögel der gemäßigten Breiten ziehen auch die nordamerikanischen Tyrannen nach Süden, wenn ihnen mit Beginn des Winters die Insektenkost ausgeht. Die Schnäppertyrannen überwintern in den amerikanischen Südstaaten und gehen nicht über Mexiko hinaus; andere Tyrannen ziehen bis Mittelamerika und zum nördlichen Südamerika. Zumeist wandern sie nachts; die Königstyrannen jedoch ziehen in lockeren Wellen während des Tages. Die Tyrannen in den mittel- und südamerikanischen Hochgebirgen wandern je nach der Jahreszeit in höhere oder tiefere Lagen ab.

Zu den verhältnismäßig wenigen Tyrannenvögeln, die in geschlossenen Verbänden wandern, gehört der hübsche Gabeltyrann, der infolge seines langen, nachschleppenden, tiefgegabelten Schwanzes eine Gesamtlänge von 40 cm erreicht und somit zu den größten Arten der Familie gehört. Er brütet in den südlichen Zentralstaaten der USA. Häufig sieht man ihn in den texanischen Ebenen ruhig auf den Telegraphenmasten und Bäumen am Straßenrand sitzen, den langen Schwanz tief herabhängend. Verfolgt er eine Beute oder verjagt er einen Fremdling aus seinem Revier, so fliegt er blitzschnell mit raschen Flügelschlägen, wobei er seinen Schwanz waagrecht nachzieht. Gern führt er in der Luft allerlei akrobatische Kunststücke auf: Mitten im ungerichteten Zickzackflug wendet er plötzlich mit Hilfe seines weitgespreizten Schwanzes. Zum Winter zieht er in Tagesflügen und oft in recht ansehnlichen Verbänden südwärts bis Mexiko oder gar Panama.

Das schönste Farbkleid aber zeigt das Männchen des Rubintyrannen, einer Art, die vom südwestlichen Teil der Vereinigten Staaten an bis Argentinien vorkommt. Bis zu den Westindischen Inseln sind diese fliegenden Juwelen merkwürdigerweise nicht vorgedrungen, wohl aber bis zu den Galapagos-Inseln, 800 km westlich von Ekuador! Diese Art gehört zu den ganz wenigen Tyrannen, bei denen sich die Geschlechter äußerlich recht auffällig unterscheiden, denn im Gegensatz zu den prächtigen, rubinroten Männchen tragen die Weibchen ein unscheinbares graubraunes Gefieder.

Unter den vielen tropischen Arten verdient der Schwefelgelbe Tyrann hervorgehoben zu werden, eine große, untersetzte, braun und gelb gefärbte Art, deren raspelnder Ruf von den Amerikanern als »kiss-me-dear« und von den portugiesisch sprechenden Brasilianern als »bien-te-veo« (ich sehe dich gut) interpretiert wird. Dieser geschwätzige, lebhafte Vogel bewohnt vom südlichen Texas an bis Argentinien die halbbedeckten Landschaften und kommt überall dort vor, wo es Bäume gibt. Seine Hauptnahrung besteht zwar wiederum aus Insekten, doch sucht er gern die Mangrovensümpfe und Flußläufe im Gezeitengebiet auf, um dort ins Wasser zu stürzen und sich Fische zu greifen.

Höchst unterschiedlich ist auch der Nestbau der Tyrannen. In der Regel verfertigen sie aus Gras und Zweigen offene, schüsselförmige Gebilde in den Bäumen; von den Schlammnestern der Schnäppertyrannen unter den Brücken haben wir ja bereits gesprochen. Verschiedene tropische Arten bauen ein großes, beutelförmiges oder halbkugelig überdachtes Nest mit einem seitlichen oder sogar unteren Eingang. Die aus Lehm und Zweigen errichteten Niststätten einiger brasilianischer und argentinischer Arten sehen fast so aus wie die der Töpfervögel. Nicht wenige Arten nisten in Höhlen, wie der Gelbbrusttyrann, der sein unordentliches Nest in alten Spechthöhlen, Nist- und sogar in Postkästen anlegt.

Noch eine andere und recht seltsame Vorliebe zeigt dieser Gelbbrusttyrann: Mit Vorliebe schmückt er sich seine Nester mit abgestreiften Schlangenhäuten aus, und diese Angewohnheit hat selbstverständlich den Anlaß zu allerlei merkwürdigen und wenig glaubhaften Vermutungen gegeben. Kaum haltbar dürfte beispielsweise die tatsächlich geäußerte Ansicht sein, der Vogel trüge diese Natterhemden als eine Art Abschreckungsmittel in sein Nest, um irgendwelche Räuber durch den Anblick einer Schlange fernzuhalten. Als weit wahrscheinlicher dürfen wir wohl annehmen, daß der Vogel sein sonderbares Verhalten rein zufällig entwickelt hat, ohne daß damit auch ein ganz bestimmter Zweck verbunden war. Als echte Schutzmaßnahme müssen wir dagegen die allgemein bei den Tyrannenvögeln verbreitete Eigenart ansehen, das Nest in der Nähe von Wespenbauten anzulegen.

Nicht minder unterschiedlich als der Nestbau sehen auch die Eier der Tyrannen aus. Manchmal erscheinen sie reinweiß, bei anderen Arten gefleckt oder auch gestrichelt. Die Eizahl im Gelege schwankt zwischen 2 und 6, ist aber bei den tropischen Arten im allgemeinen geringer; diese sichern die Konstanz ihres Individuenbestandes vielfach dadurch, daß sie dafür mehrmals im Jahr brüten statt nur einmal, wie es die meisten Formen in den gemäßigten Klimaten tun, obwohl es auch bei den hier lebenden eine ganze Anzahl gibt, die mehrere Bruten im Jahr hervorbringen.

Beim Nestbau sind zwar die beiden Elternvögel beteiligt, doch

pflegt bei den Tyrannenvögeln zumeist das Weibchen allein zu brüten. Nur selten wird es hierbei vom Männchen unterstützt; der Hahn beteiligt sich allerdings bei der Atzung der Jungen. Die Dauer der Brutzeit schwankt zwischen 12 Tagen bei den kleineren Arten bis zu 21 Tagen bei den größeren. Ungefähr ebensolange werden die Jungen im Nest großgezogen, bis sie flügge sind und sich selbständig machen.

Pflanzenmäher *(Phytotomidae)*

Im gemäßigten Südamerika, vom westlichen Peru bis südwärts nach Patagonien, leben 3 Arten untersetzter, finkenähnlicher Vögel, die man lange Zeit für Kardinale oder Kernbeißer gehalten hat. Ihre Syrinxmuskulatur und der Bau ihrer Füße zeigen jedoch, daß sie vielmehr in die nähere Verwandtschaft der Schmuckvögel gehören, von denen sie sich nur durch die Anordnung der Beinmuskeln und den finkenähnlichen, kegelförmigen Schnabel unterscheiden, der an der Spitze mit feinen Sägezähnchen ausgestattet ist.
Alle Pflanzenmäher werden etwa 18 cm lang und unterscheiden sich deutlich in den Geschlechtern. Am besten bekannt und am weitesten verbreitet lebt der Östliche Pflanzenmäher in Argentinien, Uruguay und Bolivien; das bräunliche Weibchen sieht wie ein Sperling aus. Nicht ganz so rot ist das Gefieder des Peruvianischen Pflanzenmähers, dessen isoliertes Vorkommen sich auf das nordwestliche Küstengebiet von Peru beschränkt. Der Chilenische Pflanzenmäher ist grau.

Östlicher Pflanzenmäher
Phytotoma rutila
Bolivien, Paraguay, Uruguay und Argentinien; 18 cm.

Feuerkopf
Oxyruncus cristatus
Costa Rica bis Paraguay; 18 cm.

Den Lebensraum dieser Vögel bilden offene Wälder, Buschland und selbst Kulturgebiete. Ihren Namen verdanken die Tiere der Tatsache, daß sie zum Fressen die Blätter, Knospen, Früchte, Schößlinge und kleinen Pflanzen an der Wurzel abkneifen und dabei viel mehr verwüsten, als sie zu fressen imstande sind. In landwirtschaftlichen Gebieten, insbesondere in Chile, sollen die Pflanzenmäher manchmal die Felder und Gärten derart heimsuchen, daß man zu ernsten Maßnahmen gegen sie gezwungen ist. Zutraulich sitzen die Tiere auf ihren Büschen und lassen den Menschen ganz nahe an sich herankommen; fühlen sie sich beunruhigt, so fliegen sie nicht allzuweit, sondern suchen Schutz schon zwischen den nächsten Blättern. Ihr wellenförmiger Flug ist weder kräftig noch ausdauernd, doch bewegen sie ihre kurzen, spitzen Flügel immerhin mit hörbar schnellem Schwirren.
Gern sammeln sich die Pflanzenmäher in kleineren, lockeren Schwärmen, die dann ziellos über das Land streifen, wenn die Brutzeit vorbei ist; auch wechseln sie je nach Jahreszeit ihre Weidegründe. Die rauhen, unmusikalischen Laute hat man mit den verschiedensten Geräuschen verglichen, wie dem Knarren gegeneinander reibender Äste, mit Froschgequake oder dem Blöken von Schafen.
Ihre offenen, runden Nester aus Zweigen polstern die Vögel mit feineren Pflanzenfasern aus. Die chilenische Art baut ziemlich hoch in den Bäumen, die östliche gern in Bodennähe, oft im Schutz eines Dornbusches. Das Gelege aus 2 bis 4 bläulichgrünen, dunkelbraun gesprenkelten Eiern wird allein vom Weibchen ausgebrütet, die Aufzucht der Jungen jedoch besorgen beide Elterntiere.

Feuerköpfe *(Oxyruncidae)*

Außer dem, was die paar verstreuten Museumsbälge auszusagen vermögen, wissen wir wenig über diese Gruppe. Bekannt sind die Feuerköpfe nur aus 6 Ländern: Costa Rica, Panama, Venezuela, Britisch-Guayana, Südbrasilien und Paraguay. Dort treten sie keineswegs häufig auf, und jedes bekanntgewordene Vorkommen scheint streng ortsgebunden zu sein. Die in Brasilien und Paraguay heimischen Gruppen leben im Regenwald bis zu 1000 m Höhe. Da sich die Vertreter aus den 6 so weit voneinander entfernten Fundorten nur schwach in der Größe und in den gelblichen bis weißen Farbtönen ihrer Unterseite unterscheiden,

betrachten wir sie lediglich als Angehörige verschiedener Unterarten ein und derselben Art, die in früheren Zeiten vermutlich viel weiter und zusammenhängender verbreitet war.
Da wir die näheren Verwandten dieser Vögel nicht kennen, erscheint ihre systematische Stellung recht ungewiß. In anatomischer Hinsicht schließen sie sich am nächsten an die Tyrannen an, denn wir finden hier den gleichen Bauplan der Syrinxmuskulatur und des Fußes. Auch erinnert der rote Federschopf, der bei den Weibchen etwas blasser erscheint, durchaus an die Verhältnisse bei den Tyrannen, wenn auch die Läufe und Zehen der Feuerköpfe kräftiger und untersetzter wirken. Von den Tyrannen aber unterscheidet sie deutlich der gerade, scharf zugespitzte und am Ende nicht hakig gebogene Schnabel, der in einzigartiger Weise am Grunde nicht mit den üblichen Schnabelborsten, sondern mit kurzen, feinen Federchen umstanden ist. Auch sind ihre Nasenlöcher nicht rund, sondern oval und mit einer Klappe ausgerüstet. Bevor weitere Untersuchungen einen Anhaltspunkt für den Anschluß dieser Vögel an eine andere Familie liefern, sollen sie als selbständige Einheit betrachtet werden.
Eingehendere Beschreibungen ihrer Lebensweise fehlen noch immer. Die Feuerköpfe scheinen einzeln zu leben – jedenfalls hat man noch keine Schwärme gesehen – und Früchte zu fressen. Über ihr Nistverhalten sind wir ebenso im unklaren wie über die Nester selbst und die Eier.

Pittas *(Pittidae)*

Charakteristisch für die 15 bis 28 cm großen Pittas sind der gedrungene, etwas abwärts gebogene Schnabel, der große Kopf, der kurze Hals, die kleinen, verrundeten Flügel sowie die ziemlich langen, kräftigen Läufe und Füße. Noch deutlicher als die bunte Färbung des lockeren Gefieders aber kennzeichnet sie der ungewöhnlich kurze, abgestutzte Schwanz, der bei manchen Arten nur noch mit ein paar kurzen, steifen Federn angedeutet erscheint. Einige Formen zeichnen sich durch Hauben und kleine Ohrbüschel aus. In sämtlichen Arten treten in beiden Geschlechtern grundsätzlich die gleichen bunten Farben auf, die fast das ganze Spektrum von Grün bis Purpur, Karminrot und Gelb umfassen, doch wirken die Weibchen etwas matter und dunkler.
Für den Systematiker bedeuten die Pittas eine klar abgegrenzte

Gruppe, deren 23 Arten so eng zusammengehören, daß man sie alle zur einzigen Gattung *Pitta* stellt. Ihr Verbreitungszentrum umfaßt das südöstliche Asien und die angrenzende Inselwelt; eine Art, die Neunfarbenpitta, geht vom südlichen Japan über China bis zum nördlichen Indien. Andere wieder finden sich auf den Philippinen, den Salomonen oder in Australien, wo die Gattung mit 3 Arten vertreten ist. Zwei Arten leben isoliert ist Ost- und Zentralafrika. Manche tropischen Pittas kommen sehr eng begrenzt vor, wie etwa die Philippinen-Pitta, eine der schönsten Arten, die sich auf das moosbedeckte Unterholz der feuchten Bergwälder von nur 3 der Philippinen-Inseln beschränkt.

Da wir die näheren Verwandten der Pittas nicht kennen, erscheinen ihre Beziehungen zu den übrigen Familien ungewiß. Nur auf Grund des einfachen Baues ihres Stimmapparates rechnet man sie zur Unterordnung der Tyrannenvögel, wenn sie auch sonst kaum etwas mit dieser neuweltlichen Familie gemein haben. Aus ihrer Geschlossenheit als Gruppe und der unzusammenhängenden Verbreitung läßt sich entnehmen, daß die Pittas als Nachkommen einer urtümlichen Stammgruppe von Waldvögeln aufzufassen sind, die früher viel weiter verbreitet in den altweltlichen Tropen lebte.

Im Dämmerlicht ihres Lebensraumes – die Pittas bewohnen den Boden und die unteren Lagen der Tropenwälder – fallen ihre

Granatpitta
Pitta granatina
Malaia, Sumatra, Borneo;
17 cm.

Philippinen - Pitta
Pitta steerii
Philippinen; 20 cm.

Baum-Scheinzaunkönig
Xenicus longipes
Neuseeland; 9 cm.

bunten Farben überhaupt nicht auf, so daß man die Tiere nur schwer im dichten Pflanzengewirr erkennt. Kommt man näher, so huschen sie durch das Unterholz wie kleine Nagetiere; wenn sie sich in die Luft erheben, fliegen sie zielbewußt und schnell, mit raschem Flügelschlag. Viele Arten sind Zugvögel, so die Bewohner des gemäßigten China, Japans und Australiens, die den Winter in den Tropen verbringen; aber auch verschiedene Tropenformen ziehen außerhalb der Brutzeit zu neuen Futterplätzen.
Als Nahrung dienen ausschließlich Insekten und anderes Kleingetier; manche Arten bevorzugen Termiten, andere Tausendfüßler. Die Lärmpitta, die man auf Grund ihrer prächtigen Färbung in Australien »Dragonerpitta« nennt, hat sich auf Schnecken spezialisiert und benutzt einen eigenen Baumstumpf oder Stein, um die Gehäuse darauf zu knacken.
Tagsüber halten sich die Pittas zum Fressen auf dem Boden auf, baumen aber nachts auf und hüpfen auch zum Singen auf die Zweige. Ihr Ruf besteht aus einem recht weittragenden, 2- oder 3tonigen Pfeifen, das aber derart bauchrednerisch klingt, daß man den Standort der Tiere danach kaum ausmachen kann. In den Mondnächten rufen manche Pittas sich durch den Urwald gegenseitig zu; andere bringen ein eigenartiges Grunzen hervor. Von den afrikanischen Arten kennen wir schwirrende, rasselnde

Geräusche, die während ihrer kurzen Balzflüge offenbar mit den Flügeln erzeugt werden.
Aus locker zusammengefügten Zweigen und anderen Pflanzenteilen bauen die Pittas große, kugelförmige Nester mit einem seitlichen Eingang. Meist liegen diese Niststätten am Boden oder in Bodennähe, oft in einem Dornbusch, aber auch bis 10 m hoch in den Bäumen.
Die Zahl der fast kugeligen, glänzend weißen bis gelblichen, dunkelbraun gefleckten Eier im Gelege beträgt 4 bis 6, aber auch mitunter 2 oder 7. Beide Eltern brüten und atzen die Jungen, doch kennen wir noch nicht die genaue Dauer der Brutzeit. Die nördlichen Arten brüten von Mai bis August, die Afrikaner und Australier südlich des Äquators im dortigen Sommer von November bis Februar. Bei den Einwohnern der orientalischen Region fällt die Nistperiode in die Regenzeit von Februar bis April; das hängt wahrscheinlich damit zusammen, daß dann auch Insekten in Hülle und Fülle als Nahrung vorhanden sind.

Neuseelandpittas *(Xenicidae)*

Diese Familie wird von 4 Arten kleiner, insektenfressender Vögel Neuseelands gebildet. Drei davon sind 10 cm messende, bräunliche Tiere, die mit hochgestelltem Schwanz durch das Unterholz oder über den steinigen Bodengrund huschen; die vierte aber, der nur 8 cm lange, gelblichgrüne Scheinkleiber, lebt als kleinste dortige Art in den Tiefen der Wälder.
Der Scheinkleiber beschränkt sich in seiner Verbreitung auf die Küstenwälder, kommt aber dort noch recht häufig vor. Selten geworden sind Scheinzaunkönig und Baum-Scheinzaunkönig (Abb. S. 47), denn sie haben unter dem vom Menschen eingeführten Raubzeug zu leiden gehabt, wie den Ratten und Katzen. Bereits ausgestorben ist die Art der Stephans-Insel, die wohl den kleinsten Verbreitungsraum eines Vogels einnahm: ein winziges, bewaldetes Eiland, etwas 1 qkm groß.
Unsere heutigen 3 Arten können nicht gut fliegen. Die besten Leistungen zeigt noch der Scheinzaunkönig, der immerhin etwa 1000 m weit zu flattern vermag. Einfaches, nasales Zirpen und Warntöne sind alles, was der primitive Stimmapparat hergibt. Alle 3 Arten bauen geschlossene Nester mit seitlichem Eingang, der Scheinkleiber in Baumhöhlen, die beiden anderen in Baumstümpfen oder Gesteinsspalten. Um die 2 bis 5 reinweißen

Eier und die Brutpflege kümmern sich beide Eltern. Ihrem Bau und Verhalten nach dürften diese Vögel und die Pittas auf gemeinsame Ahnen zurückgehen.

Lappenpittas *(Philepittidae)*

In den Wäldern Madagaskars gibt es 4 wenig bekannte, kleine Vogelarten als letzte Überlebende einer Gruppe primitiver Sperlingsvögel, die andernorts längst ausgestorben sind. Obwohl sie sich im Aussehen und Verhalten ziemlich stark unterscheiden, zeigen doch die beiden mit je 2 Arten vertretenen Gattungen *Philepitta* und *Neodrepanis* verschiedene anatomische Übereinstimmungen, die auf eine gemeinsame Abstammung hindeuten. Die beiden *Philepitta*-Arten sind plumpe Baumbewohner mit

Langschnabelige Nektarpitta
Neodrepanis coruscans
Östliches Madagaskar; 9 cm.

Seidenlappenpitta
Philepitta castanea
Östliches Madagaskar; 17 cm.

kräftigen Beinen und ähneln entfernt den Pittas. Die häufigere Seiden- und Schwarzlappenpitta lebt in den feuchten Wäldern des östlichen Madagaskar bis zu Höhen von 1500 m und soll ein ruhiger, zutraulicher Vogel sein, der ziemlich träge seinen Weg durch die mittlere Lage und den buschigen Grund des Waldes zieht, wenn er – meist vereinzelt oder höchstens in Gesellschaft von 2 oder 3 anderen – sich seine Früchte und Beeren sucht. Nur selten vernimmt man seinen weichen, drosselähnlichen Gesang. Den Nestbau kennen wir nur von dieser Art: ein birnenförmiges, hängendes Gebilde aus Moos und Palmenfasern, gepolstert mit welkem Laub, und mit einem seitlichen, überdachten Eingang. Bisher ist nur ein Gelege beschrieben worden, und das enthielt 3 weiße Eier. Im westlichen Madagaskar lebt die etwas kleinere, aber bunter gefärbte Ringlappenpitta.
In den gleichen feuchten Wäldern des Ostens, in denen auch die Seidenlappenpitta zu Hause ist, kommt die Langschnabelige Nektarpitta vor, eine weit kleinere und ganz anders aussehende Art mit kleinen, schwachen Füßen und einem langen, gebogenen Schnabel. Jahrelang hat man sie für einen Angehörigen der Nektarvögel gehalten, denen sie ja auch täuschend ähnlich sind, bis dann eingehendere anatomische Studien die wahre Verwandtschaft ans Licht brachten. Die Nektarpitta lebt und frißt tatsächlich wie die Nektarvögel, taucht ihren Schnabel in die Blüten und nimmt den Nektar wie auch die dort herumschwimmenden kleinen Insekten als Beikost. Wie die anderen Lappenpittas lebt auch diese Art als Einzelgänger, so daß man selten mehr als 2 oder 3 Nektarpittas beisammen sieht, obwohl sie nicht einmal besonders selten sind. Ihre Stimme besteht nur aus einem leisen Zischen.
Die letzte Art, die Kurzschnabelige Nektarpitta, kennen wir nur nach 7 Exemplaren aus den Wäldern im nordöstlichen Madagaskar; es ist ein kleiner, unauffälliger Vogel, den man leicht übersieht und der leider vom Aussterben bedroht scheint.

Leierschwänze *(Menuridae)*

Zu den vielen Absonderlichkeiten Australiens, die dieser Erdteil dem Zoologen zu bieten hat, gehören die wunderbaren Leierschwänze. Nur 2 Arten enthält diese Familie: den herrlichen Prachtleierschwanz und den etwas kleineren Albert-Leierschwanz, der nach Prinz Albert benannt wurde, dem Gemahl der Königin Victoria. Beides sind braunrückige Vögel mit aschgrauem Bauch, langem spitzem Schnabel, langem Hals, großen, kräftigen Läufen und Füßen sowie derart verlängerten Schwanzfedern, daß man die Leierschwänze anfangs für Fasanen hielt. Erst später, als man sich näher mit ihrer Anatomie befaßte, entdeckte man den singvogelartigen Stimmapparat, der aber anstelle der bei den echten Singvögeln üblichen Anzahl von 5 bis 7 Muskelpaaren nur 3 besaß. Weiterhin fielen das lange, schmale Brustbein auf, das eher dem der meisten Wasservögel und nicht dem kurzen, quadratischen Typ der Sperlingsvögel gleicht, die Anzahl von 16 Schwanzfedern statt der sonst gewohnten 12, ferner der Besitz von 6 Alula-(Eckflügel-)Federn auf dem Daumen anstelle von 3 oder 4. Um ihre systematische Stellung zu kennzeichnen, stellt man die Leierschwänze zusammen mit den Dickichtvögeln zur Unterordnung *Menuridae.*

Allgemein bekanntgeworden ist der Prachtleierschwanz durch den häufigen Gebrauch als Wappentier auf den australischen Siegeln und Briefmarken, wo man ihn genauso oft antrifft wie den Emu, das Känguruh, das Schnabeltier und den Koala-Beutelbär. Leider hat die immer wieder dargestellte Haltung mit dem hoch aufgerichteten und nur zum Teil, nämlich genau leierförmig entfalteten Schwanz, wie wir sie auf Briefmarken und in den Büchern zu sehen bekommen, die Ornithologen etwas in Verlegenheit gebracht, denn sie ist überhaupt nicht typisch für den Vogel, wenn sie auch gelegentlich einmal bei der Balz eingenommen werden kann.

Den Rahmen der Lyra bildet das 60 cm lange, schön geschwungene und gestreifte äußere Schwanzfedernpaar des Männchens, und die »Saiten« werden durch die nächsten 6 Federpaare dargestellt, deren lange Strahlen aber keine Häkchen tragen und somit keine zusammenhängende Fahne bilden. Das mittlere Federpaar ist bis auf die Spitze kahl; unmittelbar hinter seinem Ansatz kreuzt es sich und neigt sich dann mit der Spitze von der Leier fort. Beim Albert-Leierschwanz, dessen braune Farbe mehr ins Rötliche geht, fehlen den Hähnen die Rahmen der Lyra; die beiden mittleren Schwanzfedern sehen genauso aus wie bei der vorigen Art, aber die anderen 7 Paare bestehen nur aus spitzenartigem Strahlenwerk. In der Färbung gibt es keinen Unterschied zwischen den Geschlechtern, doch zeigen die Hennen einen ganz gewöhnlichen Schwanz. Bis etwa zum 3. Lebensjahr gleichen die Junghähne den Hennen und entwickeln dann erst ihren Schwanzfederschmuck.

Beide Arten leben im Wald- und Buschland des östlichen Australien, doch geht der Albert-Leierschwanz etwas weiter nach Norden. Als scheue Einzelgänger halten sie sich in dem dichten Pflanzenwuchs versteckt und laufen mit großer Geschwindigkeit durch das Unterholz. Die Nacht verbringen die Leierschwänze auf den Zweigen der Bäume. Als Nahrung dienen ausschließlich Kleintiere, wie Insekten, Würmer und Schnecken, nach denen die Vögel am Boden scharren.
Fast ebenso berühmt wie ihr Lyraschmuck ist die ungewöhnliche Fähigkeit der Leierschwänze, Laute nachzuahmen. In dieser Hinsicht sollen sie – und zwar besonders der Albert-Leierschwanz – alle anderen Vögel übertreffen. Selbstverständlich haben sie auch ihre eigene Stimme, wie das »Schu-schu-schu« des Prachtleierschwanzes, das man vor allem in der Dämmerung hört, außerdem aber sind sie imstande, jedes sonstige Geräusch mit erstaunlicher Genauigkeit nachzuahmen, insbesondere den Ruf und Gesang anderer Vögel. Ein gefangenes Männchen ist in der Lage, nacheinander die Laute von 20 oder mehr Vogelarten wiederzugeben, darunter das rauhe Gelächter des »Lachenden Hans«,

aber auch jede andere Tierstimme: Pferdewiehern, Hundegebell, das Blöken der Schafe, oder selbst mechanische Geräusche: das Kreischen einer Säge, Autohupen, den Klang von Motoren – kurz, was nur sein Interesse findet.

Wahrscheinlich sind die Hähne polygam, denn am Nestbau, am Brüten und an der Aufzucht der Jungen beteiligen sie sich nicht. Jedes Männchen schafft sich ein eigenes Revier, das manchmal fast einen Quadratkilometer groß ist, und darin duldet es keinen anderen Hahn. Auf diesem Gelände legt sich das Tier bis zu einem Dutzend Tanzplätze an und besucht sie jeden Tag der Reihe nach, um dort zu balzen. Der Prachtleierschwanz kratzt sich feuchte Erde zu kleinen Hügeln zusammen, auf denen er seinen Balztanz aufführt, während der Albert-Leierschwanz zum gleichen Zweck eine flache Erdmulde von 75 cm Durchmesser ausscharrt.

Ihren Balztanz leiten die Hähne mit gesanglichen Darbietungen ein und setzen sie während der ganzen Vorstellung fort. Dann senken sie ihren Schwanz, entfalten ihn langsam und heben ihn immer höher nach vorn über den Rücken, bis sie gänzlich von

Prachtleierschwanz
Menura novaehollandiae
Südöstliches Australien; 95 cm.

der weißen Federpracht umhüllt sind und die Federspitzen vor dem gesenkten Kopf die Erde berühren. Damit ist der Höhepunkt der Balz erreicht, und nun schließt der Vogel mit ein paar hohen Tönen, faltet seinen Schwanz wieder zur Normallage zusammen und geht seiner Wege.
Ungefähr einen Monat wendet die Henne für den Nestbau auf. Am Boden oder kurz darüber, oft zwischen zwei Bäumen, in einem hohlen Baumstumpf oder zwischen den obersten Wedeln eines schrägen Baumfarns, errichtet sie ein mächtiges, überdachtes Gebilde mit einem seitlichen Eingang. Die Außenwand besteht aus Zweigen, trockenen Farnwedeln, Moos und Rinde, das Innere aus verflochtenen Wurzel- und Rindenfasern. Ausgepolstert wird das Ganze mit den langen Dunenfedern, die sich die Henne selbst von Rücken und Schenkeln auszieht. Etwa eine Woche, nachdem das Nest fertiggestellt ist, legt sie ihr Ei, und dann vergeht nochmals eine Woche, bis sie mit dem Brüten beginnt.
Das weißgraue bis braune, dunkel gefleckte Ei ist nicht nur das größte eines Sperlingsvogels, sondern benötigt auch die längste Brutzeit. Von einem Haushuhn wurde es in 28 Tagen ausgebrütet, doch brauchen die Leierschwanz-Hennen selbst etwa 35 bis 42 Tage in der Natur dazu. Die Jungen schlüpfen völlig nackt, bedecken sich jedoch sehr bald mit langen, schwarzen Dunen.

Dickichtvögel *(Atrichornithidae)*

Als Verwandte der Leierschwänze stammen die beiden australischen Dickichtvögel offenbar mit ihnen von gemeinsamen Vorfahren ab; die eine Art galt bis 1961 als ausgestorben. Nur wenig ist über diese scheuen, versteckt lebenden braunen Vögel bekannt. Die größere Art, der 21 cm lange Lärmdickichtvogel, lebt jetzt noch in einer winzigen Population von 20 bis 30 Tieren im südwestaustralischen Buschland. Insgesamt kennen wir von ihm nur etwa 16 Museumsbälge, von denen der letzte im Jahre 1889 erbeutet wurde. Sein Verwandter, der etwas kleinere Rotbraune Dickichtvogel (Abb. S. 56), kommt noch in spärlicher Anzahl im subtropischen Buschland des ostaustralischen Küstengebietes vor. Angeblich kann er überhaupt nicht fliegen, sondern flattert nur ein kurzes Stück weit, läuft aber schnell zwischen Buschwerk am Boden umher.

Im Bau des Stimmapparates gleichen die Dickichtvögel den Leierschwänzen, doch finden sich hier nur 2 Muskelpaare. Auch sind ihre Läufe und Füße groß und kräftig, denn damit kratzen sie Schnecken, Würmer, Insekten und gelegentlich auch Sämereien aus der Erde. Ihr auffallendstes anatomisches Kennzeichen aber besteht in der starken Rückbildung der Schlüsselbeine im Zusammenhang mit dem Verlust des Flugvermögens; sie sind hier im Gegensatz zu den anderen Sperlingsvögeln nicht zum Gabelbein verschmolzen. Weibchen sind dunkler gefärbt und bleiben kleiner.

Mit den Leierschwänzen teilen die Dickichtvögel die Stimmgewalt. Die Rufe des Lärmdickichtvogels sollen derart schrill sein, daß sie einem in den Ohren gellen, als ob in einem kleinen Raum auf einer lauten Pfeife geblasen würde.

Das Nest des Rotbraunen Dickichtvogels stellt eine Miniaturausgabe des Leierschwanznestes dar und wird auch ebenso am Boden oder unmittelbar darüber angelegt. Es besteht aus locker verflochtenem altem Gras und dürrem Laub; ausgekleidet wird es mit einer merkwürdigen Masse, die wie rauhes Packpapier aussieht. Dazu sammelt der Vogel weichen Holzmulm und klebt ihn in feuchtem Zustand an die Innenseite des Nestes. Gewöhnlich enthält das Gelege 2 rötlichweiße Eier mit rotbraunen Sprenkeln. Außer der Tatsache, daß allein das Weibchen brütet und die Jungen aufzieht, wissen wir wenig von der Brutpflege.

Durch die künstlichen Veränderungen des Lebensraumes und die eingeführten Raubtiere wäre auch die letzte Art zum Aussterben verdammt, wenn sie nicht im Lamington-Nationalpark eine Zuflucht gefunden hätte.

Lerchen *(Alaudidae)*

Als kleine, unscheinbar gefärbte Bodenvögel, bekannt durch ihren melodienreichen Flug, bilden die Lerchen eine überwiegend altweltliche Vogelfamilie, die südlich der Tundren in ganz Europa und Asien vertreten ist, am reichhaltigsten aber in Afrika, wo zwei Drittel der insgesamt 75 Arten vorkommen. Zwei Arten sind bis zum nördlichen Australien vorgedrungen, und eine, die Ohrenlerche, gehört auch zur Fauna der Neuen Welt. Diese Art, die man leicht an ihren schwarzen Federbüschen über den Ohren erkennt, lebt auf der gesamten nördlichen Halbkugel und brütet im arktischen Tundrengebiet, geht aber südwärts

Rotbrauner Dickichtvogel
Atrichornis rufescens
Östliches Australien; 18 cm.

einerseits bis Nordafrika, andererseits über den größten Teil von Nordamerika bis zum südlichen Mexiko. Isolierte Populationen haben sich in den Gebirgen des Balkans oberhalb der Baumgrenze und auf den Hochsteppen der Anden in Kolumbien angesiedelt.

Die Lerchen bilden eine der geschlossensten Sperlingsvogel-Familien, die sich von allen übrigen Gruppen durch Sondermerkmale unterscheidet. Der Lauf trägt nicht nur vorn große Hornschilder, wie es bei den anderen echten Singvögeln der Fall ist, sondern auch auf der abgerundeten Rückseite. Daraus geht hervor, daß sich die Lerchen schon früh von der Stammgruppe der Sperlingsvögel abgesondert haben, und da sie auch andere urtümliche Merkmale aufweisen, wie die 5fache Muskulatur des Stimmapparates, behandeln wir sie als erste und primitivste Familie der echten Singvögel. Der lange, spitze Flügel trägt 10 Handschwingen, aber die äußere bleibt kurz und ist bei einigen Gattungen fast vollständig rückgebildet. Ein weiteres Erkennungsmerkmal stellt die lange, gerade Kralle der Hinterzehe dar, die wir auch bei den Bachstelzen wiederfinden.

Obwohl man sie in 15 Gattungen und 75 Arten aufgliedert, unterscheiden sich doch die Lerchen nicht allzu stark in ihrem

Lebensraum und in ihrer Lebensweise. Es sind durchwegs kleine, 13 bis 23 cm große Vögel mit unauffälligem, braun oder grau gestreiftem Gefieder und mit einer helleren Unterseite. Stets finden wir einen spitzen Schnabel, häufig Federbüsche oder Hauben auf dem Kopf. Abgesehen von der nordeurasischen Mohrenlerche und den 7 afrikanischen Gimpellerchen der Gattung *Eremopteryx*, sind die Geschlechter gleich gefärbt, nur wirken die Weibchen etwas dunkler und kleiner als die Männchen.

Zumeist trifft man die Lerchen im offenen Gelände an, in den Grasebenen, Mooren, Kulturfeldern, Wüsten und Küsten. Abgesehen von den Klapperlerchen und anderen, die sich auf dem Gesträuch oder auf Pfählen aufhalten, bewegen sich die Tiere laufend, aber nicht hüpfend über den Boden. So vortrefflich sind sie der Umgebung angepaßt, daß man ganz dicht an sie herantreten kann und sie erst bemerkt, wenn sie auffliegen. Ihre Nahrung besteht etwa zu gleichen Teilen aus tierischen und pflanzlichen Bestandteilen, nämlich Insekten, deren Puppen und Larven sowie aus Sämereien und anderem. Grundsätzlich leben diese Vögel gesellig und schließen sich außerhalb der Brutzeit zu Scharen zusammen. Fast alle Arten unternehmen regelmäßige, mitunter weite Wanderungen.

Feldlerche
Alauda arvensis
Gemäßigtes Eurasien und Nordafrika; 18 cm.

Ohrenlerche
Eremophila alpestris
Eurasien, Nordafrika, Nordamerika, Mexiko, Kolumbien; 16—18 cm.

Überall in der ganzen Welt preist man den Lerchengesang, und tatsächlich gehört das Schmettern des Feldlerchenhahns beim Balzflug zu den schönsten Naturlauten überhaupt. Äußerlich gesehen wirkt die Feldlerche klein und unauffällig, aber ihr Gesang steht ganz im Gegensatz zu der äußeren Erscheinung und hat schon so manchen Dichter begeistert. Ein unvergeßliches Erlebnis ist es, wenn an einem Frühlingsmorgen plötzlich auf einem einsamen Feld ein kleiner brauner Vogel aufsteigt, sich in die höchsten Höhen schraubt und dabei das Land mit seinem trillernden, sprudelnden Gesang erfüllt.

Dieser vielgepriesene Sänger nistet von den Britischen Inseln an über Europa und Asien bis Kamtschatka und Sibirien, südwärts bis Indien und Nordafrika. So sehr lieben die Europäer ihre Feldlerche, daß sie die Art in alle Teile der Welt verpflanzt haben. Mit Erfolg hat man sie auf Neuseeland und Hawaii angesiedelt. Auch nach Long Island, New York, hat man sie eingeführt; dort hielt sie sich seit 1880 ein paar Jahrzehnte, nahm aber immer mehr ab und scheint seit 1913 ausgestorben. Besser erging es den Feldlerchen, denen man auf der Vancouver-Insel bei Britisch-Kolumbien eine neue Heimat bot, denn sie existieren dort immer noch.

Trotz der allgemein entgegengebrachten Wertschätzung galten Lerchen früher in Europa als kulinarische Delikatesse, und da es schon einer beträchtlichen Anzahl bedarf, um ein Gericht davon zusammenzubringen, hat man sie massenhaft geschossen und mit Netzen gefangen. (In Italien tut man es noch.) Das hat jedoch den Individuenbestand nicht merklich beeinflussen können. Im Gegenteil: Indem der Mensch die Wälder rodet und Ackerflächen schafft, erweitert er auch ihren Lebensraum und trägt zur Ausbreitung der Art bei. Die Haubenlerche ist sogar in letzter Zeit immer mehr zu einem Stadtvogel geworden, der zumindest in den Außenbezirken der Städte zum gewohnten Vogelleben gehört.

Im allgemeinen bauen die Lerchen offene, napfförmige Nester am Boden für ihre 2 bis 6 weißen, gefleckten Eier; bei den Klapperlerchen *(Mirafa)* sind sie überdacht. Der Nestbau obliegt allein dem Weibchen; das Männchen hält sich allerdings in der Nähe auf und singt dazu, versieht das Weibchen während der 11- bis 12tägigen Brutzeit mit Futter und beteiligt sich auch am Atzen der Jungen, die nach 10 bis 12 Tagen flügge werden. Im allgemeinen bringen die Lerchen 2 oder mehr Bruten im Jahr hervor.

Schwalben *(Hirundinidae)*

Keine andere Vogelgruppe ist dem Menschen in der ganzen Welt so stark ans Herz gewachsen wie gerade die Schwalben. Überall sind sie zu Hause; nur in den Polargebieten, auf Neuseeland und einigen ozeanischen Inseln fehlen sie. Oft werden die Schwalben mit den Mauerseglern verwechselt, obwohl sie überhaupt nicht näher mit ihnen verwandt sind und ihnen nur äußerlich etwas ähnlich sehen; ihre grundsätzlichen anatomischen Unterschiede aber lassen erkennen, daß wir es hier wieder einmal mit einem Fall von Parallelentwicklung zu tun haben, indem zwei einander fernstehende Gruppen im Zusammenhang mit der gleichen Lebensweise auch eine ähnliche Gestalt angenommen haben. Wenn auch nicht ganz so stark wie die Segler, so halten sich doch die Schwalben mehr als alle anderen Sperlingsvögel während der Aktivitätszeit in der Luft auf.

Äußerlich erkennt man den Unterschied schon daran, daß bei den Schwalben 12, bei den Mauerseglern aber nur 10 Schwanzfedern auftreten; auch wirkt der Flug der Schwalben weniger reißend. Außerdem erkennt man eine Schwalbe mühelos an dem schlanken Rumpf, den langen, spitzen Flügeln, dem dichten, oft metallisch schillernden, oberseits meist dunkleren Gefieder und den kurzen Läufen mit den nur schwachen Füßen. Ihr kleiner, dreieckiger Schnabel öffnet sich weit, da die Mundspalte fast bis zu den Augen reicht. Die Tiere sind 10 bis 23 cm groß.

Obwohl die Anzahl der Handschwingen hier von 10 auf 9 heruntergesetzt ist, was eine beträchtliche Spezialisation bedeutet, setzen wir doch die Schwalben ziemlich tief am Stammbaum der Sperlingsfamilien an, denn sie zeigen andererseits eine ganze Reihe primitiver Merkmale, wie etwa die unvollständige Entwicklung der Bronchienringe, und somit lassen sie keine näheren Verwandtschaftsbeziehungen zu irgendeiner anderen Vogelgruppe erkennen. Irgendwo und irgendwann im Eozän dürften sie sich von irgendeiner insektenfressenden Stammgruppe urtümlicher Sperlingsvögel abgespalten haben, aber mehr vermögen wir nicht darüber zu sagen. Ihre 79 heutigen Arten, gegliedert in etwa 20 Gattungen, sind so weit und so gleichmäßig über die Welt verteilt, daß wir aus ihrer geographischen Verbreitung keine Schlüsse auf das ursprüngliche Entstehungszentrum ziehen können.

Ständig sind die Schwalben in der Luft unterwegs, um Insekten zu jagen, und ihr vollendet eleganter Flug übertrifft den der meisten anderen Vögel; an Schnelligkeit und Flughöhe jedoch

Rauchschwalbe
Hirundo rustica
Europa, Asien und Nordamerika; 20 cm.

Baumschwalbe
Iridoprocne bicolor
Gemäßigtes Nordamerika; 14 cm.

Rauhflügelschwalbe
Stelgidopteryx ruficollis
Südliches Kanada bis Argentinien; 14 cm.

können sie es mit den Seglern nicht aufnehmen. Während die Segler tagsüber kaum ausruhen und auch dann nur an senkrechten Flächen, lassen sich die Schwalben häufig auf waagerechten Zweigen, Telefonleitungen oder Dächern nieder. Auf dem Boden sieht man sie allerdings nur, wenn sie Nistmaterial sammeln. Dort bewegen sie sich ziemlich ungeschickt in einem merkwürdigen Watschelgang über kürzere Strecken fort.
Wir schätzen die Schwalben, weil sie sich einerseits durch das Fortfangen der Insekten nützlich machen, und weil sie andererseits so freundlich und liebenswert wirken. Weniger prächtig sind ihre Gesangsleistungen, denn die bestehen nur aus einem schrillen Zirpen, mit dem sich die Vögel während des Fluges und während der Rast gegenseitig zuzwitschern. Dem Menschen gegenüber zeigen sie wenig Furcht, sondern sie nisten vielmehr gern in oder an seinen Gebäuden. Schließlich liebt der Mensch in Nord und Süd die Schwalben auch als Frühlingsboten.
Wenn sich die Scharen der Schwalben am Himmel zeigen, wissen wir, daß nun auch der Frühling seinen Einzug hält. Da die Schwalben tagsüber ziehen und dabei fressen müssen, können sie nur dann nach Norden vordringen, wenn es auch Insekten gibt, und das hängt wieder von einer ausreichend warmen Wit-

terung ab. Das nördliche Vordringen der Schwalben stimmt ziemlich genau mit den Fortbewegungen der Isothermen überein; so folgt beispielsweise die Rauchschwalbe den Spitzen der 9°-C-Linie. Ein oder zwei besonders abgehärtete Tiere treffen auch schon vor dem großen Schwarm ein und bewahrheiten das alte Sprichwort, daß eine Schwalbe noch keinen Sommer macht. Da der Schwalbenzug zum großen Teil von Wetter abhängt, erscheinen die Tiere keineswegs immer pünktlich, und daher kann sich das Datum ihres Einzuges in den verschiedenen Jahren bis um 2 Wochen verschieben; das entspricht genau den meteorologischen Schwankungen im Vorrücken der Isothermen. Daher erscheint die Bauernregel, nach der die Schwalben in jedem Jahr auf den Tag genau eintreffen, nur als liebenswürdiges, aber leider unwahres Märchen.

Jeder kennt unsere häufige und weitverbreitete Rauchschwalbe, die auf der ganzen nördlichen Halbkugel in Europa, Asien und Nordamerika brütet. Die nordamerikanischen Formen bleiben etwas kleiner als die europäischen; auch zeigt ihre Bauchseite eine bräunliche Tönung, und das dunkle Band über ihrer Brust ist in der Mitte unterbrochen. Im Winter ziehen die europäischen Rauchschwalben nach Afrika, die asiatischen nach Malaia und zu den Philippinen, und die nordamerikanischen überwintern in Südamerika. In den altweltlichen Tropen gibt es verschiedene nahe Verwandte der Rauchschwalbe, die in den südlichen gemäßigten Zonen nisten und im Winter nach Norden ziehen. Hierzu gehört zum Beispiel die sogenannte »Willkommensschwalbe« in Australien.

Überall in ihrem so ausgedehnten Verbreitungsgebiet nistet die Rauchschwalbe und ihre Verwandten aus der gleichen Gattung *Hirundo* seit den Anfängen der menschlichen Geschichte in enger Gemeinschaft mit dem Menschen; darüber berichten uns bereits die so oft bemühten »alten Griechen«. Mit Vorliebe wählen sie Scheunen, Ställe und Schuppen, um dort ihre offenen, schalenförmigen Lehmbauten an die rauhen Holzbalken zu kleben. Bei uns, aber zum Beispiel auch in Korea und Japan, gilt es als Glückszeichen, wenn die Schwalben in einem Haus ihr Nest bauen, und so nagelt man ihnen vielerorts ein kleines Brettchen unter den Vorsprung des Strohdaches oder an andere geeignete Stellen, um sie herbeizulocken. Auf diese Weise hat der Mensch zweifellos dazu beigetragen, die Individuenzahl der Schwalben zu vergrößern und die Art weiter auszubreiten. In früheren Zeiten, als es noch nicht wie heute Häuser gab, dürften die Vorfahren unserer Rauchschwalben sicherlich in Gesteinsspalten oder in Asthöhlen gebrütet haben, wie es ganz wenige Schwalben auch heute noch tun. Mit erstaunlicher Ortstreue findet die Rauchschwalbe in jedem Jahr wieder zu ihrem alten Nistplatz und oft sogar wieder zum selben Nest zurück. Das bessern sie mitunter aus, legen aber meistens ein neues in dessen nächster Nähe an. Am Nestbau beteiligen sich beide Geschlechter, indem sie kleine Lehmballen im Schnabel herbeitragen, sie am richtigen Platz einfügen und das ganze Gebilde mit Gras und Stroh versteifen. Gewöhnlich beträgt die Eizahl im Gelege 4 bis 5, seltener 3 oder 6. Das Brutgeschäft besorgt allein das Weibchen, während das Männchen meist außerhalb des Nestes schläft. Wenn das Weibchen tagsüber unterwegs ist, setzt sich auch das Männchen auf die Eier, kann aber nicht die erforderliche Bruttemperatur erzeugen, weil ihm der Brutfleck fehlt, die nackte, besonders stark mit Blutgefäßen versorgte Stelle am Bauch, die bei den Brutvögeln dazu dient, das Gelege mit der nötigen Wärme zu versorgen. Je nachdem, wie intensiv das Weibchen seine Pflichten wahrnimmt, dauert die Brutzeit 14 bis 16 Tage. Wie bei allen Vögeln mit verhältnismäßig schwachen Beinen, die beim Verlassen des Nestes schon völlig flügge sein müssen, werden die Jungtiere ziemlich lange, etwa 20 bis 24 Tage, im Nest großgezogen, aber auch später kehren sie in den ersten Nächten wieder zum Nest zurück, um dort zu ruhen.

In einer Saison bringt die Rauchschwalbe häufig nicht nur eine Brut zustande, sondern oft zwei und gelegentlich sogar eine dritte, doch bei den folgenden liegt dann die Eizahl niedriger als bei der ersten und beträgt nur 2 bis 4 statt sonst 4 bis 5. Die Jungvögel aus der ersten Brut halten sich meist in der Nähe auf und beteiligen sich am Füttern ihrer jüngeren Geschwister, aber auch fremde Erwachsene, die nichts anderes zu tun oder ihre eigene Brut verloren haben, helfen bei der Brutpflege ihrer Nachbarn mit. Durch die Vogelberingung wissen wir, daß Jungvögel, die nach ihrer Rückkehr zum erstenmal brüten, ihr Nest eine oder zwei Wochen später bauen als die Erwachsenen, und daß dritte Gelege nur bei den ältesten Brutpaaren vorkommen. Erstaunlich hoch liegt die Lebenserwartung der Rauchschwalben: Ein in England beringtes Tier hat es immerhin auf 16 Jahre gebracht.

Auch die europäisch-asiatische Mehlschwalbe mauert sich ihre Nester aus Lehm, eine oberseits blauschwarze, weißbäuchige

Art, die fast so aussieht wie die nordamerikanische Baumschwalbe. Sie baut ihre oben geschlossenen Lehmnester außen am Haus so unter die Dachvorsprünge, daß nur ein kleiner Eingang freibleibt. Ursprünglich nistete auch die Mehlschwalbe in Felsspalten, und das tun die in den japanischen Bergen heimischen Tiere auch heute noch, oft sogar in unübersehbaren Zahlen, wie einst vor vielen Tausenden von Jahren ihre Vorfahren. Die Japaner machen daraus ein Touristengeschäft und siedeln künstlich große Schwalbenkolonien in der Nähe der Hotels an, indem sie die Jungvögel aus den Nestern nehmen und sie mit der Hand dort aufziehen, wo sie sich später niederlassen sollen. Im Spätsommer wandern diese Tiere dann mit ihren übrigen Verwandten nach Süden. Im Frühling aber kehren sie dorthin zurück, wo sie großgezogen wurden, nicht aber zum eigentlichen Nistplatz, an dem sie ihre natürliche Mutter erbrütet hat.
Ähnliche Lehmnester finden wir bei der Rötelschwalbe (Nordwestafrika, Südspanien und Balkan bis Turkestan) und bei der recht ähnlichen Klippenschwalbe im nördlichen Amerika. Diese Arten bauen retortenförmige Nester, die wie eine liegende Flasche aussehen; durch den Hals führt ein kleiner, runder Eingang. Auch diese Nester werden unter den Dachvorsprüngen der Häuser angelegt.
Es gibt aber auch Schwalben, die in Höhlen brüten, wie etwa die im ganzen gemäßigten Nordamerika so häufige Baumschwalbe. Sie nistet gewöhnlich in Baumlöchern oder verlassenen Spechthöhlen, die sie zuerst mit Gras und dann mit Federn auspolstert. Da aber solche Niststellen nicht allzu häufig zur Verfügung stehen, ist der Individuenbestand dieser Art ebenso von der Existenz geeigneter Nistmöglichkeiten abhängig wie von der vorhandenen Insektennahrung. Wenn man ihnen nur ausreichende Niststätten schafft, hat man bald eine ganze Kolonie von Baumschwalben beisammen. Nachdem sich das Aufstellen von Nistkästen immer mehr durchgesetzt hat, sind diese Schwalben zu deren häufigsten Bewohnern in Nordamerika geworden. Zu solchen Nistkastenbenutzern gehört auch die Purpurschwalbe, die größte amerikanische Art und zugleich eine der wenigen Schwalben, bei denen sich die Geschlechter auffällig unterscheiden. Sie nistet in Gemeinschaften und unterteilt das Sammelnest in einzelne Wohnungen. Lange bevor der weiße Mann ins Land kam, hingen die Indianer Kürbisse auf Stangen für sie auf, und das tut man auch heute noch in den Südstaaten. Ihre südamerikanische Verwandte, die Braunbrustschwalbe, benutzt gern die

verlassenen Nester der Töpfervögel, soll aber auch Besitz von noch bewohnten ergreifen.
Trotz aller Ortstreue zu ihren Nistplätzen haben Schwalben auch auf Fahrzeugen genistet, auf Booten, Eisenbahnwagen, Autos und Traktoren. Der Verfasser entsinnt sich eines Brutpaares der Graubrustschwalbe, das sich in einem Nistkasten am Heckbord eines kleinen Flußdampfers in Britisch-Guayana niedergelassen hatte. Getreulich begleiteten die Tiere das Boot und zogen eine Brut nach der anderen auf, während der Dampfer 290 km den Fluß hinauf und hinab fuhr.
Am einfachsten sind die Nester der grabenden Schwalben angelegt, wie etwa der weitverbreiteten Uferschwalben, die auf der gesamten nördlichen Erdhälfte brüten. Weit erstrecken sich die Brutkolonien längs der lehmigen oder sandigen Flußufer. Die Vögel bauen waagerechte Gänge von 60 bis 100 cm Tiefe im oberen Teil des Ufers, indem sie die Erde mit ihrem Schnabel lockern und mit den Füßen herauskratzen. Die Brutkammer am Ende wird mit Grashalmen, kleinen Wurzeln und Zweigen ausgekleidet, und darauf kommt ein Polster aus Federn für die 4 bis 5 weißen Eier.
Ein anderer Erdnister ist die amerikanische Rauhflügelschwalbe, die ihren Namen der gesägten Außenkante ihrer ersten Hand-

Purpurschwalbe
Progne subis
Gemäßigtes Nordamerika; 20 cm.

schwingen verdankt; sie brütet zwar nicht in Kolonien wie die Uferschwalbe, doch legen einzelne Brutpaare ihre Nester unter günstigen Verhältnissen in der weiteren Nachbarschaft an. Mit dem gleichen Namen bezeichnet man auch die afrikanische Gattung *Psalidoprocne*. Diese Vögel halten sich am Rande des Urwaldes und in den Lichtungen auf. Ihre Nisthöhlen graben sie entweder in die Flußufer oder in die Erdwände der Fallgruben, die von den Eingeborenen für die Großtierjagd ausgehoben werden. Die meisten tropischen Schwalben legen nur 2 Eier.

In den gemäßigten Breiten versammeln sich die Schwalben, sobald sie ihre Brut großgezogen haben, in großen, oft nach Tausenden zählenden Scharen, um im Laufe der Herbstmonate, spätestens im Oktober oder zu Anfang November, nach Süden abzuziehen. Sie wandern am Tage. Nicht selten beobachtet man, wie ihre Schwärme, die sich oft aus Angehörigen mehrerer Arten zusammensetzen, über den Flußläufen, Sümpfen oder Feldern herabstoßen, um sich dort an den Insekten gütlich zu tun oder auf den Telefondrähten auszuruhen. Besonders gern verbringen die Schwalben auf ihren Wanderungen die Nacht in schilfbestandenen Sümpfen.

Das hat zweifellos Anlaß zu der mittelalterlichen Ansicht gege-

Graubrustschwalbe
Progne chalybea
Texas bis Argentinien; 20 cm.

Braunbrustschwalbe
Progne topera
Kolumbien und Venezuela bis Argentinien; 20 cm.

ben, die Schwalben gehörten zu den »Siebenschläfern«. Die Leute hatten ja keine Ahnung davon, daß die Tiere zum Winter nach Afrika ziehen, sondern bildeten sich ein, sie würden wie die Frösche und Schildkröten im Sumpf überwintern. Dieses Märchen hielt sich tatsächlich bis ins 19. Jahrhundert! Was die Naturforscher als Beweis dieser Theorie aus den Sumpfgebieten beibringen konnten, waren lediglich die verhungerten oder erfrorenen Leichname der Schwalben, die auf der Strecke geblieben waren. Heute wissen wir zwar, daß auch Schwalben in eine Art Kältestarre verfallen können, sie aber nur ganz wenige Tage zu überstehen vermögen.

Nicht selten kommt es vor, daß die Schwalben ihre Massenabwanderungen so lange hinauszögern, bis die einsetzende Kälte alle Insekten aus der Luft vertreibt. Dann kann passieren, was man am Cape Cod in Massachusetts beobachtet hat, daß noch im November vereinzelte Schwalben die Sträucher der küstennahen Moore nach Beeren absuchen.

In Afrika liegt die Heimat einer merkwürdigen Art, der Trugschwalbe, der man mitunter eine eigene Familie zuerkennt, weil bei ihr die Bronchienringe voll entwickelt sind. In Kolonien von mehreren hundert Paaren nistet sie an den Ufern des Kongo, die zur Trockenzeit freiliegen, und setzt 3 Eier an das Ende ihrer schräg abwärts führenden Gänge ab. Wenn dann zur Regenzeit der Fluß anschwillt, zieht der Vogel nach Südwesten zu den Küstengewässern.

Stachelbürzler *(Campephagidae)*

Man möchte diese altweltliche Vogelgruppe anfangs für Würger halten, aber mit ihnen sind sie überhaupt nicht näher verwandt; zutreffender erscheint schon ihr wissenschaftlicher Name, der soviel wie »Raupenfresser« bedeutet. Jedenfalls sind die Stachelbürzler eine Gruppe ziemlich urtümlicher Insektenfresser, deren Vorfahren wir ebensowenig kennen wie ihre näheren verwandtschaftlichen Beziehungen, die vielleicht bei den Fliegenschnäppern zu suchen sind. Ihre Heimat erstreckt sich über Afrika, die wärmeren Gebiete von Asien, von Indien nordwärts bis zur Mandschurei und Japan sowie von Australien bis Samoa.

Ihre etwa 70 Arten setzen sich aus kleinen bis mittelgroßen Baumvögeln von 12 bis 35 cm Länge zusammen, die sich durch einen kräftigen, leicht gebogenen und an der Spitze hakig ab-

wärts gekrümmten und eingekerbten Schnabel auszeichnen; seine Nasenlöcher liegen zum Teil unter Borstenfedern verborgen. Von den 10 Handschwingen sind die äußeren verkürzt, und der lange Schwanz endet meist abgerundet, seltener stufig oder gegabelt. Ihre in der Regel kurzen Läufe tragen schwache Füße. An dem weichen, molligen Gefieder fällt ein dichter, dicker Bürzelfleck oft hell gefärbter Federn auf. Sie sind mit großen, steifen Schäften ausgerüstet und stecken so lose in der Haut, daß man an eine Art Abwehrmechanismus denken möchte, wie wir ihm schon bei den lockeren Federn mancher anderer Vögel begegnet sind.
Meist sehen die Stachelbürzler auf dem Rücken einfarbig grau, schwarz oder hell aus; der Bauch erscheint gestreift. Bunter gefärbt sind die roten, gelben oder orangefarbenen Mennigvögel. Nur bei wenigen Arten gleichen sich die Geschlechter äußerlich, gewöhnlich aber sehen die Weibchen dunkler und braun aus. Als Nahrung dienen stets Insekten und andere Kleintiere, mitunter auch Beeren. Einige Arten, insbesondere die nördlichen Mennigvögel, unternehmen jahreszeitliche Züge, während die tropischen und subtropischen Formen am Standort verbleiben. Außerhalb der Brutzeit bilden die Vögel gern lärmende, kleine Schwärme und ziehen durch die Baumwipfel, nicht selten in Gesellschaft anderer Vögel mit gleicher Lebensweise, wie Fliegenschnäpper oder Pirole.
Soweit wir wissen, gibt es keine größeren Unterschiede im Brutverhalten. Die Nester werden zumeist als flache, offene Näpfe an einem waagerechten Ast oder einer Gabelung angelegt, aus Zweigen und Gras erbaut und zum Schutz mit Flechten und Spinnweben getarnt; im Verhältnis zur Größe der Vögel wirken sie recht klein. Im Gelege finden sich 2 bis 5 weiße, grünliche oder bläuliche, meist gefleckte oder gesprenkelte Eier. Den Nestbau, das Brutgeschäft und die Aufzucht der Jungen besorgen beide Geschlechter; bei manchen Arten brütet allerdings nur das Weibchen, doch hält sich dann das Männchen in der Nähe auf und füttert die Henne. Bei den kleineren Arten dauert die Brutzeit 13 bis 14 Tage. Die Nestjungen einiger Stachelbürzler tragen ein schneeweißes Dunenkleid, doch wird es noch vor dem Flüggewerden durch ein Jugendgefieder ersetzt, das etwa dem der Weibchen gleicht.
Beginnen wir mit den wichtigsten Mitgliedern der Familie, den 41 Raupendohlen der Gattung *Coracina,* deren Verbreitungsgebiet von Afrika über Malaia und Australien bis zu den

Salomonen reicht. Die 20 bis 35 cm langen Vögel fressen in der Tat am liebsten Raupen. Durch ihre schwarze Gesichtsmaske sehen einige Arten fast aus wie Würger, während der wellenförmige Flug, unter abwechselndem schnellem Flügelschlag und kurzem unbeweglichem Gleiten, eher an den der Kuckucke erinnert. Ihren Lebensraum bilden dichte Wälder, insbesondere die Baumwipfel. Die gesanglichen Darbietungen beschränken sich auf rauhe klappernde oder flötende Töne, die auch während des Fluges ausgestoßen werden, aber nur selten laut und über weitere Entfernungen klingen.

In Afrika leben die Raupenfresser der Gattung *Campephaga*. Hier sind die Männchen glänzend schwarz gefärbt und tragen mitunter rote oder gelbe Schulterflecken, während die Weibchen bräunlich aussehen. Bei den verwandten Lappenraupenfressern *(Lobotes)* finden wir an den Mundwinkeln gelbe oder orangefarbene fleischige Anhänge. Dazu gehört beispielsweise der Westafrikanische Lappenraupenfresser.

Eine andere Gruppe enthält die kleineren, 15 bis 20 cm langen Raupenschmätzer *(Lalage)*, deren Männchen bei der Balz laute, melodiös trillernde Lieder hören lassen. Ihr Verbreitungsgebiet erstreckt sich vom südlichen Asien und den Philippinen bis nach Australien und zu den westlichen pazifischen Inseln. Im Gegensatz zu den meist schwarz und weiß gemusterten Männchen sehen die Weibchen bräunlich aus. Der australische Weißflügel-Raupenschmätzer stellt das einzige Mitglied seiner Familie dar, das zweimal im Jahr mausert. Mit der Herbstmauser, die nach der Brutzeit einsetzt, bekommt das Männchen ein bräunliches Gefieder wie das Weibchen, doch legt es dann im nächsten Frühling sein schwarz-weißes Hochzeitsgewand an. Im südlichen Australien ist der Weißflügel-Raupenschmätzer ein Zugvogel.

Australien bildet die Heimat des größten und zugleich auch des ungewöhnlichsten Angehörigen der Familie, nämlich des 35 cm langen Erdstachelbürzlers. Obwohl sich dieser Vogel die meiste Zeit über zum Fressen auf dem Boden aufhält, baut er doch wie seine Verwandten auf Bäumen in etwa 10 m Höhe das übliche kleine, flache Nest für seine 2 bis 3 grünen, braungefleckten Eier. Wenn die Jungen im November oder Dezember flügge geworden sind, bleiben sie bei ihren Eltern bis September, wenn die Brutzeit beginnt.

Hübsche, schlanke Vögel mit spitzen Schwänzen sind die 10 Arten der Mennigvögel *(Pericrocotus)*; sie unterscheiden sich von

1 **Rosamennigvogel**
Pericrocotus roseus
Mandschurei, Amurgebiet und Afghanistan bis Südchina; 20 cm.

2 **Rotschulter-Raupenfresser**
Campephaga phoenicea
Afrika südlich der Sahara; 20 cm.

3 **Streifen-Raupendohle**
Coracina lineata
Australien und Neuguinea bis zu den Salomonen; 24 cm.

4 **Weißflügel-Raupenschmätzer**
Lalage sueurii
Java, Celebes, Neuguinea, Australien; 18 cm.

5 **Scharlachmennigvogel**
Pericrocotus flammeus
Indien bis zu den Philippinen und Borneo; 23 cm.

den übrigen Stachelbürzlern derart grundlegend, daß manche Ornithologen ihnen den Rang einer eigenen Unterfamilie zuerkennen. Ihre Heimat bilden die Baumwipfel der Wälder von Afghanistan an bis Japan, Malaia und zu den Philippinen. Zwar sammeln sie ebenso wie die übrigen Mitglieder der Familie Insekten von den Blättern und Zweigen, fangen sie aber auch im Flug nach Art der Fliegenschnäpper. Mit am größten und auch am buntesten ist der 20 cm lange Scharlachmennigvogel, der sich gern zu größeren, bis 20 oder mehr Tiere umfassenden Schwärmen zusammenschließt und lärmend durch die Baumkronen jagt.
Am weitesten nach Norden geht der unauffälligere, grau, schwarz und weiß gefärbte Aschgraue Mennigvogel, der in Japan und Korea ebenso wie die Schwalbe als Frühlingsbote gilt, wenn er dort im April von Süden her eintrifft und mit seinem angenehmen, klaren und weittragenden Glockenton das Ende des Winters kündet. Er nistet in den Wäldern am Fuße der Berge und baut kleine, dünnwandige Nester aus Flechten, Moos, Tannennadeln und kleinen Zweigen, die er mit Spinnenweben verbindet. Die 4 bis 5 blaugrauen, purpurbraun gefleckten Eier werden allein vom Weibchen erbrütet.

Drongos *(Dicruridae)*

Südlich der Sahara durch ganz Afrika und von Indien und China bis Nordaustralien und zu den Salomonen reicht die Heimat der 20 Drongo-Arten. Als Waldvögel halten sie sich in den Urwäldern und baumbestandenen Savannen auf, aber auch im Kulturland und in den Gärten bis zu Höhen von etwa 3000 m. Ein paar Arten leben als Zugvögel.
Diese star- bis krähengroßen Vögel zeigen einen kräftigen, gebogenen, an der Spitze leicht hakig gekrümmten und gefurchten Schnabel, dessen Nasenlöcher von Federborsten geschützt werden. Der kurze Lauf trägt einen kräftigen Fuß. Abgesehen von dem überaus unterschiedlich gefärbten austral-asiatischen Glanzspitzendrongo, schimmert ihr schwarzes Gefieder in leuchtenden, grünen bis purpurfarbenen metallischen Tönen. Bei einigen wenigen Arten finden wir auch weiße Flecken am Kopf oder an der Unterseite. Nicht selten treten Hauben oder Schmuckfedern am Kopf und Hals auf, recht häufig auch ein ziemlich langer, tief gegabelter Schwanz, dessen äußere Federn stark verlängert, ge-

krümmt und auf verschiedenste Weise verziert sein können. Beim Flaggendrongo aus den indischen und indomalaiischen Wäldern endet das drahtähnliche äußere Schwanzfedernpaar mit je einem kleinen Wimpel, der den restlichen Schwanz bis 30 cm überragt und die Gesamtlänge des Vogels doppelt so groß wie die eigentliche Körperlänge erscheinen läßt.

Gern halten sich die Drongos auf freistehenden Ästen oder auf den elektrischen Überlandleitungen auf und lauern auf vorbeifliegende Insekten. Dann stürzen sie sich auf die Beute und schleppen sie zu ihrem Sitzplatz zurück, um sie dort zu verzehren. Größere Beutetiere, wie Heuschrecken, halten sie mit einem Fuß fest und reißen dann einzelne Stücke mit dem Schnabel ab. Einige Arten halten sich mit Vorliebe in der Nähe der Viehherden auf und fressen die aufgescheuchten Insekten, andere begleiten zum gleichen Zweck die Affentrupps, die durch den Urwald klettern. Im allgemeinen verhalten sich die Drongos ziemlich laut, und ihre verschiedenartigen Rufe klingen meist rauh. Es gibt aber auch Arten mit einem melodiösen, ansprechenden Gesang, und ein paar können auch die Laute anderer Vögel mit beachtlichem Geschick nachahmen.

Wenig wissen wir über die systematische Stellung und Verwandtschaft der Drongos. Man hat alle möglichen Verbindungen zu den Würgern, Pirolen, Krähen und Paradiesvögeln angenommen, zu denen die Drongos auch tatsächlich gewisse Beziehungen aufweisen. In ihrem Verhalten stehen sie den Fliegenschnäppern am nächsten. Nach der letzten vorliegenden Revision der Gruppe haben wir alle 19 Arten mit einem 10fedrigen Schwanz als Angehörige der Gattung *Dicrurus* aufzufassen, während die 20. Art, der kleine Papuadrongo *(Chaetorhynchus)* von Neuguinea, 12 Schwanzfedern hat und ganz wie ein Fliegenschnäpper wirkt. Mit diesem Urwaldbewohner haben wir wohl die urtümlichste Drongo-Art vor uns.

Überall in ihrem altweltlichen Verbreitungsgebiet gelten die Drongos als ausgesprochene Raufbolde, die wild ihr Nistgehege verteidigen. Wie die amerikanischen Königstyrannen greifen sie jeden noch so großen Vogel an, der sich ihrem Territorium nähert, und kein Räuber wagt es, die Drongos herauszufordern. Habichte, Adler und Krähen lassen es gar nicht erst zu einer Auseinandersetzung kommen, obwohl sie im Kampf den kleineren Drongos weit überlegen wären. Die Eingeborenen des Kongo nennen den Samtmanteldrongo »Nkandongu«, was soviel wie »wütender Leopard« bedeutet. Übrigens leitet sich der Name

Chinesischer Pirol
Oriolus chinensis
Indien und Mandschurei bis Philippinen und Celebes; 23 cm.

Blutpirol
Oriolus traillii
Himalaja bis Formosa; 23 cm.

Gelber Feigenpirol
Sphecotheres flaviventris
Nördliches Australien; 25 cm.

»Drongo«, den man allen Arten dieser Familie beilegt, von der madagassischen Bezeichnung für den im Norden der Insel heimischen Schopfdrongo her.
Als häufigste und ansehnlichste Art finden wir in Indien und in Südostasien den 30 cm großen, glänzend schwarzen Asiatischen Trauerdrongo mit seinem Gabelschwanz. Seinen gleichfalls üblichen Namen »Krähenkönig« verdankt er nicht so sehr seiner schwarzen Färbung als vielmehr der Tatsache, daß er diese notorischen Nesträuber furchtlos vertreibt. Anscheinend richten die Drongos ihre Angriffe gegen alle möglicherweise gefährlichen Vögel und andere Tiere, und davon ziehen wieder eine ganze Reihe kleinerer und friedliebender Vögel ihren Vorteil. Wo ein Krähenkönig nistet, lassen sich auch Pirole, Tauben und andere Friedvögel nieder.
Verhältnismäßig wenig wissen wir über das Brutverhalten der Drongos. Die meisten bauen ein kleines, zerbrechliches, untertassenähnliches Nest in einer Astgabel ziemlich hoch oben am Baum und legen 2 bis 5 – gewöhnlich 3 bis 4 – reinweiße oder braun und grau gesprenkelte Eier, die zum größten Teil vom Weibchen bebrütet werden, doch hilft auch das Männchen zeitweilig mit. An der Aufzucht der Jungen beteiligen sich beide Tiere. Häufig werden die Nester der Drongos vom Brutparasitismus der Kuckucke heimgesucht, von denen man eine Art geradezu als Drongo-Kuckuck bezeichnet *(Surniculus)*, weil sie einem Drongo täuschend ähnlich sieht.

Pirole *(Oriolidae)*

»Oriols« nennen die Engländer diese Vögel, ein Name, der sich vom lateinischen »aureolus« herleitet und mit dem nun unser einheimischer Pirol *(Oriolus oriolus)* wissenschaftlich bezeichnet wird; der »Vogel Bülow« ist im ganzen gemäßigten Europa und westlichen Asien ein Brutvogel, den Winter aber verbringt er in Afrika. Er ist der einzige europäische Vertreter der insgesamt 34 Arten umfassenden, altweltlichen Familie leuchtend gefärbter Vögel, die sonst vorwiegend in den Tropen und Subtropen zu Hause sind. Ihr Verbreitungsgebiet erstreckt sich weit über Afrika, Südasien und Ostindien bis Neuguinea und das östliche Australien. Der Besitz von 10 Handschwingen und andere anatomische Merkmale verweisen die Pirole in die verwandtschaftliche Nähe der Krähen und Raben.

Pirole sind Waldvögel; sie leben im Wald, suchen sich dort ihre Nahrung und brüten in den Kronen der Bäume. Ihre Größe reicht von 20 bis 30 cm; stets finden sich 12 Schwanzfedern, und die Nasenlöcher liegen unter feinen Federborsten verborgen. Innerhalb der Gattung *Oriolus,* der mit Ausnahme von dreien sämtliche Arten der Familie zugehören, unterscheiden sich die Geschlechter in der Färbung: Die Männchen sind vorwiegend gelb und schwarz gefärbt und haben einen rötlichen Schnabel, während die Weibchen meist grünlich aussehen. Auch die Jungen wirken in ihrem Jugendkleid unauffälliger, zeigen aber häufig braune Streifen und Strichel.

Der kräftige, schnelle Flug der Pirole wirkt ebenso wellenförmig wie bei den Spechten. Obwohl die Männchen so auffällige Farben tragen, hört man sie doch eher im Laub der Bäume, als man sie zu Gesicht bekommt. Ihr Ruf klingt laut flötend, aber bei verschiedenen Arten kennen wir auch einen ansprechenden, melodiösen Gesang. Einige tropische Arten, insbesondere der afrikanische Schwarzkopfpirol, verstehen es trefflich, die Stimmen anderer Vögel nachzuahmen und in ihren Balzgesang einzuflechten.

Im wesentlichen beschränken sich die annähernd 30 Arten der Gattung *Oriolus* auf die Tropen und Subtropen, wo sie ihre größte Mannigfaltigkeit in den Urwäldern Zentralafrikas, Südasiens und Indonesiens erreichen. Von diesem Verbreitungszentrum aus hat sich eine ganze Anzahl von Arten in den gemäßigten Zonen ausgebreitet, um dort in den wärmeren Sommermonaten zu brüten, in der kälteren Jahreszeit aber wieder dorthin zu ziehen. Das gilt insbesondere für unseren einheimischen Pirol, aber auch für seinen asiatischen Verwandten, den Chinesischen Pirol, der im Norden bis Korea und zur Mandschurei brütet, im Winter aber nach Malaia und Indonesien zieht. In seinem nördlichen Brutgebiet schätzt man den Pirol seines Gesanges wegen, und wenn diese bunte, exotisch gefärbte Art im Frühling eintrifft, so weiß man, daß es nun bald Sommer wird.

Pirole leben nicht gesellig, und so trifft man sie nur einzeln oder paarweise in den Höhen der Bäume an. Sie fressen die verschiedensten Insekten, insbesondere während der Brutzeit, und gehören zu den wenigen Vögeln, die sich über haarige Raupen hermachen. Später gehen sie auch an allerlei Früchte, wie Kirschen, Maulbeeren, Birnen, Johannisbeeren und andere, so daß man die Vögel gar nicht gern im Garten sieht.

Als Nester verfertigen die Pirole kunstvolle, schüsselförmige Gebilde aus Gras und Rindenstreifen, die sie meist an der Gabelung eines horizontalen Astes anbringen und wie eine Hängematte sicher beiderseits am Ast befestigen. Sie legen 2 bis 5, gewöhnlich aber 3 bis 4 meist reinweiße, verschieden stark schwarz oder braun gesprenkelte Eier. Bei unserem Pirol wird das Nest vom Weibchen gebaut, das bei der Brut hin und wieder vom Männchen abgelöst wird; beide Geschlechter füttern die Jungen. Bei den paar tropischen Arten, die bisher daraufhin beobachtet wurden, scheinen diese Aufgaben größtenteils Sache des Weibchens zu sein, während sich das Männchen darauf beschränkt, Futter herbeizutragen. Im Durchschnitt beträgt die Brutzeit 14 bis 15 Tage, doch bleiben die Jungen bis zum Flüggewerden nochmals 2 Wochen im Nest.
Etwas aus dem Rahmen der Familie fallen die beiden Nacktaugenpirole im östlichen und nördlichen Australien sowie auf Neuseeland, denn sie unterscheiden sich von den anderen Pirolen durch den leicht abwärts gekrümmten Schnabel und durch die nackte, federlose Augen- und Zügelregion. Aber auch in ihrer Lebensweise weichen sie etwas von den übrigen Arten ab, denn sie lieben weit mehr die Geselligkeit. Daher schließen sie sich gern zu kleineren, ziemlich geräuschvollen Schwärmen zusammen und durchstreifen das Land nach Beeren und Früchten. Nach ihrer Vorliebe für die Pflanzennahrung heißen sie bei den Australiern auch »Feigenpirole«. Ihr Nistverhalten entspricht durchaus dem der anderen Pirole, doch enthält ihr Gelege im allgemeinen nur 3 Eier von vorwiegend grünlichem und bräunlichem Aussehen, die kräftige rötliche oder bräunliche Flecken tragen.
Vielleicht könnte man noch den kleinen, nur wenig bekannten Kinkimavo *(Tylas)*, der in den Wäldern Madagaskars zu Hause ist, zur Familie der Pirole rechnen. Wie neuere Untersuchungen gezeigt haben, handelt es sich auch bei den schönen Elfenblauvögeln im südlichen und südöstlichen Asien möglicherweise um nichts anderes als um etwas aberrante Pirole.

Rabenvögel *(Corvidae)*

Zu den 100 Arten, die wir unter dem Namen »Rabenvögel« zusammenfassen, gehören verschiedene Vögel aus dem engsten Bekanntenkreis des Menschen. Schon immer haben die Krähen, Raben, Häher, Elstern und wie sie alle heißen, als nicht über-

Aaskrähe
Corvus brachhyrhynchos
Gemäßigtes Nordamerika;
55 cm.

sehbare »Persönlichkeiten« und ihres selbstbewußten, oft lärmvollen und angriffslustigen Auftretens wegen sein Interesse gefunden, und so tragen sie in allen Sprachen auch ihre eigenen volkstümlichen Namen. Nur wenige andere Vögel als sie haben einen derart fest verankerten Platz in den Sagen und Märchen, im Schrifttum und selbst in der täglichen Umgangssprache der Völker gefunden.

Wenn auch die Rabenvögel ihre größte Mannigfaltigkeit auf der nördlichen Halbkugel entfalten, sind sie doch praktisch auf der ganzen Welt zu Hause und fehlen nur in der Antarktis, auf Neuseeland und einigen ozeanischen Inseln sowie im südlichen Südamerika. Die Ornithologen gliedern die Gruppe in zwei Unterfamilien auf: die größeren, dunkler gefärbten Eigentlichen Rabenvögel *(Corvinae)* und die kleineren, aber farbfreudigeren Häher *(Garrulinae)*. In der ersten Untergruppe finden wir ziemlich lange, spitze Flügel und kurze Schwänze, bei den Hähern aber kürzere, verrundete Flügel und einen verlängerten Schwanz.

Sonst aber unterscheiden sich die beiden Einheiten nicht allzu stark in ihrem Bau, so daß es oft schwerfällt, bestimmte Gattungen mit Sicherheit einer der beiden Unterfamilien zuzurechnen. Im ganzen betrachtet, bilden die Rabenvögel eine ziemlich einheitliche, wenig spezialisierte Familie von hohem geologischem Alter, die sich wohl am ehesten auf die Stammgruppe zurückführen läßt, von der sich auch die etwas weiter fortgeschrittenen Pirole, Paradiesvögel, Laubenvögel und andere abgezweigt ha-

ben. Rein technisch betrachtet, handelt es sich hier um mittel- bis ziemlich große Singvögel mit 10 Handschwingen, kräftigem, nicht gefurchtem Schnabel, dessen Nasenlöcher meist von Federborsten bedeckt sind, mit großen, kräftigen Läufen und Füßen, mit vorderseits beschupptem, hinten glattem und gekieltem Lauf. Ihren Lebensraum bilden Wälder, Busch- und Grasland. In der Auswahl ihrer Nahrung sind sie keineswegs kleinlich, sondern viele Arten nehmen einfach alles, was sie nur bewältigen und fressen können, sei es tierischer oder pflanzlicher Herkunft, und durch diese biologische Plastizität haben sich die Vögel in jeden ökologischen Bezirk einzufügen vermocht. Andererseits aber kennen wir auch Arten mit einer ganz eng umrissenen Verbreitung, die wahrscheinlich durch irgendwelche Umweltfaktoren bedingt wird, und andere Arten splittern sich in mehrere weit voneinander getrennte Vorkommen auf.

Nach ihrer gegenwärtigen Verbreitung müssen wir annehmen, daß die Rabenvögel einst in dem Teil der Alten Welt entstanden sind, den wir als nördliche gemäßigte und subtropische Breiten bezeichnen, und daß sie sich von hier aus auf die übrige Welt ausgebreitet haben. Ihre ältesten Überreste stammen aus dem europäischen Miozän, sind also etwa 25 Millionen Jahre alt. Die Tatsache, daß sich die Häher in Mittel- und Südamerika am stärksten entfaltet haben, läßt uns auf ein frühes Eindringen ihrer Ahnen in die Neue Welt schließen, vielleicht schon im mittleren Tertiär. Da die Häher in Afrika südlich der Sahara fehlen, dürfen wir annehmen, daß sie erst später die Alte Welt zurückerobert haben.

Anscheinend haben die Eigentlichen Rabenvögel die Neue Welt erst viel später »betreten« als die Häher, denn sie kommen südwärts nur bis Honduras vor und fehlen in Südamerika ganz, obwohl sie doch aktiver und anpassungsfähiger als die Häher sind und auch besser fliegen können. Auf Grund dessen haben sie sich manche Inselgebiete erschlossen, wie Westindien, Australien, die Philippinen und kleinere pazifische Inseln, die den Hähern verwehrt blieben. In Westindien leben die Rabenvögel bereits so lange, daß sie dort sogar 4 einander zwar recht ähnliche, aber doch deutlich unterscheidbare Arten ausgebildet haben, nämlich auf Kuba, Haiti, Puerto Rico und Jamaika. Aus dem westindischen Pleistozän kennen wir die Knochenreste zweier Krähenarten, die vielleicht von den Ahnen der heutigen Formen stammen. Jedermann kennt – zumindest dem Namen nach – unsere gewöhnlichen Krähen und Raben, die der Nominatgattung *Corvus*

angehören: die Raben- und Nebelkrähe, die Saatkrähe und den Kolkraben unserer Heimat; weiter gehören hierher die nordamerikanische Fischkrähe und die nordamerikanische Aaskrähe, die indische Hauskrähe, der afrikanische Schildrabe und etwa zwanzig andere Gattungsangehörige als große schwarze, schwarzgraue oder schwarz-weiße Vögel mit krächzender Stimme.
Sie alle gehören zu den größten Sperlingsvögeln, insbesondere der stolze Kolkrabe, der von der Schnabel- bis zur Schwanzspitze 65 cm mißt; er wird an Länge nur von den Leierschwänzen und ganz wenigen anderen Arten übertroffen, bei denen jedoch der eigentliche Körper wesentlich kleiner bleibt. Somit ist der Rabe nicht nur der größte, sondern auch der am weitesten verbreitete Sperlingsvogel, denn er besiedelt – oder tat es wenigstens noch bis zum vorigen Jahrhundert – praktisch sämtliche arktischen, gemäßigten und subtropischen Zonen der gesamten nördlichen Halbkugel. Im Freiland ist es gar nicht so einfach, einen Raben auf weitere Entfernung von einer Krähe zu unterscheiden; man kann es noch am besten auf Grund seines mehr kehligen Krächzens. Von weitem nimmt man kaum wahr, daß er etwas größer ist, sein Schnabel kräftiger und stärker zugespitzt und die Kehlfedern lockerer wirken. Auch kommt der Rabe nicht so eng mit dem Menschen in Berührung wie die Krähen, denn er lebt heute nur noch in den wenig oder gar nicht besiedelten Teilen seines Verbreitungsgebietes und tritt lediglich nördlich der Baumgrenze und im Gebirge häufiger auf.
Allgemein hält man die Rabenvögel für die intelligentesten Vögel. Wenn man auch viel bei ihnen vermenschlicht, so gibt es doch keinen Zweifel daran, daß ihre geistigen Fähigkeiten auf einer ziemlich hohen Stufe stehen. Dressurversuche an gefangenen Tieren bewiesen ein erstaunliches Lernvermögen, dank dem die Tiere bis 3 oder gar 6 »zählen« können, wobei sie das optische Muster, das sie mit dem Futter assoziieren, selbst bei stärkster Abwandlung wiedererkennen. Daß diese Vögel eine eigene Sprache reden und daß sie – wie ja auch alle anderen Vögel – ihre jeweilige Stimmung mit durchaus unterscheidbaren Tönen ausdrücken, wußte man schon lange. Längst vor den heutigen Verhaltensforschern und ihrer wissenschaftlichen Analyse der Vogelstimmen mit Hilfe breitfrequenter Tonbandapparaturen und Tonspektrographen kannten schon die Schulkinder auf dem Lande die verschiedenen Rufe der Krähen: den lauten, klaren Sammelruf »krah«, das schnatternde »kra-kra-kra« als Alarmzeichen und das aufgeregte Schimpfen, mit dem sie eine Eule

Kolkrabe
Corvus corax
Nördliche Halbkugel; 65 cm.

anpöbeln. Auch eine gewisse Imitationsfähigkeit ist den Rabenvögeln nicht abzusprechen; mit viel Geduld kann man ihnen ein paar Worte beibringen, wenn auch längst nicht so gut wie den Papageien.

Als besten Beweis für ihre Leistungen können wir ihre Anpassungsfähigkeit werten und ihren erfolgreichen Widerstand gegen alle Verfolgungen. Wenige mögen sie, und meistens stehen sie nicht unter Naturschutz. (Streng geschützt ist bei uns der fast ausgerottete Kolkrabe.) Ihre bekannte Unart, sich an den Eiern und Nestjungen anderer Vogelarten zu vergreifen, bringt sowohl den Vogelfreund als auch den Jäger gegen sie auf. Wenn man ihnen auch mit vergifteten Eiern und Dynamit zu Leibe geht: Sie bringen es doch fertig, zu überleben und die Verluste wettzumachen.

Dabei ist ihre Vermehrungsrate gar nicht einmal allzu hoch, denn sie ziehen zumeist nur eine Brut im Jahr auf, und ihr Gelege enthält nur 3 bis 5, gelegentlich auch 6 grünliche Eier mit kräftigen braunen Flecken. Die meisten Krähenvögel nisten auf Bäumen, die Raben und ein paar andere auch im Gefels, und bauen solide, offene Nester aus Ästen und Zweigen. Nur das Weibchen brütet, wird aber währenddessen vom Männchen gefüttert; nach 18 bis 19 Tagen schlüpfen die Jungen und werden nach weiteren 3 Wochen flügge.

Zu den bemerkenswertesten Angehörigen der Gattung *Corvus* gehören die schwarze Raben- und die sie etwa östlich der Elbe vertretende schwarze und graue Nebelkrähe, die Saatkrähe, die in oft riesigen Kolonien brütet, oder die schwarzgraue Dohle; zu anderen Gattungen rechnen die Alpenkrähe und -dohle.
Alpenkrähe und Alpendohle leben in den höheren Berglagen Europas und Westasiens. Sie sind ziemlich klein und glänzend schwarz gefärbt, wie die meisten ihrer Verwandten, doch unterscheiden sie sich von ihnen durch den dünneren, spitzeren und etwas abwärts gebogenen Schnabel, der bei der Alpenkrähe leuchtend rot, bei der Alpendohle aber gelb gefärbt ist. Während die Alpenkrähe selbst an unzugänglichen Felsenküsten nistet, brütet die Alpendohle ausschließlich im Gebirge. Beide Arten vollführen die erstaunlichsten Kunstflüge. Einzeln oder in Scharen wirbeln sie hin und her um ihre Felsenburgen, steigen hoch in die Luft und schießen dann wieder mit geschlossenen

Türkishäher
Cyanolyca turcosa
Andengebiet von Kolumbien bis Peru; 33 cm.

Eichelhäher
Garrulus glandarius
Gemäßigtes Eurasien; 33 cm.

Östlicher Blauhäher
Cyanocitta cristata
Östliches Nordamerika; 30 cm.

Flügeln senkrecht nach unten, drehen einen Salto, und das alles anscheinend lediglich zu ihrem Vergnügen.

Die Tannenhäher werden etwa so groß wie ein Eichelhäher und leben in den Wäldern des nördlichen Eurasien und des westlichen Nordamerika. Den europäisch-asiatischen Vertreter, einen braunen Vogel mit hübschen weißen Tupfen, nennen die Japaner »Starenkrähe«. Am liebsten halten sich die Tannenhäher im Nadelwald auf, gehen aber im Gebirge auch noch über die Baumgrenze hinaus. Als Allesfresser wie die meisten Krähen und Häher nehmen sie die verschiedensten Insekten und Larven, aber auch die Eier und Jungen anderer Vögel, doch besteht ihre bevorzugte Nahrung aus Nüssen und Sämereien. So hacken sie auch die Tannenzapfen auseinander, indem sie den Zapfen mit dem Fuß halten und mit dem Schnabel bearbeiten. Bekannt ist ferner ihre Vorratswirtschaft: Im Herbst verstecken die Häher im Boden große Mengen von Haselnüssen, Eicheln, auch Tannenzapfen, und finden dann im Winter mit erstaunlicher Ortstreue zu ihrem »Lager« zurück, selbst wenn es unter dem Schnee verborgen liegt. Unfehlbar sind sie allerdings nicht, und so helfen die angelegten, aber vergessenen Vorratslager der Häher, Kahlschläge wieder aufzuforsten.

Die Häher bieten uns eine etwas größere Mannigfaltigkeit in Gestalt und Färbung als die Krähen, insbesondere in Mittel- und Südamerika, wo allein 28 ihrer insgesamt 32 neuweltlichen Arten zu Hause sind, aber auch in Südostasien, wo mehr als die Hälfte der altweltlichen Arten lebt, darunter auch die am prächtigsten gefärbten Mitglieder der Gruppe.

Die etwas größere Spezialisation in der Ernährung und im Nistverhalten, die wir bei einigen Arten finden, sowie die streng beschränkten, unzusammenhängenden Verbreitungsgebiete deuten darauf hin, daß sie eine stammesgeschichtlich ältere Gruppe sind als die eigentlichen Krähen. So gibt es beispielsweise kleinere Vorkommen von Blauelstern im äußersten Osten von Asien und in Japan; dann aber taucht die Art plötzlich auf der entgegengesetzten Seite Eurasiens auf, nämlich in Spanien und Portugal! Eine ähnliche Art der Verbreitung finden wir beim Kalifornischen Blauhäher. An der Westküste Nordamerikas, von Washington bis Südmexiko, bildet die Art verschiedene geographische Rassen aus, fehlt aber auf dem übrigen Kontinent mit Ausnahme einer kleineren Population im mittleren Florida.

Das weiteste Verbreitungsgebiet in der Alten Welt nimmt unser einheimischer Eichelhäher ein, der von England an bis Japan die Wälder des gemäßigten Europa und Asien besiedelt. Auch er ist nicht wählerisch und nimmt auch tierische Nahrung, doch bestehen etwa drei Viertel seiner Kost aus Pflanzenstoffen. Am liebsten frißt er Eicheln und Bucheckern, doch findet man ihn auch im geschlossenen Nadelwald. In verschiedenen Ländern gilt der Eichelhäher als Jagdvogel, und man schießt ihn aus »jagdsportlichen« Gründen, seines Fleisches wegen, aber auch deshalb ab, weil er sich an den Nestern anderer Vögel vergreift. Daß er trotz all dieser Verfolgungen immer noch recht häufig in seinem ausgedehnten Heimatgebiet auftritt, spricht für seine Anpassungsfähigkeit und Fortpflanzungskraft. Er brütet zwar nur einmal im Jahr, legt aber 5 bis 7 Eier. Als Nester baut er auf Bäumen wohlgestaltete und ziemlich geräumige offene Mulden aus Zweigen, die er gewöhnlich mit Gras auspolstert. Wie es meist bei den Hähern üblich ist, jedoch nicht bei den Krähen, beteiligt sich das Männchen an der Brut. Bis die nach 16 oder 17 Tagen geschlüpften Jungen flügge sind, dauert es nochmals 19 bis 20 Tage.

Sein Antipode der Neuen Welt ist der Östliche Blauhäher im gemäßigten Nordamerika östlich der Rocky Mountains. Ursprünglich war er ein Bewohner der offenen Wälder, jetzt aber lebt er als häufiger Park- und Vorstadtvogel in sehr vielen nordamerikanischen Städten.

Die meisten Rabenvögel sind standorttreu; nur wenige unternehmen regelmäßige Züge, zu denen sie sich dann nach der Brutzeit in kleineren oder größeren Scharen zusammenschließen. Wie die Vogelberingung gezeigt hat, wandert der Blauhäher nur ein paar hundert Kilometer weit. Übrigens wird er recht alt; eine ganze Anzahl beringter Tiere erreichte immerhin 10 bis 12 Jahre, und der älteste Vogel hatte es auf 15 Lenze gebracht. Obwohl die Lebensdauer ungefähr mit der Körpergröße zusammenhängt und größere Tiere länger leben, hatte die älteste beringte Wildkrähe ein Alter von 13 Jahren erreicht, als man sie schoß, und in der Gefangenschaft haben Krähen sogar bis 20 Jahre ausgehalten.

Am weitesten nach Norden gehen die Unglückshäher der Gattung *Perisoreus,* die in beiden Erdhälften die nördlichen Birken- und Nadelwälder bewohnen. Hierzu gehören der Kanadische Unglückshäher in Nordamerika und sein stärker braun gefärbter Verwandter, der ihm in Gestalt und Lebensweise durchaus ähnlich sieht.

Als einzige der hier behandelten Arten kommt die Elster auf beiden Erdhälften vor, nämlich über ganz Eurasien, aber auch im westlichen Gebiet von Nordamerika. Ihr einziger näherer Verwandter, die Gelbschnabelelster, beschränkt sich auf die Täler und niederen Höhen Kaliforniens westlich der Sierra Nevada. Diese ansehnlichen, dunkel und weiß gefärbten Vögel stehen in vieler Hinsicht den Krähen näher, insbesondere in ihrem Nistverhalten, so daß man sie als Vermittler zwischen den beiden Unterfamilien betrachtet. Als Bewohner der halboffenen Landschaften sind die Elstern überall in den Kulturgebieten der Alten Welt zu Hause. Diese lauten, zänkischen Vögel gehören zu den »diebischen« Arten, die jeden glänzenden Gegenstand mitgehen heißen. Auch stellen sie den Eiern anderer Vogelarten nach, doch sind sie sonst ebensowenig wählerisch in ihrer Kost wie die meisten Rabenvögel. Weit mehr als die anderen Arten halten sie sich bei den Viehherden auf, so daß man sie mitunter auch auf dem Rücken einer Kuh sitzen sehen kann.

Ihre großen Kugelnester legen die Elstern aus Zweigen meist in der Astgabelung eines Baumes an; nicht selten nisten die Elstern in lockeren Gruppen beieinander. Das Männchen bringt das Material herbei, und das Weibchen verarbeitet es. Häufig werden diese Nester Jahr für Jahr wieder benutzt und ausgebessert. Wie bei den Krähen besorgt das Weibchen das 17- bis 18tägige Brutgeschäft allein; aber das Männchen hilft bei der Aufzucht der Jungen, die am 22. bis 27. Tag flügge werden.

Lappenkrähen *(Callaeidae)*

Drei unterschiedliche neuseeländische Waldvögel, von denen jeder eine eigene Gattung in Anspruch nimmt, bilden diese kleine Familie: die ausgestorbene Huia oder Lappenhopf, der seltene Sattelrücken und die Lappenkrähe. Allen gemeinsam sind die ziemlich schwachen Flügel, kräftige Läufe und Füße sowie große,

Männchen

Huia (ausgestorben)
Heteralocha acutirostris
Nordinsel von Neuseeland;
48—53 cm.

Weibchen

fleischige Lappen an den Mundwinkeln, die bei der Lappenkrähe blaugrau und bei den beiden anderen gelb oder orange gefärbt sind. Wahrscheinlich stammen die Vögel von urtümlichen Krähenahnen ab, von denen auch die Lauben-, Paradies- und Flötenvögel sowie die Drosselstelzen ihren Ausgang genommen haben.
Am bemerkenswertesten war die Huia. Ihr heller Schnabel war bei den beiden Geschlechtern so unterschiedlich ausgebildet, daß man das erste Paar, das nach Europa gelangte, für Vertreter zweier verschiedener Arten hielt, denn das Männchen hatte einen verhältnismäßig kurzen und geraden, das Weibchen aber einen längeren, dünneren und deutlich abwärts gekrümmten Schnabel. Paarweise durchstreiften sie die unteren Urwaldregionen; dabei meißelte das Männchen die Rinde der Bäume fort, und das Weibchen holte mit seinem dünnen Schnabel die Insektenlarven heraus. Die Maoris schätzten die weißspitzigen Schwanzfedern der Vögel sehr und verwendeten sie bei ihren Festen als Kopfschmuck der Häuptlinge. Seit 1907 hat man die Huia nicht mehr gesehen. Übermäßige Jagden durch die Eingeborenen und auch durch europäische Museensammler tragen einen geringeren Teil der Schuld daran als vielmehr das Abholzen der Wälder und die Zerstörung ihres Lebensraumes. Schon lange vor der Ankunft der Weißen haben die Maoris die Vögel gejagt, ohne ihre Zahl wesentlich zu vermindern. In allen Museen der Welt gibt es heute nur 67 Bälge, und höchstens doppelt oder dreimal soviel dürften die Europäer sonst noch erlegt haben.
Auch der Sattelrücken ist ein grünschillernder, schwarzgefiederter Vogel, zeigt aber eine haselnußbraune Oberseite. Hier sehen sich die Geschlechter gleich; beide haben einen schwarzen, geraden, spitzen Schnabel. Mit etwa 30 cm bleiben sie etwas kleiner als die Huia. Ihr Flugvermögen ist gering, doch flattern sie in den tieferen Urwaldlagen im Geäst umher und hüpfen über den

Lappenkrähe
Callaea cinerea
Neuseeland; 43—45 cm.

Sattelrücken
Philesturnus carunculatus
Neuseeland; 25 cm.

Boden. Ihre Nahrung besteht vorwiegend aus Insekten und einer Beikost aus Früchten und Nektar. Ihr schüsselförmiges Nest bauen sie in den Baumfarnen oder auch Gesteinsspalten und belegen es mit 2 bis 3 graubraunen, kräftig braungefleckten Eiern, aus denen die Jungen nach 20 bis 21 Tagen schlüpfen. Heute beschränkt sich das Vorkommen der Sattelrücken auf einige kleinere Inseln mit ursprünglichem Kaurifichten- und Baumfarnbestand; auf der Hauptinsel sollen sie nur noch ganz selten zu finden sein.

Noch im vorigen Jahrhundert war die große, blaugraue, häherähnliche Lappenkrähe mit ihrem kurzen, abwärts gekrümmten Schnabel durchaus häufig, kommt aber heute nur noch an wenigen Stellen in den Hochlandwäldern der Hauptinsel vor. Auch sie vermag nur schlecht zu fliegen und bewegt sich daher in den Bäumen und am Erdboden nur mit langen Sprüngen, zu denen sie allerdings ihre Flügel mit zu Hilfe nimmt. Sie ernährt sich in weit stärkerem Maße von Früchten und Beeren als die beiden anderen Arten; der Gesang soll an Schönheit den aller anderen neuseeländischen Singvögel übertreffen. Die Lappenkrähen bauen ein ziemlich unordentliches Nest aus Zweigen, meist 6 bis 10 m hoch in den Bäumen, und kleiden es mit Moos und Rinde aus; ihr Gelege enthält 2 bis 3 gefleckte, graue Eier. Wie lange die Vögel brüten, wissen wir nicht, wohl aber, daß die Jungen 4 Wochen im Nest bleiben.

Drosselstelzen *(Grallinidae)*

Bei den 4 Arten dieser kleinen Familie finden wir stets den gleichen Nestbau, nämlich tiefe, offene Mulden aus Lehm, zumeist auf einem waagerechten Ast angelegt und mit Haaren, Federn und Gras versteift. Sie alle leben ziemlich gesellig und fliegen nicht besonders gut, sondern bewegen sich mit eigenartigen, hüpfenden Schritten auf dem Boden oder zwischen den Zweigen. Ihren Lebensraum bilden offene Wälder an den See- oder Flußufern, in Sümpfen oder auch Kulturlandschaften, jedenfalls zumeist in der Nähe des Wassers.

Am kleinsten bleiben die Drosselstelzen *(Grallina)*, wie die 33 cm große Australische Drosselstelze (Abb. S. 89), ein auffallend schwarz-weiß gezeichneter und ziemlich zutraulicher Bewohner der Sumpfgebiete, Fluß- und Seeufer. Etwas kleiner, aber ebenso gefärbt ist die Papuanische Drosselstelze, die am wenigsten

gesellige Art der Familie, die sich einzeln oder in Paaren längs der Flüsse in den Bergwäldern des westlichen Neuguinea aufhält. Während des Winters bildet die australische Art große Schwärme bis zu 500 Vögeln, doch bezieht jedes Paar im Frühling sein eigenes Brutrevier. Angeblich sollen die Brutpaare ihr ganzes Leben hindurch beisammenbleiben und Jahr für Jahr das gleiche, etwa 6 bis 8 Hektar große Revier besetzen. Es wird von beiden Geschlechtern verteidigt. Während der Balz rufen die Tiere im Wechselgesang: Der eine beginnt mit einem schrill gepfiffenen »ti-hi«, und sofort vollendet der andere mit einem »pie-o-wit« die gemeinsame Strophe. Mehrmals im Jahr wird ein Gelege aus 4 weißen, stark gefleckten Eiern abgesetzt, aber da die heftigen Regenfälle häufig die merkwürdigen Lehmnester fortspülen, nimmt man an, daß die Vögel für jede Brut eine neue Niststätte anlegen. Da sie gern Insekten und kleines Wassergetier fressen, darunter auch die Schnecken, die als Zwischenwirte bei der Übertragung von Leberegeln und anderen Krankheitserregern der Schafe eine Rolle spielen, ist man den Drosselstelzen sehr wohlgesonnen.
In kleinen Schwärmen von etwa einem Dutzend Tieren zieht der Gimpelhäher durch das offene Waldland und die Felder; auf dem Erdboden und im Gezweig bewegt er sich mit langen Sprüngen fort. Diese dunkelgrauen, etwa hähergroßen Vögel suchen sich ihre Nahrung, Insekten oder Sämereien, vorwiegend auf der Erde. Angeblich nisten sie in Brutgemeinschaften.
Das vierte und zugleich auch das größte Mitglied der Drosselstelzenfamilie ist die glänzend schwarz gefärbte, weißflügelige Australische Bergkrähe (Abb. S. 89). Ebenso wie der eben behandelte Gimpelhäher bilden die Bergkrähen gern kleinere Verbände und suchen sich ihre Insektennahrung vorwiegend auf dem Erdboden, doch nehmen sie außerdem auch noch Früchte und Beeren zu sich. Leuchtend weiß treten ihre Flügeldecken hervor, wenn sich die Bergkrähe mit langsamen Flügelschlägen durch die Luft bewegt. Wenn sie sich gestört fühlt, so flieht sie mit einer Anzahl langer Sätze von Zweig zu Zweig durch die Bäume. Auch sie soll mehrere Bruten im Jahr hervorbringen und außerdem gemeinschaftliche Nester anlegen, indem angeblich immer 3 bis 6 Vögel gemeinsam daran arbeiten, das übliche Lehmnest zu verfertigen, in das dann verschiedene Weibchen ihre Eier hineinlegen. Wieviel Eier nun jeder einzelne Vogel legt, wissen wir nicht, doch hat man bis zu 9 Eier in solchen Gemeinschaftsnestern gefunden. Wie auch bei den übrigen Mitgliedern der Familie

Grauer Flötenwürger
Cracticus torquatus
Australien und Tasmanien;
28 cm.

sehen hier die Eier ebenfalls weißlich aus und tragen braune Flecken.

Flötenvögel *(Cracticidae)*

Die 10 australischen und papuasischen Arten, die hier zu einer Familie zusammengeschlossen werden, zeigen enge verwandtschaftliche Bindungen zu den Krähenvögeln. Vielleicht stammen sie von jenen elsterähnlichen Vorläufern ab, die sich einst im frühen Tertiär im anderen Teil der Welt abgesondert hatten.
Der Graue Flötenwürger, eine häufige und über das ganze gemäßigte Australien verbreitete Art, sieht nicht nur äußerlich wie ein Würger aus, sondern zeigt auch die gleiche Angewohnheit, Insekten, Echsen, Kleinvögel oder Nager auf Dornen aufzuspießen oder an den Zweigen aufzuhängen, um sie später zu verspei-

sen. Dabei benutzt er den Dorn oder eine Astgabel, um damit die Beute festzuhalten, während er sie mit dem Schnabel in mundgerechte kleine Stücke zerfetzt. In Australien rechnet man die Flötenwürger ihrer reinen, weichen Stimme wegen zu den besten Sängern; sie lassen praktisch das ganze Jahr über ihre Duette und Wechselgesänge ertönen und ahmen auch andere Stimmen nach.

Die Brutpaare scheinen ständig beisammenzubleiben und auch ihr Territorium zu verteidigen. Dabei verhalten sich die Weibchen ebenso aktiv wie die Männchen und singen gleichfalls ihren Balzgesang. Wie die Krähen bauen sie ein unordentliches Nest aus Zweigen in einer Astgabel und polstern es mit weicherem Material aus. Ihr Gelege enthält 3 bis 5 unterschiedlich gefärbte Eier mit kräftigen Flecken, die 23 Tage bebrütet werden, also ziemlich lange für einen Sperlingsvogel; 25 bis 26 Tage werden die Jungen im Nest großgezogen.

Die übrigen Flötenvögel werden 35 bis 50 cm lang und sehen mit ihrem schwarz-weißen Gefieder aus wie Elstern, nur bleibt ihr Schwanz viel kürzer. Sie alle sind berühmte Sänger, deren klangvolle Stimme wie ein Gong durch den Busch hallt. Den Graurücken-Flötenvogel, die größte Art der Familie, lieben weder die Gärtner, weil er ihnen die Früchte abfrißt, noch die

Australische Drosselstelze
Grallina cyanoleuca
Australien; 28 cm.

Australische Bergkrähe
Corcorax melanorhamphus
Südöstliches Australien; 45 cm.

Vogelfreunde, denn er vergreift sich an den Eiern und Nestjungen anderer Vogelarten. Außerdem aber nimmt er auch Insekten in großen Mengen zu sich.
Ganz eigenartig ist das Revierverhalten, denn der Graurücken-Flötenvogel lebt in Gemeinschaften von 6 bis 20 Tieren und unterschiedlichem Zahlenverhältnis zwischen den Geschlechtern; jeder Verband beherrscht ein Revier von etwa 40 Hektar. Dort halten sie sich das ganze Jahr über auf und verteidigen ihr Territorium gegenüber Eindringlingen aus anderen Sippen. Sie leben dort in »wilder Ehe« und zeigen auch sonst in ihrem Verhalten einige »kommunistische« Züge.
Zur Balzzeit feiert die ganze Sippe ein jubilierendes Sängerfest, das erst mit dem Beginn des Brütens verstummt. Der Nestbau und das Brüten obliegt allein den Weibchen, doch helfen die Männchen beim Atzen und Hudern der Jungen.
Um ihr Nest zu verteidigen, greifen sie alle anderen Wesen an, auch den Menschen. Ihr großes, schüsselförmiges Nest wird gewöhnlich an einer hochgelegenen Baumgabel untergebracht; es besteht aus Zweigen und wird mit Gras und Laub ausgepolstert. Merkwürdigerweise verwenden die Tiere dabei auch dicken Draht. Ein 13 Pfund schweres Nest enthielt 286 verschiedene Drahtenden in Stücken von 10 cm bis 1,20 m und in einer Gesamtlänge von gut 100 m, darunter auch Stacheldraht, was die oben gezogene Parallele zu kommunistischen Gepflogenheiten nur noch unterstreicht.

Laubenvögel *(Ptilonorhynchidae)*

Das Auffallendste an den Laubenvögeln stellen die eigenartigen Tanzplätze dar, die sich die Männchen bei den meisten der insgesamt 19 Arten als Bestandteil ihres Balzverhaltens einrichten. Wir kennen zwar eine ganze Anzahl von Vögeln, die sich besondere Balzplätze schaffen, z. B. die Schnurrvögel, Leierschwänze und Gänse, aber nirgends werden sie so vollendet ausgestattet. Manche Laubenvögel errichten derart umfangreiche Bauwerke, daß man ernsthaft daran zweifelt, ob sie wirklich nur von einem einzigen Vogel hergestellt sind. Daher glaubten auch die ersten Forscher, die solche Gebilde zu Gesicht bekamen, es handele sich um Spielzeughäuschen der Eingeborenenkinder. So eng sind die Laubenvögel mit den Paradiesvögeln verwandt, daß manche Ornithologen die beiden Gruppen nur als Unter-

familien auffassen, zumal sie auch das gleiche Verbreitungsgebiet einnehmen, nämlich Neuguinea und Nordaustralien. Ihre Unterscheidungsmerkmale sind jedenfalls keineswegs scharf ausgebildet und beschränken sich im wesentlichen auf den etwas abweichenden Bau des Gaumens, die Anordnung der Federn in den Fluren und die relative Länge der Hinterzehe, die bei den Laubenvögeln kürzer als die vordere Mittelzehe, bei den Paradiesvögeln aber ebenso lang oder länger ausgebildet ist. Bei den meisten Laubenvögeln unterscheiden sich die Geschlechter, nur bei den primitiveren Arten sehen sie gleich aus. Mitunter zeigen die Männchen Schillerfarben, in einigen Fällen auch Hauben oder verlängerte Kopffedern, jedoch niemals das bunte Prachtgefieder der Paradiesvogel-Männchen. Am stärksten unterscheiden sich die beiden Gruppen durch ihr Balzverhalten. Während die Paradiesvögel ihr Gefieder zur Schau stellen, imponieren die Laubenvögel durch ihre Tanzplätze. Dabei haben sie derartige Fähigkeiten als Baumeister und Dekorateure entwickelt, wie wir sie, abgesehen vom Menschen, nirgends in der Natur wiederfinden. In dieser Hinsicht stellen sie tatsächlich die perfektioniertesten Freier der Vogelwelt dar.
Eigenartigerweise gilt der ganze Aufwand des Männchens nicht etwa dem Nestbau. Jedes Männchen baut seine Laube oder seinen Tanzplatz und balzt dort lediglich, um ein Weibchen herbeizulocken und sich mit ihm in dieser Anlage zu paaren, und das ist auch sein einziger Anteil am ganzen Fortpflanzungsgeschäft. Nach der Paarung geht das Weibchen seiner Wege, baut sich sein flaches, napfförmiges Nest aus Zweigen allein, legt und bebrütet die beiden Eier und zieht die Jungen groß. Daß die Laubenvögel polygam leben, wie man früher annahm, trifft allerdings nicht zu.
Nach ihren Bauwerken pflegt man die Laubenvögel in 4 Gruppen zu unterteilen: die Katzenvögel, die keine Laube bauen, sowie die Lauben-, die Maibaum- und die Gassenbauer. Zur ersten und urtümlichsten Gruppe gehören der Grüne Katzenvogel (Abb. S. 96) in Ost- und Nordaustralien sowie auf den Aru-Inseln, dazu sein Gattungsverwandter, der Weißohrkatzenvogel im westlichen Neuguinea. Beide lassen ein katzenähnliches Miauen hören und fauchen zischend bei Gefahr. Bei diesen beiden Arten, in denen sich die Geschlechter nicht unterscheiden, finden wir kürzere, kräftigere Schnäbel als bei den höher entwickelten Formen; auch halten sie sich mehr auf den Bäumen auf und kommen selten auf den Boden herab. Ihre Nahrung besteht aus

Früchten, Beeren, Sämereien und Insekten, vor allem Käfern. Wir wissen nur, daß die Männchen keine Lauben bauen, jedoch nicht, ob sie sich hier mehr an dem Nestbau und der Aufzucht der Jungen beteiligen. Das Nest sieht genauso aus wie bei den anderen Arten: ein napfförmiges Gebilde aus Zweigen, meist ziemlich hoch an einem Waldbaum, und mit zwei kremfarbenen Eiern bestückt.

Die einfachsten Lauben errichten die 3 Tennenbauer, darunter der Zahnschnabel-Laubenvogel in den Bergwäldern des nordöstlichen Australien. Auch hier tragen beide Geschlechter die gleiche einfarbige Schutztracht: oberseits olivbraun, unterseits weiß und braun gestreift. Die Spitze ihres Ober- und Unterschnabels weist sägeartige Einkerbungen auf, mit denen das Männchen Blätter abschneidet, um mit ihnen seinen Tanzplatz zu schmücken. Zuvor säubert es eine 1 bis 1,5 m große Stelle des Waldbodens und

bedeckt sie dann mit frischem Laub, oft von ganz bestimmten Bäumen; verwelkte Blätter werden gegen frische ausgetauscht. Das Ganze umgibt der Vogel mit einem Rundwall aus aufgehäufter Bodenstreu, und dann setzt er sich auf einen bestimmten Ast über seiner Anlage, um fast den ganzen Tag über zu rufen und zu singen, wobei er auch andere Stimmen nachahmt. Eine ähnliche »Manege« baut der Sanford-Laubenvogel auf dem Boden der bemoosten Palmwälder auf Neuguinea in Höhen von etwa 2500 m über dem Meeresspiegel, indem er seinen Tanzplatz mit Farnwedeln auslegt und den Rand mit Käferflügeln, Schneckengehäusen und Holzkohle- oder Harzstückchen verziert. Um diese Tenne errichtet er einen Zaun oder Vorhang aus Bambusfasern und trockenen Farnwedeln, den er mit Borkenstücken, Beeren und manchmal auch Schneckenhäusern garniert. Hier hält sich das Männchen während der ganzen Fortpflanzungszeit auf, bringt immer wieder neue Verzierungen an, und dabei singt es und tanzt es darin und darum umher.
Zu den Maibaumbauern zählen wir 5 Arten. Einen überdachten »Aussichtsturm«, manchmal fast 3 m hoch, legt der nordaustralische Goldlaubenvogel oder Reisigturmbauer an, eine Art, die mit nur 23 cm zu den kleinsten Mitgliedern der Familie gehört. Die anderen Maibaumbauer leben in den hochgelegenen Urwäldern von Neuguinea. Da die Tiere ihren Tanzplatz mit Moos bepflanzen, nennt man sie auch Gärtnervögel. Hierzu rechnen wir den Goldschopf-, den Kurzschopf-, den Schmucklosen und den Goldstirn-Laubenvogel. Dieser Goldstirn-Laubenvogel ge-

Schmuckloser Laubenvogel
Amblyornis inornatus
Westliches Neuguinea; 23 cm.

Kragenlaubenvogel
Chlamydera maculata
Australien; 28 cm.

hört zu den größten ornithologischen Seltenheiten; von ihm kennen wir nur 3 Exemplare, die im 18. Jahrhundert zusammen mit Paradiesvogelbälgen nach Europa kamen. Jede Expedition, die nach Neuguinea ging, hat nach ihm gefahndet, aber niemals wieder konnte der Vogel in der Natur gefunden werden.
Ihr Werk beginnen die Maibaumbauer damit, daß sie Stöckchen und Zweige waagerecht um einen Jungsproß aufschichten, bis die gewünschte Höhe von 1,2 bis 1,8 m erreicht ist. Nun bauen sie eine gleiche, aber etwas kürzere Säule um einen zweiten, vielleicht 30 cm entfernten Sproß und verbinden die beiden Bauten mit Schlingpflanzen und Stöcken, so daß eine Art Strohdach entsteht. Oft benutzt der Vogel diese Anlage Jahr für Jahr, indem er sie immer wieder ausbessert und ergänzt, und so stellen die großen Bauten das Werk mehrerer Jahre dar. Die Wände sowie der Boden innen und außen werden mit Moos, Farnen, Orchideen und anderen Blüten geschmückt, dazu kommen noch glänzende Beeren und Schneckengehäuse. Welke Blüten werden durch frische ersetzt.
Als die am höchsten spezialisierten Arten sieht man die 9 Gassenbauer an. Ihre Lauben wirken zwar nicht so massiv wie die der Maibaumbauer und werden höchstens auch nur zum Teil überdacht, aber sie sind noch komplizierter angelegt. Zumindest zwei Arten, der Blauschwarze Laubenvogel und der Eigentliche Gärtnervogel, benutzen dabei Werkzeuge, nämlich »Pinsel« zum Bemalen. Zuerst säubern die Gassenbauer wieder ein Stück Waldboden im Umkreis von etwa 1,2 m und flechten darauf eine mehrere Zoll dicke Matte aus Stöckchen und Zweigen, und in deren Mitte errichten sie zwei parallele Wände aus aufrechten Stöcken, die fest in den Boden gerammt und noch miteinander verflochten werden; mitunter stoßen sie in der Mitte dachartig zusammen. Die Ausmaße dieser Konstruktionen sind bei den einzelnen Arten etwas verschieden. Beim australischen Fleckenlaubenvogel ist die Matte 15 bis 20 cm dick, während die 60 bis 90 cm langen Wände etwa 40 cm hochragen. Dagegen baut der Eigentliche Gärtnervogel seine Wände nur 20 cm lang und 15 cm hoch; sie stehen nur so weit auseinander, daß der Vogel eben noch den Gang entlangspazieren kann, ohne die Seiten zu streifen. Ihren Tanzplatz dekorieren die Vögel mit allerlei merkwürdigen Dingen, Kieseln, gebleichten Knochen, Muschelschalen, Blättern und Blüten.
Zu alledem bemalen der Blauschwarze Laubenvogel und der Eigentliche Gärtnervogel die Innenseite der Wände ihres Zeltes

mit bläulichen oder grünlichen Farbtönen, die sie aus Holzkohle und anderen Farbstoffen, vermischt mit ihrem Speichel, selber verfertigen. Dazu nimmt der Gärtnervogel einen Pinsel aus grünen Blättern in seinen Schnabel, der Blauschwarze Laubenvogel aber benutzt zum gleichen Zweck Borkenstückchen. Soweit bekannt, gibt es sonst nur noch beim Spechtfinken der Galapagos-Inseln einen echten Werkzeuggebrauch im Vogelreich.
Bei 5 Arten der Gassenbauer, nämlich bei den eben genannten beiden australischen Formen sowie beim Schwarzwangen-, Gelbkehl- und Baker-Laubenvogel, sehen die Männchen bunt, die Weibchen aber etwas unscheinbar aus (Abb. S. 96). Die 4 *Chlamydera*-Arten wirken dagegen in beiden Geschlechtern dunkel und fast gleich; sie zeichnen sich farblich nur durch einen Schopf verlängerter, rötlicher Nackenfedern aus, der manchmal nur dem Männchen, mitunter aber auch dem Weibchen zukommt. Diese Vögel leben im offenen Buschland oder an den Grassteppen von Australien und Neuguinea; dazu gehört auch der 38 cm lange Rosennacken-Laubenvogel Australiens als größte Art der ganzen Familie.
Die Gassenbauer leben etwas geselliger als die anderen Laubenvögel und halten sich außerhalb der Brutzeit oft in kleinen Verbänden von 4 bis 6 Tieren auf. Vorwiegend fressen sie Früchte und Beeren, außerdem noch allerlei Insekten. Offenbar beschränkt sich die Verbreitung des Fleckenlaubenvogels in Westaustralien auf das Vorkommen seiner Hauptnahrung, nämlich einer bestimmten Wildfeige. Bei den Gartenfreunden sind die Laubenvögel gar nicht gut angeschrieben, weil sie einen beträchtlichen Schaden anrichten, insbesondere der Blauschwarze Laubenvogel, der gern saftige Früchte frißt. Ihr Ruf klingt nicht besonders anziehend, sondern besteht nur in kehligen Schreien oder sägeähnlichem Quietschen, doch sind die meisten Laubenvögel gute Spötter und flechten in ihren Balzgesang auch die Laute anderer Vogelarten ein.

Paradiesvögel *(Paradisaeidae)*

Mit dieser Familie kommen wir zu den am schönsten gefärbten und geschmückten Vögeln, denn was wir hier bei den Männchen an prächtig bunten und sonderbar gestalteten Federn finden, um dem anderen Geschlecht zu imponieren, ist schlechterdings nicht mehr zu überbieten. Stammesgeschichtlich sind die Paradies-

vögel ziemlich alt, denn schon im frühen Tertiär dürften sich die unscheinbaren, unspezialisierten krähenähnlichen Ahnenformen, aus denen wir die 43 heutigen Arten ableiten, in der papuasischen Region isoliert haben. Ihre nächsten lebenden Verwandten haben wir unter den Laubenvögeln zu suchen, von denen sie sich nur durch verhältnismäßig geringfügige anatomische Merkmale unterscheiden, wie etwa die relative Zehenlänge, vor allem aber durch das Balzverhalten und das Schmuckgefieder.

Beheimatet sind diese herrlichen Geschöpfe in den Wäldern Neuguineas und der benachbarten kleinen Inseln; 4 Arten leben in den Bergwäldern des nordöstlichen Australien. Ein großer Teil dieses Verbreitungsgebietes ist erst in letzter Zeit zugänglich geworden und harrt noch immer seiner genaueren Durchforschung. Verschiedene Arten kennt man nur nach einem oder zwei Exemplaren, die irgendwann einmal von einem eingeborenen Sammler gefangen wurden; nähere Angaben fehlen. Und nur etwa zwei Dutzend Vogelforschern war das Glück beschieden, wenigstens einige Monate lang die Paradiesvögel in ihrer natürlichen Umwelt kennenzulernen. So sind unsere Kenntnisse noch recht lückenhaft; ein großer Teil dessen, was wir über die Balz der Tiere wissen, stammt aus Beobachtungen in Zoologischen Gärten.

Seit undenklichen Zeiten benutzten die Eingeborenen Neuguineas die Federn zu Schmuckzwecken, und auch chinesische Händler brachten Federn schon lange vor dem 16. Jahrhundert in den Orient. Nach Europa gelangten zuerst zwei von den Eingeborenen angefertigte Bälge, die der Herrscher der Molukkeninsel Batjan dem König von Spanien zugedacht hatte; sie wurden 1522 von der »Victoria« überbracht, mit der Magellan die Welt umsegelte. So unerhört schön erschienen die beiden Vögel den Spaniern, daß sie glaubten, die Tiere müßten aus dem Paradiese und nicht aus den Urwäldern Neuguineas gekommen sein; seither sprechen wir von Paradiesvögeln. Im 16. und 17. Jahrhundert nannten die portugiesischen Händler die Vögel »Manucodiata«; das war eine Verballhornung des malaiischen Begriffes »Manuq Devata«, d. h. »Göttervögel«. Aber noch heute ist dieser Name einigen neuguineischen und australischen Arten verblieben.

In Europa lernte man die Paradiesvögel anfangs nur nach den Bälgen kennen, die aus den Händen der Eingeborenen stammten und denen man die Beine entfernt hatte. Daher entstanden die merkwürdigen Märchen, die Paradiesvögel würden sich niemals niederlassen, sondern in stetem Fluge der Sonne nacheilen, und das Weibchen lege seine Eier in eine Grube auf dem Rücken des Männchens. Sicherlich wußten die europäischen Naturwissenschaftler, daß es sich hier nur um Eingeborenenmärchen handelte, und so hat der alte Linnaeus wahrscheinlich geschmunzelt, als er 1758 die am besten bekannte Art mit dem Namen *Paradisaea apoda* belegte, d. h. »der fußlose Paradiesvogel«. Als Heimat dieser Art gab er »India« an, und für den Königsparadiesvogel, den er *Paradisaea regia* benannte, schrieb er »Ostindien«. Heute wissen wir, daß beide Arten auf den Aru-Inseln leben, jener kleinen Inselgruppe südwestlich von Neuguinea.

Woher die Bälge nun eigentlich kamen, fanden die europäischen Naturkundler nicht vor 1824 heraus, als der französische Forscher René Lesson den Trompetenparadiesvogel und den Schwarzen Schillerparadiesvogel im nordwestlichen Neuguinea entdeckte. Als erster Naturwissenschaftler studierte der Engländer

Alfred Russell Wallace, der gegen Ende der 50er Jahre des vorigen Jahrhunderts nach Papuasien kam, die Lebensgewohnheiten der Vögel an Ort und Stelle. Als er die Insel Batjan anlief, auf der vor 350 Jahren Magellan Station gemacht hatte, fand er den märchenhaften Wallace-Paradiesvogel *(Semioptera wallacei)*, eine hühnergroße, bräunliche Art mit einem glänzenden, grünen Halskragen, der bei der Balz entfaltet wird, und zwei 15 cm langen Federn am Flügelbug, die das Tier bei der Balz V-förmig über seinem Rücken aufrichtet. Zwei Gelbe Paradiesvögel, die Wallace 1862 auf seiner Rückreise nach England mitnahm, waren die ersten Exemplare, die lebend Europa erreichten.

Dann setzte eine ungeheure Nachfrage nach Paradiesvogelfedern für modische Zwecke in der ganzen zivilisierten Welt ein, und der Preis stieg immer höher, je mehr Reisende in diese unwirtlichen Gefilde gelangten. In den 80er und 90er Jahren dürften jährlich etwa 50 000 Bälge aus Neuguinea ausgeführt worden sein; die meisten davon gingen nach Paris, wo ja schon immer der Mittelpunkt des Schmuckfederhandels lag. Die Naturforscher aber wühlten in den Lagern der Luxusmodisten, um neue Arten beschreiben zu können.

Wie verheerend sich die Jagd nach Paradiesvögeln auswirkte, wird man wohl niemals in vollem Umfang erfahren können. 1920 wurde dem Vogelmord auf Neuguinea durch Gesetz ein Ende bereitet, aber da waren schon einige vormals durchaus häufige Arten sehr selten geworden. Glücklicherweise wandte sich auch allmählich das breite Publikum gegen den Gebrauch von Vogelfedern für derartige Zwecke, so daß sie jetzt in die meisten europäischen Staaten und in die USA nicht mehr eingeführt werden dürfen. Tatsächlich haben sich auch einige Arten in den letzten Jahrzehnten wieder ganz gut vermehrt, aber nun droht ihnen bereits durch die beginnende Rodung der Wälder ein neues Unheil – gerade zu dem Zeitpunkt, an dem wir endlich etwas Näheres über das eigentümliche Balzverhalten der Tiere zu erfahren beginnen.

Was man sich schlechthin unter einem Paradiesvogel vorstellt, sind die 6 hähergroßen Arten aus Linnaeus' Gattung *Paradisaea*, und diese Bewohner der feuchteren Küstenwälder bildeten auch das Gros der damaligen Importe. Die langen, seidigen Flankenfedern hängen bis über den Schwanz hinab, wenn der Vogel auf einem Ast sitzt, und wallen wie die Kaskaden eines Springbrunnens über den Rücken herab, wenn sie der Vogel bei der

Balz entfaltet. Beim Männchen sind die Schäfte der mittleren Schwanzfedern zu drahtigen Anhängen verlängert, können sich überkreuzen und am Ende metallisch glänzende Fahnen tragen. Auf meist hellviolettem Grunde finden wir oft leuchtend gelbe Flecken am Kopf und Rücken sowie einen glänzend grünen Querstreifen am Halse. In der Nominatrasse des Großen Paradiesvogels geht das leuchtende Gelb der Flankenfedern leicht ins Hellviolette über; bei anderen Arten finden wir orangefarbene Töne, wie beim Roten Paradiesvogel, der nur auf der Insel Waigeu nordwestlich von Neuguinea vorkommt. Bei der Balz schmiegt sich das Männchen meistens an einen Zweig und läßt seine Schmuckfedern über seinem Rücken spielen. So beginnt auch der Kaiser-Wilhelm-Paradiesvogel, doch dann gleitet er nach vorn, bis er mit dem Bauch nach oben am Zweige hängt und ganz von seinen Schmuckfedern umgeben ist. Und ebenfalls kopfabwärts hängend beginnt der herrliche, seltene Blaue Paradiesvogel aus den Bergwäldern des östlichen Neuguinea seine Schaustellung; dabei umschließen seine blauen Schmuckfedern ihn wie eine Blüte.

Häufig gehandelt wurde auch der Fadenhopf aus den Mangroven- und Sagowäldern an den Küsten Zentral- und Westneuguineas. Seine 6 glänzend gelben Flankenfedern an jeder Seite enden mit langen, drahtigen Kielen, deren Spitzen sich scharf nach vorn biegen. Wenn sie vor ihrem einfarbigen, braungestrichelten Weibchen balzen, entfalten die Männchen ihre Halskrause aus schimmernden, schwarzgrünen Kehlfedern rund um ihren Schnabel und reißen ihn auf, um das leuchtend grüngelbe Mundinnere zu zeigen.

Am kleinsten bleibt der nur 16 cm lange Königsparadiesvogel, aber er gehört auch zugleich zu den schönsten Arten: der Rücken ist scharlachrot, der Bauch weiß, und dagegen stechen die Beine blau und die Schmuckfedern grün ab. Zwei verlängerte Schwanzfedern tragen am drahtig verlängerten Kiel je eine metallisch grüne Fahne. Offenbar beanspruchen die Männchen dieser prächtigen Baumwipfelbewohner bei der Balz ein eigenes Territorium. Übrigens haben wir hier die einzige bekannte Art der Familie vor uns, die in Baumhöhlen nistet.

Eng damit verwandt sind die beiden etwas größeren Arten des Schmuck- und Wilson-Sichelschwanzes. Die Männchen der ersten Art, die den größten Teil der trockenen Niederungen Neuguineas bewohnt, aber auch bis 1500 m hoch in den Bergen vorkommt, bauen sich einen Balzplatz auf dem Waldboden, indem sie auf

einem 5 m großen Fleck allen Pflanzenwuchs beseitigen und selbst noch die Rinde und das Laub der jungen Sprößlinge in diesem Bereich entfernen. Dort tanzen die Tiere auf und ab, entfalten ihr leuchtend gelbes Schmuckgefieder wie einen Fächer und lassen ihre grün schimmernden Brustfedern im Sonnenlicht erglänzen. Den Wilson-Sichelschwanz bezeichnet man seiner zweifach gekreuzten, kleinen, samtschwarzen Federn auf der nackten, blauen Kopfhaut wegen auch als »Kreuz Christi«. John Cassin nannte die Art 1850 zu Ehren seines Freundes Alexander Wilson *Paradisaea wilsoni*, übersah aber dabei, daß die gleiche Art 6 Monate früher von Charles Lucien Bonaparte, einem Neffen Napoleons, der sich einige Zeit in den USA aufgehalten und ausführlich über die amerikanische Vogelwelt geschrieben hatte, bereits mit dem Namen *Paradisaea respublica* belegt worden war. Dies geschah einesteils zu Ehren der Republik Frankreich, zum Teil aber auch, um sein Mißfallen an einigen sogenannten Republiken auszudrücken, denn er schreibt dazu: »Wenn auch keine paradiesische Republik existiert, so soll es doch wenigstens eine *Paradisaea respublica* geben!«

Einen großen Teil der Paradiesvögel hat man dagegen nach monarchischen Regenten benannt, z. B. den Kaiser-Wilhelm- und den Augusta-Viktoria-Paradiesvogel nach dem letzten deutschen Kaiserpaar *(P. guilelmi, P. augustaevictoriae); P. rudolphi* verdankt seinen wissenschaftlichen Namen dem Erzherzog Rudolph von Habsburg, der so tragisch auf Schloß Mayerling endete, *Astrapia stephaniae* war seiner belgischen Gemahlin gewidmet,

1 **Königsparadiesvogel**
Cicinnurus regius
Neuguinea; 18 cm.

2 **Kragenhopf**
Lophorina superba
Neuguinea; 24 cm.

3 **Wilson-Sichelschwanz-Paradiesvogel**
Diphyllodes respublica
Neuguinea; 16 cm.

4 **Raggis Großer Paradiesvogel**
Paradisaea apoda raggiana
Neuguinea; 45 cm.

5 **Prachtreifelvogel**
Craspedophora magnifica
Neuguinea, Nord-australien; 33 cm.

6 **Schmucksichelschwanz**
Diphyllodes magnificus
Neuguinea; 20 cm.

7 **König-Albert-Paradiesvogel**
Pteridophora alberti
Neuguinea; 20 cm.

8 **Blauer Paradiesvogel**
Paradisae rudolphi
Neuguinea; 33—35 cm.

9 **Fadenhopf**
Seleucides ignotus
Neuguinea; 33 cm.

und in *Ptiloris victoriae* lebt der Name der englischen Königin Victoria fort.
Der Prinzessin-Stephanie-Paradiesvogel gehört zu den ganz wenigen Arten, die man in Gefangenschaft nachgezüchtet hat, und vertritt zugleich eine Gruppe langschwänziger Paradiesvögel, die man als Paradieselstern zu bezeichnen pflegt. Da sie in den hochgelegenen Bergwäldern Neuguineas leben, kamen sie nur selten in den Handel. Alle diese Formen zeichnen sich durch schimmerndes, metallschwarzes Gefieder aus und tragen oft schillernde Halskrausen und lange Schmuckfedern am Schwanz. Fast 1 m weit schleppen beim Männchen der Mayer-Paradieselster die beiden weißen mittleren Schwanzfedern im Fluge nach. Dieser Vogel, den man erst 1939 entdeckte, erreicht durch diese Schwanzfedern eine Länge bis zu 1,07 m und gilt somit als der größte Paradiesvogel.
Die größten Körpermaße dagegen haben die etwa krähengroßen Sichelschnäbel im Hochland von Neuguinea, die man selten unterhalb der 1500-Meter-Grenze findet. Bei der Balz richtet das Männchen seine langen, an der Spitze metallisch glänzenden Seitenfedern über den Kopf auf, bis sie über dem Rücken zusammenstoßen, klappt seine langen mittleren Schwanzfedern auf und zu und öffnet weit seinen Schnabel, um die leuchtend gelbe Mundhaut zu zeigen.
Zu den sogenannten Flaggenträgern gehört der Sechsfedrige Paradiesvogel mit je 3 drahtigen Federkielen an den Kopfseiten, die am Ende eine schwarze Flagge tragen, aber auch der König-Albert-Paradiesvogel, eine kleine, nur 18 cm lange Art aus den Bergen Zentralneuguineas. Die Männchen tragen beiderseits des Kopfes je eine 45 cm lange, nach hinten gerichtete Feder, deren einseitig ausgebildete Fahne in eine Reihe von 30 bis 40 einzelne Wimpel aufgelöst und außen blau, innen aber braun gefärbt ist. Derart unglaublich erschien den Ornithologen ein solcher Vogel, daß man im Jahre 1894, als ein Exemplar in den Handel kam, an den Scherz eines Ausstopfers glaubte, weil etwas Derartiges in der Natur »unmöglich« sei.
Wir wissen zwar nicht allzuviel von den Lebensgewohnheiten der Paradiesvögel in der Natur, doch ist bekannt, daß eine Anzahl Arten polygam lebt und alle Pflichten des Fortpflanzungsgeschäftes, angefangen vom Nestbau bis zur Aufzucht der Jungen, den unscheinbaren, brauner gefärbten Weibchen überlassen bleiben. Das gilt jedoch nicht für die gesamte Familie, denn die urtümlicheren Arten, wie die Schiller- und Lappenparadiesvögel,

sind zwar oft leuchtend gefärbt, besitzen aber wenig oder gar keine Schmuckfedern und zeigen auch kaum Geschlechtsunterschiede.
Monogam aber lebt das Männchen des Schwarzen Schillerparadiesvogels auf Neuguinea; zwar brütet das Weibchen 15 bis 18 Tage allein, doch trägt das Männchen das Nistmaterial herbei, hilft beim mühsamen Atzen der Jungen und hudert sie auch gelegentlich.
Auf Neuguinea und im nordöstlichen Australien ist der Prachtreifelvogel zu Hause; hier sind die Schmuckfedern an den Flanken weich, haarähnlich und viel kürzer als bei den anderen Gruppen entwickelt. Dagegen zeigt seine Kehle ein schimmerndes Purpurblau und wird vom Vogel mit gespreizten Flügeln der Sonne zugewandt, damit sich die Lichtstrahlen in den Farben brechen können.
Zur Verwandtschaft der Flaggenträger rechnet der Kleine Kragenhopf, eine nur stärlingsgroße Art mit zwei Sätzen Schmuckfedern und einer Haube aus mehr als 100 samtschwarzen Federn am Hinterkopf, die das Tier zu einem riesigen Fächer über seinem Kopf aufrichten kann; dazu kommt noch ein Brustfleck aus metallisch grünen Federn, der sich fast bis zu den Scheitelfedern erstreckt. Diese Federn sind mit derart kräftigen Muskeln ausgestattet, daß sie während des Balzfluges aufgerichtet werden können. Im Mittelpunkt dieses Federschildes sperrt das Tier seinen Schnabel auf, damit man seine leuchtend gefärbte Mundhöhle sehen kann.
Wenn wir uns fragen, warum denn eigentlich dieses prächtige Schmuckgefieder und das eigenartige Balzverhalten entwickelt wurden, so erscheint wohl die Erklärung am einleuchtendsten, daß es sich hier um besondere Erkennungszeichen für die einzelnen Arten dieser paarungsfreudigen und polygamen Vögel handelt, damit Artkreuzungen vermieden werden. Wir kennen etwa 20 solcher Bastarde, darunter sogar von Paradiesvögeln ganz verschiedener Gattungen; da es sich bei den Elterntieren aber immer um Angehörige hochspezialisierter Arten handelt, bleiben die aus der Kreuzung hervorgehenden Nachkommen unfruchtbar, so daß sie für die Fortpflanzung der Art keinen Wert haben. Es ist daher außerordentlich wichtig, daß sich die Artgenossen deutlich an ihren leuchtenden Farben und an dem besonderen Verhalten erkennen, damit derartige biologisch unerwünschte und wertlose Fehlzüchtungen gar nicht erst zustande kommen.

Kohlmeise
Parus major
Europa, Asien, Java, Sumatra; 14 cm.

Buntmeise
Parus varius
Mandschurei, Korea, Japan; 12 cm.

Schwanzmeise
Aegithalos caudatus
Europa, Asien; 14 cm.

Blaumeise
Parus caeruleus
Europa, Kleinasien; 11 cm.

Beutelmeise
Remiz pendulinus
Europa, Asien; 11 cm.

Braunkopfmeise
Aegithalos concinnus
Indien bis China; 10 cm.

Meisen *(Paridae)*

Es gibt wohl kaum eine liebenswürdigere Vogelgruppe als die der rund 65 Meisen, diese neugierigen und furchtlosen Tiere mit ihren glänzenden Augen, die ständig alle Äste und Zweige nach kleinen Insekten absuchen und sich dabei überhaupt nicht um den Menschen kümmern. Sie werden so zahm, daß sie uns das Futter aus der Hand nehmen, und ihre lispelnden, schnarrenden Rufe sowie ihr einfacher, pfeifender Gesang gehört zu

den bekanntesten und beliebtesten Vogelstimmen. Darum nimmt sich der Mensch ihrer ganz besonders an und versucht, sie durch Aufstellen von Nistkästen an seine Umwelt zu binden.
Die Familie der Meisen bietet ein recht einheitliches Bild. Meist sind es ziemlich kleine, kaum 15 cm lange Vögel, deren kleinste Art nur 7,5 cm lang wird, während die größte immerhin 20 cm erreicht. Das dicke, weiche Gefieder zeigt eine graue oder braune Grundfarbe, dazu oft auffällige schwarze, weiße, blaue und gelbe Zeichnungen, wirkt aber niemals besonders leuchtend und läßt auch keine Streifen, Strichel oder Sprenkel erkennen. Als weitere Merkmale seien genannt: der kurze, kräftige, spitze Schnabel, dessen Nasenlöcher zumeist von Federborsten verdeckt liegen; die kleinen, kräftigen Läufe und Füße; die mittellangen, verrundeten Flügel mit ihren 10 Handschwingen, deren äußere nur halb so lang wird wie die zweite, und die recht unterschiedliche Länge des Schwanzes.
Wie die Meisen verwandtschaftlich mit den übrigen Familien der Sperlingsvögel zusammenhängen, bleibt noch ziemlich rätselhaft, doch zeigen sie in ihrer Verbreitung, im Bau und im Verhalten einige Anklänge an die Krähen und Häher. Insbesondere in ihrem gegenwärtigen Vorkommen erinnern sie derart stark an die Unterfamilie der Eigentlichen Krähen, daß man wohl annehmen darf, sie seien ebenfalls in der Alten Welt entstanden. Vor allem leben die Meisen auf der nördlichen Halbkugel, gehen aber in Afrika südwärts bis zum Kap der Guten Hoffnung; sie fehlen dagegen in Australien und auf den Inseln Ozeaniens. In der Neuen Welt sind sie nach Süden nur bis ins Hochland von Guatemala vorgestoßen.
Unter den kleineren Vögeln gehören die Meisen zu den anpassungsfähigsten Arten, und damit bieten sie wieder eine Parallele zu den Krähenvögeln. Daß man die Meisen zu erstaunlichen Leistungen dressieren kann, haben nicht nur die Laboratoriumsversuche ergeben, sondern war den Vogelfreunden bereits längst bekannt. Der kleine Vogel, der bei den japanischen Shinto- und Straßenfesten die Wahrsagezettel zieht, ist eine Buntmeise. Auf den Befehl seines Besitzers hüpft er auf seine Sitzstange, nimmt dem Käufer ein Geldstück aus den Fingern und wirft es in die Kasse, öffnet dann die Tür zu einem kleinen Kästchen, nimmt den Zettel heraus und macht den Umschlag auf, so daß man den Text gleich lesen kann.
Nach der Brutzeit ziehen die Meisen in kleineren Familienverbänden durch das Waldland, schließen sich aber später zu größe-

ren Scharen zusammen. Dazu gehören dann nicht nur verschiedene Meisenarten, sondern mitunter auch Kleiber, Baumläufer, Goldhähnchen und Spechte, die alle eifrig auf den Zweigen herumwirtschaften und danach den nächsten Baum aufsuchen. Insekten bilden zwar die Hauptnahrung, doch fressen die Meisen außerdem noch Sämereien, kleine Beeren und Früchte, insbesondere, wenn zum Winter die Kerbtiere knapp werden. Dann stellen sie sich regelmäßig an den Futterstellen ein, die ihnen der Mensch schafft, und machen sich über die Futterringe aus Talg und Sonnenblumenkernen her, indem sie den Samen mit dem Fuß halten und die Schale nach Art der Häher mit dem Schnabel aufknacken. Wie ein Häher speichert die Haubenmeise im nördlichen Eurasien ihr Futter in Form von Koniferensamen und Insektengruppen in den Borkenlöchern, um es später wieder hervorzuholen.

Zwar legen die Meisen außerhalb der Brutzeit ausgedehnte Wanderungen zurück, und die nördlichen Arten ziehen auch oft viele Hunderte von Kilometern zu ihren Winterquartieren, doch kann man sie nicht generell als eigentliche Zugvögel bezeichnen. Ihre jahreszeitlich bedingten Wanderungen verlaufen, wie die Beringung ergab, ziemlich unregelmäßig und hängen wohl weitgehend von den örtlichen Nahrungsverhältnissen ab.

Ungefähr 45 Arten, also drei Viertel der gesamten Familie, vereinigt man in der Gattung *Parus*, die für sich allein die Unterfamilie der Eigentlichen Meisen *(Parinae)* bildet. Hierzu gehören vor allem unsere 14 cm große Kohlmeise, die häufigste europäische, aber keineswegs die größte Art, denn sie wird von der 20 cm langen Goldschopfmeise übertroffen, einem Bewohner der Bergwälder vom östlichen Himalaja über Burma, Siam und Malaia bis Sumatra. Insgesamt kennen wir 18 Meisenarten im gemäßigten Europa und Asien sowie 11 weitere in Nordamerika und Mexiko.

Verschiedene Meisen zeichnen sich durch deutliche, aufrecht stehende Federschöpfe aus; als Beispiele seien nur unsere bekannte Haubenmeise aus dem nördlichen Eurasien und die Zweifarbmeise aus den südöstlichen Vereinigten Staaten genannt, eine mausgraue Art mit rostroten Flanken, die zugleich die größte nordamerikanische Form dieser Familie darstellt.

So gut wie alle Meisen der Unterfamilie *Parinae* nisten in Höhlen. Einige bauen sich ihre eigenen Niststätten in morschen Bäumen oder Zaunpfählen, andere benutzen natürliche Baumlöcher oder verlassene Spechthöhlen. Dann gibt es aber noch weitere

Meisen, die zum gleichen Zweck mit Gesteinsritzen und -spalten vorliebnehmen. Das Nistverhalten ist bei allen *Parus*-Arten gleich. Der Nestbau obliegt dem Weibchen. Aufgabe des Weibchens ist es auch, die Eier auszubrüten, aber das Männchen füttert nicht nur dabei seine Partnerin, sondern beteiligt sich auch später beim Atzen der Jungen.

Von den heimischen Arten brüten Sumpf- und Weidenmeise nur einmal im Jahr, andere auch zweimal. Das Gelege ist recht groß; selten beträgt die Zahl der Eier weniger als 5 oder 6, meist sogar 7 bis 11, doch hat man schon bis 15 festgestellt. Nur wenige Arten legen reinweiße Eier, die meisten aber rotbraun gefleckte. Die großen Gelege sind biologisch notwendig, denn die Meisen müssen ihre hohe Sterblichkeitsquote, die bei den Erwachsenen 70 % beträgt und bei den Jungen während des ersten Lebensjahres sogar noch höher liegt, durch eine zahlreiche Nachkommenschaft ausgleichen, sterben doch jedes Jahr drei Viertel der Brut, und nur weniger als 1 % der Tiere wird älter als 4 Jahre! Den Altersrekord hielt mit 8 Jahren eine Weidenmeise, die am Cape Cod beringt wurde.

Ungefähr ein Dutzend kleine, langschwänzige Arten enthält die Unterfamilie der Schwanzmeisen *(Aegithalinae)*, zu der auch unsere bekannte, zutrauliche Schwanzmeise gehört, die einen Menschen bis auf wenige Schritte an sich herankommen läßt. Am zierlichsten ist die javanische Zwergmeise, die nur eben 8 cm lang wird, wobei noch das meiste auf den Schwanz entfällt. Eng verwandt mit ihr sind die geselligen Buschmeisen aus den Weststaaten der USA und dem mexikanischen Hochland mit ihrem einheitlich grauen und braunen Gefieder.

Aus Moos, Flechten und Spinnweben flechten die Schwanzmeisen kunstvolle, überdachte Nester mit seitlichem Eingang und polstern sie mit Federn aus; 2 bis 3 Wochen bauen beide Geschlechter an diesem Kunstwerk, das sie auf einem Baum oder im Gebüsch anlegen. Wie bei der vorigen Gruppe trägt auch hier das Männchen seiner Partnerin die Nahrung zum Nest, dessen Innenraum so knapp bemessen ist, daß der Schwanz der Meise eingekrümmt wird. 12 bis 13 Tage beträgt die Brutzeit für die 7 bis 12 weißen, mit kleinen roten Tupfen gesprenkelten Eier.

Eine dritte Unterfamilie enthält die 8 Arten der Beutelmeisen *(Remizinae)*, die ihren Namen nach den langen, herabhängenden Nestern der meisten Arten trägt. Häufig führt der Eingang durch eine kurze Röhre, die bei manchen afrikanischen Arten verschlossen werden kann. Am besten kennen wir die europäisch-

asiatische Beutelmeise, an der uns die sonderbare schwarze Gesichtsmaske auffällt. Sie ist eine Bewohnerin der Dickichte an Flüssen und Sümpfen, kommt bei uns allerdings nur an einzelnen günstigen Stellen vor; schon in Österreich ist sie häufiger. In Amerika ist diese Gruppe nur durch eine einzige Art vertreten, nämlich die Gelbkopfmeise, ein kleiner, olivgrauer Vogel in Texas, Neumexiko und Mexiko. Aus Dornengestrüpp baut er sich ein großes Kugelnest, das derart unangreifbar gesichert ist, daß der Vogel überhaupt keine Anstrengungen unternimmt, es irgendwie zu tarnen, sondern es ganz offen am Ende eines Astes an einem Busch oder einem niedrigen Baum anlegt.
Nur 4 bis 5, manchmal aber sogar 8 Eier legen die Beutelmeisen, also im Durchschnitt weniger als die anderen Arten, doch brüten sie zumeist zwei- oder dreimal im Jahr. Hier scheint das Männchen die meiste Arbeit beim Nestbau zu verrichten, während das Brüten und die Aufzucht der Jungen allein dem Weibchen zukommen. Eigenartigerweise stellt das Männchen eine ganze Anzahl von Nestern her und überläßt es dann dem Weibchen, sich ein zusagendes davon auszusuchen, um seine Eier dort abzulegen; die anderen Nester werden nur benutzt, um sich des nachts darin auszuruhen, denn alle Meisen pflegen die Nacht in ihren Nestern zuzubringen.

Baumläufer *(Certhiidae)*

Selten paßt ein Name so gut zu einer Vogelgruppe wie hier bei den Baumläufern, die tatsächlich den ganzen Tag über damit beschäftigt sind, an den Bäumen herumzuturnen. Dank ihrer gestrichelten und gesprenkelten Oberseite und dem weißen Bauch heben sie sich überhaupt nicht gegen die Baumrinde ab, so daß man sie kaum sieht. Ihre dünnen, spitzen und abwärts gekrümmten Schnäbel eignen sich so recht, um damit in der Borke nach Insekten zu stochern, und die langen, steifen und spitzen Schwanzfedern geben eine vorzügliche Stütze ab. Wie die Spechte, so benutzen auch die Baumläufer ihre Schwanzfedern als Kletterhaken und mausern sie auch in gleicher Weise, nämlich von außen nach innen fortschreitend. Als Ausnahme zu allen übrigen Sperlingsvögeln bleibt das mittlere Schwanzfedernpaar erhalten, während die übrigen gemausert werden.
Alle 5 Arten gehören zu der einzigen Gattung *Certhia*, deren Verbreitung sich auf die nördliche Halbkugel beschränkt. Vor

Waldbaumläufer
Certhia familiaris
Bewaldetes Nordamerika
und Eurasien; 12 cm.

allem wäre der Waldbaumläufer zu nennen, eine ungewöhnlich weit verbreitete Art, die in den Waldgebieten von Europa, Asien und Nordamerika zu Hause ist und in jedem Erdteil in etwa ein Dutzend geographische Rassen zerfällt. In der Neuen Welt reicht sein Verbreitungsgebiet südwärts bis zum Bergland von Nikaragua; südlich von Mittelamerika wird er dann durch die ganz ähnlichen Baumkletterer vertreten. Die übrigen 4 Arten, darunter auch unser einheimischer Gartenbaumläufer, kommen etwas weiter südlich in der Alten Welt vor.

Die Baumläufer leben ziemlich einzelgängerisch und fressen fast ausschließlich rindenbewohnende Insekten sowie ihre Eier und Larven. Im Gegensatz zu den Kleibern, die mit dem Kopf nach oben und unten kreuz und quer an den Bäumen herumklettern, arbeiten sich die Baumläufer mehr planmäßig in einer Schraubenlinie am Baumstamm empor und fliegen dann zum nächsten Stamm, um ihr Werk dort fortzusetzen. Manchmal flattert der Vogel auch wieder ein kurzes Stück mit dem Schwanz voran abwärts, um ein besonders lohnendes Rindenstück nochmals zu bearbeiten, oder er untersucht einen Ast von allen Seiten, wobei es ihm gar nichts ausmacht, wie die Fliege an der Decke mit dem Rücken nach unten zu hängen.

Als Ruf stößt der Waldbaumläufer hohe, dünne Pfeiftöne aus, sogar beim Fressen und im Fluge. Im Frühling jedoch hört man auch seine hübsche Gesangsstrophe aus einer Folge zart zwitschernder und trillernder Töne, die nur knapp unter der oberen menschlichen Hörgrenze liegen und deren geringe Lautstärke so recht zu der zierlichen Gestalt und dem unaufdringlichen Wesen des kleinen Sängers paßt. Die Strophe des Gartenbaumläufers ist einfacher: »tititiroiti«.

Vorwiegend hinter einem abstehenden Rindenstück an einem abgestorbenen Baum baut der Waldbaumläufer sein längliches, hängemattenförmiges Nest, ein kunstvolles Gewebe aus Rindenstreifen, Moos und zartem Gras, und polstert es mit weichem Bast, Spinnenweben und Federn aus. Dabei beteiligen sich beide Geschlechter. Anscheinend brütet bei den amerikanischen Unterarten allein das Weibchen, während es bei den europäischen Formen offenbar vom Männchen dabei unterstützt wird. Im Gelege sind in der Regel 6 bis 7 Eier enthalten, mitunter jedoch sogar bis 9; sie sehen weiß aus und tragen kleine rötlichbraune Tüpfelchen. Wenn die Jungen nach einer Brutzeit von 13 bis 15 Tagen schlüpfen, halten sie sich ungefähr noch weitere 14 Tage im Nest auf. So lange werden sie von ihren Eltern mit Nahrung versorgt, bis sie dann endlich so weit selbständig geworden sind, daß sie sich allein ihr Futter an den Bäumen suchen können.

Kleiber *(Sittidae)*

Die Kleiber sind die einzigen Baumklettervögel, die den Stamm auch von oben nach unten absuchen; vielleicht finden sie aus dieser Sicht »kopfunter« noch eine Menge Nahrung, die von den Baumläufern und Spechten übersehen wird. Als Futter kommen vor allem kleine Insekten und Spinnen in Frage, die in der Rinde sitzen, daneben aber auch Sämereien und Nüsse. Einige altweltliche Arten öffnen Eicheln und Haselnüsse, indem sie diese Früchte in eine Spalte klemmen und mit dem Schnabel bearbeiten.

Mit 15 oder 16 Arten, die der Gattung *Sitta* angehören, lebt die Unterfamilie der Echten Kleiber *(Sittinae)* überall in den Waldgebieten der nördlichen Erdhalbkugel; es sind kleine, kurzhalsige Vögel mit einfacher Färbung, auf dem Rücken meist grau oder blau, und mit einer hellen, mitunter auch rotbraun getönten Unterseite; häufig trägt der Kopf eine schwarze oder braune Kappe. Der gerade, schlanke Schnabel endet scharf zugespitzt, die Beine sind kurz, aber kräftig. Die langen, starken Zehen tragen scharfe Krallen, die dem Fuß einen guten Widerhalt an der glatten Rinde bieten. Ganz im Gegensatz zu den Spechten und den Baumläufern dient der Schwanz hier nicht als Stützorgan, sondern die Kleiber klettern nur mit Hilfe ihrer Füße; die Schwänze enden nicht mit steifen Spitzen, sondern sind vielmehr weich, kurz und am Ende abgestuft oder verrundet.

Wie ihre nächsten Verwandten, die Meisen, sind auch die Kleiber am stärksten in der Alten Welt entwickelt, und hier dürfte wohl ihr stammesgeschichtliches Entstehungszentrum zu suchen sein. In der Neuen Welt kommen nur 4 Arten vor, deren Verbreitungsgebiet jedoch nicht über das mittlere Mexiko nach Süden reicht. Am größten wird von den nordamerikanischen Arten der Karolina-Kleiber, ein häufiger Bewohner der Laubwälder, aber auch der Parks und Vorstädte. Dagegen fühlt sich der Kanada-Kleiber in den Nadelwäldern wohler und brütet vom kanadischen Tannengürtel an südwärts über die Appalachen und Rocky Mountains bis nach Nordmexiko. Weiter im Westen sind die Zwergkleiber zu Hause, während der Braunkopfkleiber in den südöstlichen Niederungen der USA vorkommt.

Das weiteste Verbreitungsgebiet in der Alten Welt nimmt unser europäisch-asiatischer Kleiber ein. Vom westlichen Europa an – von England südwärts bis Spanien – brütet er quer über beide Erdteile, hauptsächlich in den Laubwäldern, bis nach Kamtschatka, China und Japan. Wohl die schönste Art stellt der blaurückige Samtstirnkleiber dar, der die südostasiatischen Wälder von Indien bis zu den Philippinen bewohnt. Von ihm unterscheidet sich durch seinen samtschwarzen Kopf und Bauch der Azurkleiber, der südlichste Angehörige der Gattung *Sitta,* in den Bergwäldern von Malaia, Java und Sumatra.

Zwei Kleiberarten haben die Waldheimat ihrer Verwandten aufgegeben und leben auf dem nackten Gestein der Berge einiger osteuropäischer und asiatischer Gebirge, nämlich der Große und der Kleine Felsenkleiber. Diese hellgrauen Vögel mit bräunlich getönter, heller Unterseite hüpfen und klettern genauso lebhaft und geschickt auf dem Felsboden herum wie ihre Verwandten auf den Bäumen.

Alle Kleiber sind liebenswürdige Tiere, die recht wenig Scheu zeigen, aber ständig auf der Suche nach Nahrung sind. Sie leben wenig gesellig, so daß man sie nur einzeln oder zu zweit antrifft, kommen aber durchaus zu den vom Menschen geschaffenen Futterplätzen und lernen es bei einiger Geduld, das Futter vom Finger zu nehmen. Trotz ihres weiten Aktionsfeldes unternehmen sie doch keine allzu großen Wanderungen, sondern verbleiben vielmehr an ihrem Standort. Im Winter ziehen sich die nördlichen Formen etwas nach Süden zurück, wenn ihnen das Futter knapp wird, und auch die Bergbewohner suchen die tieferen Lagen auf; nicht selten sieht man ein oder zwei Kleiber inmitten der lockeren Meisenschwärme, zwischen Goldhähnchen und Spechten, die in der Winterlandschaft umherstreifen.

Gefleckter Baumsteiger
Salpornis spilonotus
Tropisches Afrika; 12 cm.

Philippinen-Baumsteiger
Rhabdornis mystacalis
Philippinen; 15 cm.

Rotwangen-Baumsteiger
Climacteris erythrops
Östliches Australien; 14 cm.

Zwergkleiber
Sitta pygmaea
Westliches Nordamerika;
11 cm.

Karolina-Kleiber
Sitta carolinensis
Südkanada bis Mexiko;
14 cm.

Kanada-Kleiber
Sitta canadensis
Nördliches Nordamerika;
11 cm.

Alpenmauerläufer
Tichodroma muraria
Gebirge Eurasiens; 16 cm.

Samtstirnkleiber
Sitta frontalis
Südostasien; 12 cm.

Charakteristisch für die meisten Kleiber ist ihr metallischer, weitklingender Ruf, doch kennen wir außerdem noch einen durchaus musikalischen, trillernden Gesang; beim Korsischen Kleiber klingt er etwas dünner als bei der einheimischen Art. Der Felsenkleiber ahmt außerdem noch die Stimmen anderer Vögel nach.

Alle *Sitta*-Arten nisten in Höhlen und benutzen – mit Ausnahme von nur wenigen Arten – natürliche Baumlöcher. Beide Geschlechter kleiden die Brutstätte mit Gras, Moos und sehr oft auch Tierhaaren aus. Dabei zeigen die altweltlichen Arten die merkwürdige Eigenart, vermutlich aus Sicherheitsgründen, den Eingang zum Nest zu verkleinern, indem sie ihn mit Lehm zumauern. Am stärksten ausgeprägt finden wir dies bei den Felsenkleibern, die den Felsspalt, in dem sich das Nest befindet, bis auf einen Einschlupf zukleben oder am Fels ihre kugelförmigen Nester vollständig aus Lehm errichten. Das tut keiner der neuweltlichen Kleiber; wohl aber verschmiert der Kanada-Kleiber die Wände seines Nestes mit Kiefernharz.

Die Kleiber der Gattung *Sitta* legen weiße, rotbraun gesprenkelte Eier, von denen etwa 4 bis 10 auf ein Gelege kommen. Anscheinend brütet nur das Weibchen, doch wird es nicht nur während der 12- bis 14tägigen Brutzeit vom Männchen gefüttert, sondern auch später beim Atzen der Jungen vom Partner unterstützt, bis die Brut flügge ist. Grundsätzlich brüten die Kleiber mehrmals im Jahr.
Mit den Kleibern vereinigt man 15 altweltliche Vogelarten, über deren systematische Stellung man wenig weiß; früher stellte man sie zu den Baumläufern. Häufig zeigen sie schlanke, abwärts gekrümmte Schnäbel, und wir wollen einige Arten im Gegensatz zu den oben behandelten Baumläufern als Baumsteiger bezeichnen, da ihnen die steifen Schwanzfedern fehlen und sie als eine Unterfamilie den Kleibern anhängen. Vielleicht verdienen sie sogar besser den Rang einer eigenen Familie, wie der Madagaskar-Kleiber, ein kleiner grün-blauer Vogel mit einem kurzen, ein wenig hakig gebogenen, rötlichen Schnabel, der Ähnlichkeit mit den Blauwürgern aufweist. In den feuchten Wäldern im östlichen Madagaskar soll die Art noch ziemlich häufig vertreten sein und sich ihr Futter größtenteils an den Baumstämmen und Ästen suchen, ohne sich jedoch mit dem Kopf nach unten zu bewegen. Vielmehr klettert er wie die Baumläufer in Schraubenlinien empor.
Der größte Vertreter der Kleiber, der Alpenmauerläufer, beansprucht eine Unterfamilie für sich allein, ein herrlicher Vogel mit roten Flügeldecken, der in den felsigen Gebirgen von Südeuropa an bis zum Himalaja zu Hause ist. An den steilen Berghängen sucht er sich kletternd sein Futter, dann flattert er wieder ein kleines Stück, wobei die rote und weiße Flügelzeichnung aufblitzt, und darauf stürzt er sich auf ein vorbeifliegendes Insekt, um es in der Luft zu fangen. Sein Flug wirkt eigenartig taumelnd wie der eines Schmetterlings, und so sprechen die Gebirgler dann auch vom »Schmetterlingsvogel«.
Die Alpenmauerläufer bauen ihr Nest tief in einer unzugänglichen Felsspalte aus Gras und Moos; den Innenraum kleiden sie mit Haaren und ein paar Federn aus. Das Männchen schafft nicht nur das Nistmaterial herbei, sondern beteiligt sich auch beim Füttern der Jungen, während der Nestbau und das Brüten zum alleinigen Aufgabengebiet des Weibchens gehören. Zur Winterzeit ziehen sich die Alpenmauerläufer in die niederen Berglagen zurück, und dort fehlen ihnen oft die gewohnten schroffen Steilhänge, an denen sie sich aufzuhalten pflegen. Als Ersatz da-

für nehmen sie gern mit den Außenwänden hoher Bauwerke vorlieb.
Zu einer weiteren Unterfamilie rechnet man die bereits erwähnten Baumsteiger *(Salpornis)* in Afrika und Indien sowie die 3 kleinen Australischen Kleiber *(Neositta)*, die auch auf Neuguinea vorkommen. Diese Vögel sehen aus wie die Baumläufer und benehmen sich auch so, wenn wir von ihren weichen Schwanzfedern absehen, aber sie bauen ein offenes Nest in einer Astgabelung. Eine der seltensten und am wenigsten bekannten Arten ist der Neuguinea- oder Rotstirnkleiber *(Daphoenositta)*. In Australien gibt es 5 Arten der 12 bis 15 cm großen, gestrichelten Braunen Baumsteiger *(Climacteris)*, die ihre Nahrung sowohl auf dem Boden als auch an den Bäumen suchen und wie die echten Kleiber in Höhlen brüten. Vielleicht lassen sich hier die beiden Philippinen-Baumsteiger *(Rhabdornis)* anschließen, von denen eine Art einen gestreiften und die andere einen einfarbigen Kopf zeigt, und die ebenso in Höhlen nisten. Diese Vögel suchen sich ihr Insektenfutter nicht nur an der Baumrinde, sondern lecken auch mit ihrer bürstenförmigen Endzunge an den Blüten.

Timalien *(Timaliidae)*

Diese große Gruppe 280 altweltlicher Waldvögel bietet die größte Mannigfaltigkeit unter allen Sperlingsvögeln. Dunkle, unauffällige Farben finden wir ebenso wie bunte Zeichnungen; die einen bauen offene, napfförmige Nester, die anderen legen geschlossene Bauten mit seitlichem Eingang an, aber stets wird das Nest am oder kurz über dem Boden errichtet. Die meisten Timalien streifen in kleinen, lauten Scharen unter ständigem Zirpen und Zwitschern durch die unteren Regionen des Wald- und Buschlandes. Ihre eigentliche Nahrung bilden Insekten, doch fressen einige Arten auch Früchte und Sämereien.
Es fällt nicht leicht, die Familie nach anatomischen Merkmalen abzugrenzen, doch begegnen uns stets ein weiches, flaumiges Gefieder sowie verhältnismäßig große, kräftige Läufe und Füße. Die Flugleistungen sind gering, und die kurzen, verrundeten Flügel schmiegen sich eng dem Rumpf an. Ihre Flügel tragen 10 Handschwingen, deren 3 erste in der Länge verschieden und stets kürzer sind als die längsten. Der Schwanz setzt sich aus 12 Federn zusammen und wirkt in der Regel breit und am Ende

1 **Röhrichttimalie**
Timalia pileata
Himalaja bis Indochina und Java; 18 cm.

2 **Gefleckte Drosseltimalie**
Pellorneum ruficeps
Indien bis Indochina; 16 cm.

3 **Gewöhnlicher Sonnenvogel**
Leiothrix lutea
Himalajagebiet und Südchina; 15 cm.

4 **Silberohr-Sonnenvogel**
Leiothrix argenturea
Himalaja bis Indochina; 18 cm.

5 **Weißhaubenhäherling**
Garrulax leucolophus
Himalaja bis Indochina; 30 cm.

6 **Weißbrauensäbler**
Pomatostomus temporalis
Östliches Australien; 25 cm.

7 **Zimtfarbene Erdtimalie**
Cinclosoma cinnamomeum
Zentralaustralien; 23 cm.

8 **Schwarzscheitel-Würgertimalie**
Pteruthius erythropterus
Himalaja bis Indochina; 16 cm.

9 **Papageischnabelmeise**
Paradoxornis webbiana
Mandschurei und Ussuriland bis Burma; 11 cm.

10 **Weißhals-Stelzenkrähe**
Picathartes gymnocephalus
Tropisches Westafrika; 35 cm.

abgestutzt oder verrundet; es gibt aber auch ein paar Arten mit langem, spitzem Schwanz. Wir finden ebenso einen kurzen, dicken wie einen dünnen, abwärts gebogenen Schnabel, aber stets bleibt er kürzer als der Lauf; seine Spitze ist immer mehr oder weniger gekrümmt, kann aber auch mit einem echten Haken enden und läßt meist einen kleinen Einschnitt am Oberschnabel erkennen.

Die Verbreitung der Timalien beschränkt sich im wesentlichen auf die bewaldeten Gebiete der mittleren und südlichen Länder der Alten Welt, insbesondere der orientalischen Region, erstreckt sich aber auch über Afrika und Australien. Als einzige Art kommt die Zaunkönigsmeise *(Chamaea fasciata)* in der Neuen Welt vor.

Wenn wir diese Familie überhaupt als natürliche Einheit auffassen dürfen, so beweisen ihre große Formenmannigfaltigkeit und die unzusammenhängende Verbreitung verschiedener Gruppen ihr hohes stammesgeschichtliches Alter. Vor allem ergeben sich Ähnlichkeiten mit ganz verschiedenen Gruppen der Sperlingsvögel, so daß wir nicht wissen, woher sich die Familie ableitet. Wahrscheinlich haben sich die Timalien schon früh von ursprünglichen insektenfressenden Vögeln der Alten Welt abgespalten, von denen vielleicht auch die Bülbüls, Grasmücken, Drosseln und Fliegenschnäpper abstammen. Erst jetzt hat man versucht, etwas

Ordnung in den Wirrwarr zu bringen, und unterscheidet nun 7 einigermaßen gut gegeneinander abgegrenzte Unterfamilien, von denen jedoch einige derart stark in ihrem Aussehen, ihrer Lebensweise und ihrer Verbreitung aus dem Rahmen der Gruppe fallen, daß man sie auch als selbständige Familien auffassen kann.

Zu den Erdtimalien *(Cinclosomatinae)* rechnen knapp 20 bodenbewohnende Arten, die sich im wesentlichen auf die australopapuasische Region beschränken; nur der Malaiische Rennschmätzer geht nordwärts bis Malaia. Die Erdtimalien sind verschiedenartig gefärbt und haben ein sehr weiches, flaumiges Gefieder, lange Läufe, kleine Füße und dünne Hälse; sie halten sich auf dem Waldboden auf, oft in der Nähe gestürzter Bäume, und huschen wie die Rallen oder Pittas durch das Unterholz.

Charakteristisch für diese Gruppe ist die Zimtfarbene Erdtimalie Australiens, die sich paarweise oder in kleineren Verbänden zusammenschließt und sich trotz ihrer Lärmfreudigkeit gut im Bodenbewuchs versteckt hält. Wenn man zu dicht herantritt, fliegt sie schwirrend ein Stückchen beiseite, taucht im Schutz des Pflanzenwuchses unter und macht sich davon. Die Vögel bauen offene Nester am Boden und legen dort ihre 2 bis 3 kräftig gefleckten Eier ab.

Australien bildet auch die Heimat der Dornschwanz-Erdtimalien *(Orthonyx)*, die ebenso zurückgezogen im Unterholz leben, aber über klangvollere Stimmen verfügen. Sie kratzen sich ihre Nahrung, vorwiegend Insekten, Nackt- und Gehäuseschnecken, mit den Füßen und dem Schwanz aus dem Waldboden, indem sie die Streu mit den stacheligen Federspitzen des kurzen Schwanzes beiseite harken. Bei diesen Vögeln finden wir ein geschlossenes Nest aus Zweigen und Moos mit einem seitlichen Eingang auf oder kurz über dem Boden. Die beiden reinweißen Eier benötigen bis zum Schlüpfen der Jungen eine etwa dreiwöchige Brutzeit.

Ungefähr 30 Arten kleiner, scheuer, brauner Vögel von 15 bis 20 cm Größe bilden die Unterfamilie der Dschungeltimalien *(Pellorneïnae)*, deren Verbreitungsgebiet sich von den Philippinen über die orientalische Region, wo sie am häufigsten auftreten, bis nach Afrika erstreckt. Sie haben schlanke, am Ende oft hakig gekrümmte Schnäbel und sehen fast aus wie die Grasmücken. Dank ihrem unauffälligen Gefieder und ihrer versteckten Lebensweise fallen sie im Dickicht des Waldes überhaupt nicht auf. Hierher gehört beispielsweise die Streifen- oder Gefleckte

Drosseltimalie, deren Heimat der niedere Buschwald und die Bambusdickichte von Indien bis Indochina und bis zu einer Höhe von 1200 m darstellen. Trotz ihrer Häufigkeit hört man sie eher, als daß man sie sieht; ihr lauter, weicher Ruf und ihr pfeifendes Geschwätz gehört zu den vertrauten Lauten der burmesischen Dschungel. In kleineren Scharen flattern sie durch das Gelände und fressen vor allem Insekten und kleine Schnekken. Auf dem Boden oder nahe darüber, oft im Schutz eines niedrigen Buschwerks, bauen sie ihre großen, kugelförmigen Nester und legen dort ihre 2 bis 4 kräftig gefleckten Eier hinein.
Eine dritte Unterfamilie bezeichnen wir als Säblertimalien *(Pomatorhininae)*; hierher gehören etwa 33 Arten, die von Indien an über China und Ostindien bis nach Australien vorkommen. Alle tragen sie ein dunkles, braunes, gestreiftes oder gesprenkeltes Kleid. Etwa drosselgroß, 18 bis 28 cm lang, zeigen sie einen langen Schwanz und einen großen, abwärts gekrümmten Schnabel, so daß man sie von weitem für Krummschnabel-Spottdrosseln halten könnte. Viel kleiner, etwa 9 bis 15 cm groß, bleiben die Zaunkönigtimalien. Diese beiden Extreme sind durch allerlei Übergänge miteinander verbunden.
Als scheue, versteckt lebende Bewohner der niederen Waldregion suchen sich die Säblertimalien ihr Futter auf oder über dem Boden und stochern dabei mit dem Schnabel in der Erde herum. Einige Arten lassen einen angenehmen Gesang hören. Das Nest wird als oben geschlossenes, aber ziemlich lockeres und zerbrechliches Gebilde angelegt; es enthält die manchmal reinweißen, bei anderen Arten wieder kräftig braun gefleckten Eier. In kleinen, lärmenden Scharen zieht die Weißbrauen-Säblertimalie durch das Unterholz der ostaustralischen Wälder.
Als Eigentliche Timalien *(Timaliinae)* bezeichnen wir 37 Arten, darunter auch einige bunter gefärbte. Häufig zeigt ihr weiches Gefieder kontrastreiche Zeichnungen mit weißen, schwarzen, braunen, grauen und gelben Elementen. Hier treffen wir kurze, meisenähnliche Schnäbel sowie große, kräftige Läufe und Füße an. Ihr Verbreitungsgebiet erstreckt sich von den Philippinen westwärts über die orientalische Region bis Indien, und 4 Arten der Gattung *Neomixis* finden sich sogar auf Madagaskar. Auch die Eigentlichen Timalien leben in kleinen Schwärmen, wie die übrigen Mitglieder der Familie, doch verhalten sie sich nicht so laut, bringen nur selten einen echten Gesang hervor und halten sich auch nicht so sehr auf dem Erdboden auf. Einige Arten leben ausschließlich auf Bäumen, ein paar bewohnen die Nadel-

wälder des Hochlandes, andere sind im offenen Busch- und Grasland zu Hause. Die meisten bauen glockenförmige, überdachte Nester; in selteneren Fällen kennen wir auch tiefe, napfförmige Gebilde. Als Beispiel sei die auffallende Röhrichttimalie erwähnt, die von Indien bis zu den Philippinen und Java vorkommt und sich vorwiegend auf Zuckerrohrfeldern und Grasebenen aufhält.

Als größte, am weitesten verbreitete und vielleicht charakteristischste Gruppe enthält die Unterfamilie der Lärmdrosseln *(Turdoïdinae)* etwa 140 Arten, die in Afrika, über ganz Indien und die orientalische Region bis zum Indo-Australischen Archipel zu Hause sind; ihre Größe schwankt zwischen 10 und 30 cm. Einige Arten sind dunkel gefärbt, andere wiederum zeigen die buntesten Farbzusammenstellungen innerhalb ihrer Familie aus leuchtend gelben, roten und grünen Mustern. Am stärksten sind die Lärmdrosseln in den bewaldeten Höhen von Indien über Südchina bis Malaia vertreten, wo auch einige der auffallendsten und farbfreudigsten Arten vorkommen. Hier leben beispielsweise die Schwarzscheitel-Würgertimalie und der Gewöhnliche Sonnenvogel, dessen Heimat vom Fuße des Himalaja bis nach China reicht. Sein buntes Gefieder und der angenehme Gesang machen diese Art, die auch »Chinesische Nachtigall« genannt wird, zu einem beliebten Käfigvogel.

Lärmdrosseln sind, wie ihr Name erkennen läßt, recht geräuschvolle Vögel mit einem weiten Repertoire; ihre geschwätzigen Versammlungen hören sich wie das Lachen einer weit entfernten Menschenmenge an. Die Vögel leben grundsätzlich auf Bäumen, doch suchen sich viele Arten ihre Nahrung auch auf dem Boden, und andere halten sich in den Gärten auf. Ihr Futter bilden Insekten, aber auch Sämereien und kleine Früchte. Meistens finden wir schüsselförmige, offene Nester auf Bäumen und im Gebüsch, doch errichten ein paar Arten auch auf oder kurz über dem Boden geschlossene Brutstätten.

In der nächsten Unterfamilie dieser überaus mannigfaltigen Gruppe, den Papageischnabelmeisen *(Paradoxornithinae)*, begegnen wir etwa einem Dutzend Arten, darunter den nördlichsten Vertretern der Familie in Zentral- und Ostasien. Früher hat man diese Vögel zu den Meisen gestellt, jetzt sieht man sie auch als eine eigene Familie an; sie tragen ihren Namen nach den kurzen, kräftigen, seitlich abgeflachten Schnäbeln, die tatsächlich etwas papageienähnlich wirken. In Schwärmen von 50 oder mehr Tieren wandern die Vögel auf der Suche nach Sämereien, Früchten

und kleinen Insekten ruhelos durch das Gras-, Busch- und Hekkengelände. Als ob es für sie keine Schwerkraftgesetze gäbe, machen sie sich unter ständigem Gezwitscher und Geschwätz an den Halmen und Ästen zu schaffen.
Zu den Echten Meisen rechnete man früher auch die Bartmeise, die ihren Namen nach dem schwarzen, aus verlängerten Backenfedern gebildeten »Bart« des Männchens trägt. Sie ist Bewohner ausgedehnter Schilfgebiete und brütet gelegentlich auch in Deutschland, sonst aber von Ostspanien und Holland durch Südspanien und Asien bis zur Mandschurei und Japan.
Alle diese meisenähnlichen Timalien bauen tiefe, napfförmige Nester aus Gras und Schilf, gepolstert mit Pflanzenfasern, Haaren und ein paar Federn. Bei der Bartmeise bauen beide Geschlechter das Nest, und das Männchen polstert es aus. Das für Timalien recht große Gelege aus 5 bis 7 weißen, kräftig braun gefleckten Eiern wird von beiden Eltern 12 bis 13 Tage bebrütet, und nach 9 bis 12 Tagen sind die Jungvögel flügge.
Neuerdings rechnet man auch die merkwürdige Zaunkönigsmeise zu den Timalien, die als einzige neuweltliche Art das Buschland westlich der Rocky Mountains von Oregon bis Niederkalifornien bewohnt, ein kleiner, graubrauner, weichfedriger Vogel, der überhaupt keine Ähnlichkeit zu den anderen amerikanischen Sperlingsvögeln zeigt und häufig von den Amerikanern als Vertreter einer eigenen Familie angesehen wird. Seine Flugleistungen sind gering, und so bewegt er sich nur hüpfend von Ast zu Ast. Zwar unternehmen die Jungtiere zum Herbst und Winter weite Wanderungen, doch verbleiben die Erwachsenen an ihren Standorten. Anscheinend bleiben die Paare ihr ganzes Leben lang beieinander und verlassen kaum ihr kleines, nur wenige hundert Quadratmeter großes Territorium. Wie uns die Vogelberingung gezeigt hat, können diese kleinen, nur 15 cm großen Vögel bis 10 Jahre alt werden, und das ist gewiß ein beträchtliches Alter für einen derart zierlichen Vogel.
Als eine weitere Unterfamilie der Timalien betrachtet man neuerdings die beiden Stelzenkrähen *(Picathartinae)* aus Westafrika, die man dort unter dem Namen »Nacktkopf-Felsenhühner« kennt; sie unterscheiden sich voneinander hauptsächlich in der Färbung ihrer nackten Kopfhaut, die bei der in Kamerun vorkommenden Form blau und rot, bei der Art von Sierra Leone aber gelb ist. Beide Arten leben am Boden der hochgelegenen Nebelwälder, wo dicke Moospolster die Stämme der Baumriesen umkleiden. Nur wenigen Europäern war es vergönnt, die Vögel

in ihrem natürlichen Lebensraum zu beobachten. Sie leben ziemlich gesellig, fliegen wenig und betrachten neugierig alles Ungewohnte in ihrer Umgebung. Ihre Stimme klingt als leises Krächzen, und als Nahrung dienen Insekten, kleine Frösche, Asseln und Schnecken. An den Felswänden, 1,5 bis 5 m über dem Boden, bauen sie ihr Nest; häufig wird es durch eine überhängende Steinplatte vor Regen geschützt. Ihr Gelege enthält nur zwei kremfarbene Eier, die mit kräftigen Flecken verziert sind.

Bülbüls *(Pycnonotidae)*

In ihrem Verbreitungsgebiet, das Südasien und Afrika umfaßt, gehören die Bülbüls zu den allbekannten Singvögeln. Zahlreiche Arten haben sich in das Kulturland eingewöhnt und kommen daher regelmäßig in den dörflichen Gebieten, in den Vorstadtgärten und selbst in den Parkanlagen der Städte vor. Es sind nur mittelgroße und ziemlich unscheinbar gefärbte Vögel, die weniger durch ihre äußere Erscheinung als vielmehr durch ihr ganzes Verhalten auffallen, denn sie treten in größeren Scharen auf, zeigen sich höchst betriebsam und neugierig, ja geradezu frech, und benehmen sich reichlich laut. Trotzdem werden sie allgemein als ausgesprochen liebenswürdig empfunden, und man freut sich immer wieder über ihren oft recht wohltönenden, anmutigen Gesang.

Mit 119 Arten bilden die Bülbüls eine große und einigermaßen gut abgegrenzte Familie; sie zeichnet sich vor allem durch einen – wenn auch nicht immer gut sichtbaren – Fleck haarähnlicher Fadenfedern am Nacken aus. In der Größe schwanken die Arten zwischen 15 und 28 cm. Hals und Flügel sind kurz, der Schwanz mäßig bis ziemlich lang und mitunter leicht gegabelt. Der nicht allzu dicke, leicht abwärts gekrümmte und hakige Schnabel trägt bei einigen Arten an der Spitze einen Einschnitt. Meist zeigen die Bülbüls unauffällige braune, graue, dunkelgrünliche oder schwarze Farbtöne, die aber häufig durch gelbe, rote oder weiße Flecken am Kopf und an der Schwanzunterseite aufgelockert werden. Verschiedene Arten tragen auf dem Kopf Hauben oder Schöpfe. In der Färbung unterscheiden sich die Geschlechter nur wenig, doch werden die Männchen etwas größer.

Als eine ziemlich urtümliche Gruppe altweltlicher Singvögel scheinen die Bülbüls wohl am ehesten mit den Timalien verwandtschaftlich verbunden zu sein, von denen sie sich jedoch vor allem durch die kürzeren Läufe und Füße und durch die wohlentwickelten Borstenfedern am Schnabelgrund unterscheiden. Ihre dunkle Färbung und das weiche, flaumige Gefieder, insbesondere im Rumpf, läßt aber auch stammesgeschichtliche Bindungen zu den Stachelbürzlern vermuten. Wie die Timalien und Stachelbürzler halten sich die Bülbüls ebenfalls vorwiegend in den Wäldern auf, doch leben einige Arten auch im Busch- oder Grasland, wenn sie dort nur etwas schützendes Gesträuch vorfinden; dank dieser biologischen Plastizität haben sie sich durchaus mit den Landschaftsveränderungen abgefunden, die der Mensch geschaffen hat. Ihre Höhenverbreitung reicht im Himalaja bis 3000 m.

Am stärksten ist die Familie in Afrika und auf Madagaskar entwickelt, wo nur eine der insgesamt 14 Gattungen fehlt. 9 afrikanische Gattungen bestehen allerdings lediglich aus einer bis 3 Arten. Von den größeren Gattungen reichen 4 weit über Afrika und Südasien bis nach Japan, den Philippinen und Molukken. Als bei weitem umfangreichste Gattung enthalten die Echten Bülbüls *(Pycnonotus)* 47 Arten, darunter auch den bekannten Rotohrbülbül, eine häufige asiatische Form, die von Indien bis China und darüber hinaus bis Malaia reicht. Diese freundlichen, immer betriebsamen Vögel halten sich auch mit Vorliebe bei den Siedlungen im Urwald auf, und so gehören ihre kurzen, hellen Rufe zusammen mit dem Gezänk der Sperlinge und Stärlinge zur üblichen Begleitmusik der orientalischen Dörfer. Häufig trifft man diesen Bülbül in den Gärten, wo er nach reifen Früchten Ausschau hält, im Gras mit aufgewinkeltem Schwanz nach Insekten sucht oder ein Bad in einer Regenpfütze nimmt. Da er leicht zahm wird, gilt er als beliebter Käfigvogel; aus diesem Grunde hat man ihn wohl auch nach Australien eingeführt, wo er in den Vorstädten von Sydney und Melbourne eine neue Heimat gefunden hat. Leider richtet er oft ziemliche Schäden an den Getreideernten an.

Die Bülbüls fressen zwar auch Insekten, ernähren sich aber doch im wesentlichen von Beeren und Früchten. Dabei stürzen sie sich mit solcher Gier darauf, daß sie nach dem Genuß überreifen, bereits in Gärung übergegangenen Obstes regelrecht betrunken werden, eine Erscheinung, die man übrigens auch bei anderen Fruchtfressern findet.

Die meisten Bülbüls leben gesellig und unternehmen außerhalb der Brutzeit in kleineren Schwärmen allerlei Streifzüge durch ihre Umgebung. Ein Revier kennen sie nicht. Bei drohender

Rotohrbülbül
Pycnonotus jocosus
Indien bis China, Indochina, Java, Sumatra; 20 cm.

Gefahr schlagen sie großen Lärm, wenn sich etwa eine Katze oder Schlange heranschleicht. Zeigt sich eine Eule, so versammeln sich alle Bülbüls der Umgebung und hassen auf sie, wie es auch unsere Singvögel tun, und ebenso vertreiben sie Krähen, Elstern und andere Nesträuber.

Da ihre kurzen Flügel keinen ausdauernden Flug gestatten, verbleiben die Bülbüls an ihren Standorten, doch kommen die Hochlandformen zum Winter in die tieferen Berglagen herab, und die tropischen Tieflandformen verlagern ihre Jagdgründe entsprechend den Jahreszeiten dorthin, wo gerade die Früchte reifen. Zugvögel im eigentlichen Sinne sind nur die nördlichen Formen des Braunohrbülbüls in Ostasien.

Der Braunohrbülbül gehört zu den 20 Arten der Gattung *Hypsipetes*, deren Heimat von Ostasien und den Philippinen westwärts bis Indien und über die Inseln des Indischen Ozeans bis Madagaskar reicht. In ihrer Lebensweise gleichen sie den übrigen Angehörigen der Familie, doch klingt ihre Stimme etwas rauher. Zum Winter ziehen die japanischen Braunohrbülbüls in Tageswanderungen nach Süden, und dann sieht man sie in großen Scharen von einer Insel zur anderen fliegen. So zieht die Population von Hokkaido, der nördlichsten japanischen Insel, über das Japanische Meer, um dann in Korea oder im östlichen China den Winter zu verbringen.

Soweit wir wissen, bauen alle Bülbüls offene, schüsselförmige Nester aus Gras und Pflanzenfasern in den Zweigen der Bäume und Büsche, so auch der Braunohrbülbül. Er legt sein Nest 2 bis 5 m hoch im Baum oder Gebüsch aus Blättern, Gras, Moos und Rinde an und kleidet es mit Tannennadeln, kleinen Wurzelstücken und schmalen Bambusblättern aus; das Ganze liegt so gut versteckt, daß man es kaum zu erkennen vermag. Dort hinein legt das Weibchen seine 3 bis 5 – meist 4 – rötlichgrauen, mit roten, schwarzen und purpurfarbenen Flecken verzierten Eier. Das Männchen atzt nicht nur seine Partnerin, sondern hilft ihr später auch beim Brüten und bei der Aufzucht der Jungen, die anfangs nur mit Insekten, später aber mit kleinen Beeren gefüttert werden. Bei den tropischen Bülbüls bleiben die Gelege etwas kleiner und enthalten nur 2 bis 3 Eier, aber die Paare brüten dafür auch mehrmals im Jahr.

Zu den afrikanischen Vertretern der Gattung *Pycnonotus* gehören der Schwarzkappen-, Weißohr- und Weißbauchbülbül als

Waldbülbül
Phyllastrephus flavostriatus
Tropisches Afrika; 20 cm.

ebenso zahme und ansehnliche Bewohner der Waldränder, Gärten und Dörfer wie der Rotohrbülbül. Etwas stärker an das Leben im Walde gebunden erscheinen der Graugrüne und der Goldbülbül. Am besten von diesen afrikanischen Waldbülbüls sind wir über die 22 Arten der Braunbülbüls *(Phyllastrephus)* unterrichtet, die allerdings mit dem gleichen Recht auch »Grünbülbüls« heißen könnten, da ihre Rücken entweder grünlich oder bräunlich wirken; der Bauch sieht dagegen weiß aus. Im übrigen gleichen sich die Arten dermaßen, daß man sie in der Natur kaum auseinanderzuhalten vermag. Bei dieser Gattung bleiben die Weibchen erheblich kleiner als die Männchen und haben auch kürzere Schnäbel; außerdem leben diese Vögel weit mehr von Insekten als von Früchten, und einige Arten lassen einen angenehmen Gesang hören. Ebenso wie die anderen Bülbüls erweisen sie sich als lebhaft, neugierig und recht zahm, doch zeigen sie alle die merkwürdige Eigenart, mit ihrem Schwanz oder den Flügeln zu zucken, manchmal allein mit einem Flügel.

Wie diese Familie eigentlich zu dem merkwürdigen Namen »Bülbüls« gekommen ist, bleibt unerfindlich. An sich ist der Name »Bulbul« alten arabischen Ursprungs und bezeichnet irgendeinen kleinen Vogel, auf dessen Ruf er höchstwahrscheinlich anspielen soll. In diesem Sinne lesen wir ihn bereits in den Gedichten des Omar Khayyam aus dem 12. Jahrhundert; man hat ihn – aller Wahrscheinlichkeit nach völlig zu Unrecht – mit »Nachtigall« übersetzt. Unsere Nachtigall kommt im Iran nur im Norden als Brutvogel, sonst lediglich als Durchzügler vor. Es ist daher gar nicht ausgeschlossen, daß der Vogel Bulbul, den der mittelalterliche Mathematiker, Astronom und Dichter Omar so oft in seinen poetischen Werken erwähnt, nichts anderes war als der Weißkehlbülbül *(Pycnonotus leucogenys)*, ein lustiger und allgemein vertrauter Bewohner der Palmenhaine, Gärten und Hecken in der mesopotamischen Niederung und im westlichen Indien.

Blattvögel *(Chloropseidae)*

Eng mit den Bülbüls verwandt und öfters auch zu ihrer Familie gestellt, leben die 14 Arten leuchtend gefärbter Blattvögel in den Wäldern des südöstlichen Asien; ihre 3 Gattungen bezeichnen wir als Eigentliche Blattvögel, Eioras und Elfenblauvögel. Mit den Bülbüls haben sie das lange, flaumige Rumpfgefieder und den Fleck haarähnlicher Fadenfedern auf dem Nacken gemeinsam, doch sind hier die Männchen stets leuchtender gefärbt als ihre Weibchen.

Den eigentlichen Lebensraum der mittelgroßen, 18 bis 20 cm langen Blattvögel bilden die Wipfel der Waldbäume, und so erscheint auch ihre Grundfärbung grün, jedoch mit verschiedenartigen blauen, orangefarbenen, gelben und schwarzen Zeichnungen. Als charakteristischer Vertreter sei der Goldstirnblattvogel genannt, eine häufige Art im nördlichen Indien bis Burma und im Hochland von Sumatra. Außerhalb der Brutzeit durchziehen die Blattvögel in kleinen, lärmenden Scharen die Höhen des Urwaldes und fallen trotz ihrer bunten Farben überhaupt nicht auf. Wenn sie gelegentlich auch Insekten und Sämereien zu sich nehmen, ernähren sie sich doch hauptsächlich von Früchten und Blütensäften, und so findet man sie oft zusammen mit anderen Vögeln in den Kronen der früchtetragenden oder blühenden Bäume. Insbesondere schätzen sie den Nektar und die Beeren der *Loranthus*-Misteln, und so tragen sie vielfach zur Befruchtung und Ausbreitung dieser Baumparasiten bei.

Blattvögel sind nicht nur vollendete Sänger, sondern auch Spötter, die den Gesang anderer Vögel nachahmen. Auf Grund ihres bunten Gefieders, ihres Gesanges und ihrer guten Anpassung werden sie überall im Orient als Käfigvögel angeboten. Da sie sich aber andererseits ziemlich streitsüchtig zeigen, eignen sie sich nicht für Gemeinschaftsvolieren.

Ihre kleinen, offenen Nester aus Gras und Wurzelfasern werden etwa 6 m hoch in einer Astgabel angelegt. Zur Brutzeit sind die Blattvögel überaus wachsam, werden aber bei einer Gefahr derart laut und aufgeregt, daß sie gerade dadurch den Feind auf ihre Niststätte aufmerksam machen.

Mit 12 bis 15 cm bleiben die Eioras etwas kleiner; bei ihnen überwiegen gelbe, olivgrüne und schwarze Farben. Auch sie sind im Wald zu Hause, ernähren sich aber fast ausschließlich von Insekten und leben auch nicht gesellig; am liebsten halten sie sich am Rande des Waldes und der Lichtungen auf. Häufig begegnet man von Indien an bis Malaia der Gewöhnlichen Eiora in den Gärten.

Zur Balz der Gewöhnlichen Eiora gehören auch merkwürdige gesangliche Darbietungen. Das Männchen fliegt hoch in die Luft und plustert dabei seine Federn auf, insbesondere die des Rumpfes, daß es wie ein kleiner Ball aussieht. Dann schraubt es sich zum Sitzast hinab und läßt nun ein feines Piepsen hören wie

1 **Goldstirn-Blattvogel ♂**
Chloropsis aurifrons
Indien bis Annam und Sumatra; 20 cm.

2 **Indischer Elfenblauvogel ♂**
Irena puella
Indien bis Indochina und Ostindien; 25 cm.

3 **Gewöhnliche Eiora**
Aegithina tiphia
Indien bis Indochina; 15 cm.

eine Grille oder ein Baumfrosch. Unter ständigem Pfeifen und Schwanzzucken balzt es weiter mit gesträubten Federn und herabhängenden Flügeln. Etwa 1,5 bis 10 m über dem Boden bauen die Eioras ihr zartes, offenes Nest aus Gras und Spinnengewebe; es wird mit 2 bis 4 kremfarbenen, grau oder braun gestrichelten Eiern bestückt.
Viel größer werden die beiden bis 30 cm langen Elfenblauvögel, von denen einer von Indien bis Indochina und Malaia und der andere auf den Philippinen vorkommt. Die Männchen tragen ein schwarzes Gefieder mit leuchtend blauem Rücken, die Weibchen wirken unauffälliger. Neuere Untersuchungen am Skelett haben ergeben, daß die Elfenblauvögel wahrscheinlich gar nicht zu dieser Familie gehören, sondern eng mit den Pirolen verwandt sind.
Wie die Blattvögel und Pirole leben auch die Elfenblauvögel in den Baumwipfeln und ernähren sich vorwiegend von Früchten, ganz besonders von Wildfeigen, fressen aber außerdem gern Blütennektar. Wenn sie auch keine jahreszeitlichen Züge unternehmen, so wandern sie doch in der Gegend herum, je nachdem, wo gerade die von ihnen bevorzugten Früchte reifen. Dabei halten sie sich gewöhnlich in einzelnen Paaren auf, doch wenn sich irgendwo ein besonders ertragreicher Feigenbaum bietet, stellen sie sich zusammen mit Pirolen, Blattvögeln, Nashornvögeln, Bülbüls und anderen Fruchtfressern in größeren Scharen ein, als würden sie magnetisch angezogen.
Tief im Dunkel der Wälder bauen die Elfenblauvögel ihr zerbrechliches, offenes Nest aus Moos und Zweigen auf einem dünnen Busch. Ihr Gelege enthält meist 2 grünlichweiße Eier mit kräftigen braunen Flecken.

Wasseramseln *(Cinclidae)*

In dieser Gruppe begegnen uns die einzigen echten Wasserbewohner unter den Sperlingsvögeln. Ihre Lebensweise steht wirklich einzigartig in der gesamten Vogelwelt da, denn die Wasseramseln halten sich nur an kalten, klaren, schnellfließenden Bächen auf, vor allem im Gebirge; dort sitzen sie im Getöse des Wassers auf den übersprühten Steinen, tauchen nach Herzenslust ins Nasse und kommen wieder heraus.
Nur 4 Arten umfaßt die Familie, die sich alle in Größe, Erscheinung und Lebensweise sehr ähneln und deshalb zur gleichen Gat-

tung *Cinclus* gerechnet werden. Dazu gehört die einheimische Wasseramsel (Abb. S. 132), ein brauner Vogel mit weißer Kehle und Brust, der von Skandinavien bis Nordwestafrika und zum Himalaja vorkommt, die einfarbig braune Asiatische oder Pallas-Wasseramsel in Sibirien und China, nördlich bis Kamtschatka und südlich bis Formosa, dazu in der Neuen Welt die Graue Wasseramsel in den westlichen Gebirgen von Alaska bis Panama, und zu guter Letzt die Weißkopf-Wasseramsel in den Anden von Kolumbien bis zum nördlichen Argentinien.
Wo und von welchen Vorfahren die Wasseramseln entstanden sind, ist noch ungewiß. Einige Forscher nehmen an, sie seien von irgendwelchen drosselähnlichen Ahnen Zentralasiens abzuleiten und wären dann über die gute, alte Beringbrücke in die Neue Welt eingewandert. Für diese Theorie sprechen einmal der drosselähnliche Lauf der Tiere, zum anderen aber das gesprenkelte Brustgefieder der Jungvögel. Der Verfasser glaubt jedoch vielmehr an eine Entstehung in den westlichen Kordilleren aus »zaunköniglichen« Stammformen, so daß sich die Familie dann westwärts bis Eurasien ausgebreitet hätte. In ihrem Brutverhalten, den kurzen Flügeln und Schwänzen, dem bräunlichen Gefieder und dem eigenartigen Moschusgeruch zeigen die Wasseramseln nämlich viel mehr Ähnlichkeiten mit den Zaunkönigen. Auf jeden Fall aber handelt es sich um eine sehr alte Gruppe. Als Anpassung an ihre einzigartige Lebensweise haben wir sicherlich das sehr dichte Gefieder mit seiner dicken Dunenschicht und vor allem die mächtig entwickelte Bürzeldrüse anzusehen, die ungefähr zehnmal so groß ist wie bei den anderen Sperlingsvögeln und deren Sekret das Gefieder wasserdicht hält. Ferner wären hier die beweglichen Klappen an den Nasenlöchern zu nennen, die das Eindringen von Wasser verhindern sollen, sowie die stark entwickelte Nickhaut als sogenanntes drittes Lid, die das Auge von Wasserspritzern säubern soll. Lauf und Fuß sind kräftig und untersetzt, die Zehen aber nicht durch Schwimmhäute verbunden; die Wasseramseln schwimmen ja auch nicht an der Wasseroberfläche, sondern laufen ins Wasser, bis die Füße keinen Halt mehr finden. Dann rudern sie mit den Flügeln unter Wasser und tauchen bis 6 m Tiefe, um sich ihr Futter vom Grunde zu suchen. Im Durchschnitt bleiben sie nur 10 Sekunden untergetaucht, können die Zeit aber bis 30 Sekunden ausdehnen. Wie die Tiere auf dem Grunde des Wassers herumlaufen, ist noch umstritten, denn ihr spezifisches Gewicht liegt weit niedriger als das des Wassers, und so müßten sie schon

irgend etwas unternehmen, um nicht an die Oberfläche gehoben zu werden. Zweifellos kompensieren sie den Auftrieb mit ihren Flügeln, aber vielleicht stellen sie sich auch so schräg gegen die Strömung, daß ihr Körper nach unten gedrückt wird; und es mag sein, daß sie deshalb gerade die schnellfließenden Gewässer bevorzugen.

Mit schnellem, schnurrendem Flug streichen die Wasseramseln niedrig über die Wasseroberfläche. Allerdings legen die Tiere keine weiten Strecken zurück, sondern bleiben an ihrem Standort. Sie leben als Einzelgänger und vergesellschaften sich nur zur Paarungszeit. Anscheinend behauptet jedes Tier oder Paar eine etwa 500 bis 800 m weite Strecke des Wasserlaufes, und dort bleibt es das ganze Jahr über, wenn nicht gerade der Bach austrocknet oder zufriert. An sich scheint ihnen die Kälte wenig auszumachen, denn man kann die Wasseramseln sich lustig an den Bergbächen tummeln sehen, wenn auch die Landschaft unter Schnee bedeckt liegt.

In der Hauptsache ernähren sich die Wasseramseln von Wasserinsekten, die sie sich am Ufer suchen und deren Larven sie aus dem Geröll des Flußbettes picken, aber sie verschmähen keineswegs Kaulquappen oder kleine Fische. Gerade ihre Vorliebe für Jungfische läßt sie als Schädlinge der Fischereiwirtschaft erscheinen.

Laut und hell ertönt der Warnruf »zit« durch das Brausen des Wassers, doch lassen sie auch einen teils angenehm pfeifenden und trillernden, teils kratzenden Gesang das ganze Jahr über ertönen, mit Ausnahme der Mauserzeit im Spätsommer.

In ihrem Nistverhalten gleichen die Wasseramseln etwa den Zaunkönigen. Sie errichten große, oben geschlossene Nester aus Moos, die manchmal mit Gras und Laub ausgekleidet werden und immer durch einen Seiteneingang zu erreichen sind. Gewöhnlich wird das Nest im Schutz einer Gesteinsspalte oder unter Baumwurzeln in der Nähe des Wassers angelegt, insbesondere hinter einem Wasserfall. Das Gelege aus 3 bis 6, meist 4 bis 5 reinweißen Eiern brütet das Weibchen 16 Tage ganz allein aus. Beide Eltern atzen die Jungen, doch scheint auch hierbei das Weibchen den größten Teil der Arbeit zu tun. Nach 15 bis 24 Tagen verlassen die Jungen das Nest und sind dann bereits in der Lage, sofort das Wasser aufzusuchen und dort mit dem gleichen Geschick herumzutauchen wie ihre Eltern. Schon zu Beginn des Frühjahrs feiern die Wasseramseln Hochzeit, doch ziehen sie in jedem Jahr mindestens 2 Bruten auf.

Zaunkönige *(Troglodytidae)*

Unser Zaunkönig ist eine geradezu sprichwörtliche Märchenfigur geworden, aber welcher Märchenerzähler, der den Kindern die alte Geschichte vom Zaunkönig vorliest, oder welches Kind hat den Vogel auch tatsächlich einmal mit Bewußtsein in der Natur betrachtet? Sein wissenschaftlicher Name *Troglodytes* bedeutet »Höhlenbewohner« und spielt damit auf die Lebensweise des Tieres an, das nicht nur große, überdachte Nester baut, sondern sich auch gern in Gesteinsspalten oder unter dem Wurzelwerk der Bäume verborgen hält.
Ein uraltes europäisches Märchen erzählt uns den Grund, aus dem dieser Vogel zu seiner Königswürde gekommen ist. Eines Tages versammelten sich alle Vögel, um ihren König zu wählen. Wer am höchsten in die Luft steigen könnte, der sollte die Krone tragen. Schon hatte der Adler alle anderen Vögel unter sich gelassen und wollte gerade seine Königswürde verkünden. Aber

Graue Wasseramsel
Cinclus mexicanus
Alaska bis Panama; 20 cm.

Europäische Wasseramsel
Cinclus cinclus
Europa bis Himalaja; 18 cm.

es war ihm, ohne daß er es gemerkt hatte, der kleine Zaunkönig auf den Rücken geflattert, und nun erhob er sich, ausgeruht, wie er war, noch einen Meter über den Adler und schmetterte seinen Triumph als der wahre König der Vögel in die Luft.
Tatsächlich nimmt der Zaunkönig eine Sonderstellung ein, jedoch weniger in monarchischer als vielmehr in tiergeographischer Hinsicht, denn er stellt den einzigen altweltlichen Vertreter einer im übrigen rein amerikanischen Vogelfamilie dar. Leider haben wir nicht den geringsten Anhaltspunkt, wann der Zaunkönig aus Amerika – vermutlich über Alaska – nach Asien und von dort aus nach Europa eingewandert ist. Fossile Zaunkönigsreste tauchen erst im Pleistozän auf, aber jedenfalls existiert die Art immerhin bereits so lange Zeit in Eurasien, daß sie sich inzwischen in nicht weniger als 26 verschiedene geographische Rassen aufspalten konnte. Heute reicht das Verbreitungsgebiet des Zaunkönigs im Süden bis Formosa, Nordindien und Nordwestafrika, und dann gibt es noch vereinzelte Rassen auf den Hebriden, Shetland- und Färöer-Inseln sowie auf Island. In Nordamerika brütet die gleiche Art im gesamten kanadischen Waldgebiet von Alaska bis Neufundland und nach Süden hinunter bis Kalifornien und Georgia. Hier unterscheidet man 8 geographische Rassen, von denen sich 5 auf die verschiedenen Alëuten-Inseln verteilen. Diese Alëuten-Zaunkönige wandern nicht, während die Festlandformen im Winter südwärts bis zum Golf von Mexiko ziehen.
Nach der letzten Revision dieser Familie unterscheiden wir heute insgesamt 59 Zaunkönigsarten, die sich auf 14 Gattungen verteilen und deren Gesamtverbreitungsgebiet sich von Kanada an bis zum äußersten Süden von Südamerika erstreckt und darüber hinaus auch noch auf die Falkland-Inseln; am zahl- und formenreichsten treten sie in Mittel- und Südamerika auf, fehlen aber merkwürdigerweise auf den Westindischen Inseln fast vollständig. Nur der Hauszaunkönig ist von Südamerika her nordwärts über die Kleinen Antillen bis Dominica gelangt, und dann kommt dort lediglich noch der Zapata-Zaunkönig vor, der zweifellos von sämtlichen amerikanischen Vögeln das kleinste Verbreitungsgebiet einnimmt, denn er beschränkt sich ausschließlich auf einen kleinen, knapp 80 Quadratkilometer großen Sumpf an der Südküste von Kuba, wo er erst 1926 entdeckt wurde. Im übrigen sieht er nicht viel anders aus als der nordamerikanische Bewick-Zaunkönig. Jedenfalls verläßt der Zapata-Zaunkönig niemals seine engere Heimat, sondern hält sich dort im Schutz

des dichten Gebüsches verborgen; nur selten erhebt er sich in die Luft und kann dort auch nur ein paar Meter weit flattern.
In ihrer Gesamtheit bilden die 59 Zaunkönigsarten eine recht einheitliche und in sich abgeschlossene Sperlingsvogelfamilie, die ganz gewiß auf der westlichen Erdhälfte entstanden ist, wenn auch ihre Ahnen bisher unbekannt blieben. Ihre nächsten stammesgeschichtlichen Bindungen zeigen zu den Wasseramseln und Spottdrosseln. Wahrscheinlich sind diese 3 Familien im frühen Tertiär aus der gleichen urtümlichen Stammgruppe insektenfressender Singvögel hervorgegangen, die wohl auch als Vorfahren der Drosseln angesehen werden müssen.
Alle Zaunkönige ähneln einander stark und sind daher leicht als Angehörige ihrer Familie zu erkennen; die meisten erreichen noch nicht einmal 15 cm, und die größten werden nur knapp 23 cm lang. Stets trägt ihr Gefieder unauffällige braune oder graue Farbtöne mit den verschiedensten Streifen, Stricheln und Flecken von Schwarz, Grau, Weiß oder anderem Braun, ohne daß sich die Geschlechter darin unterscheiden. Ihr dünner, spitzer Schnabel kann einmal kurz, ein andermal ziemlich lang ausgebildet sein und verläuft in der Regel etwas abwärts gekrümmt. Lauf und Fuß sind verhältnismäßig groß und kräftig, die Flügel kurz und verrundet. Zaunkönige fliegen zwar nicht allzu weit, aber doch schnell, geradlinig und mit hörbarem Flügelschnurren. In ihrer typischen Sitzhaltung stellen sie ihren Schwanz nach oben.
Ihren eigentlichen Lebensraum finden die Zaunkönige im dichten Pflanzenbewuchs in Bodennähe, wo sie sich ihre Insektennahrung suchen. Auf Grund ihrer Anpassungsfähigkeit konnten sie sich in die verschiedensten Landschaftsformen einfügen: So leben beispielsweise der Kaktus- und der Klippenzaunkönig an trockenen, baumlosen Berghängen, der Sumpfzaunkönig aber im Schilf und Wollgras der Salz- und Süßwassersümpfe. Dagegen sind der Weißbrust- und Graubrustzaunkönig auf dem Boden der Tropenwälder von Südmexiko bis Bolivien zu Hause. Wieder andere, wie der Haus-, Bewick- und Karolina-Zaunkönig, halten sich im Gartengebüsch und in den Hecken auf und nisten an den Häusern und Gartenbauten. Unser Zaunkönig haust im Garten, im Wald, in Hecke und Gebüsch oder zwischen Felsen im Versteck.
Zaunkönige sind häufiger zu hören als zu sehen. Wenn sie im Gebüsch herumflitzen, wie die Mäuse durch das Wurzelwerk huschen oder sich zwischen Sumpfpflanzen versteckt halten, ver-

raten sie stets ihre Anwesenheit durch das harte Gezeter oder rauhe Schnurren. Daneben aber kennen fast alle Arten einen höchst melodiösen, angenehmen und sprudelnden Gesang, dessen Lautstärke man einem derart kleinen Vogel kaum zutrauen möchte. Singen können beide Geschlechter, und das tun sie praktisch das ganze Jahr hindurch, denn auf diese Weise können sie sich in ihrem unübersichtlichen Lebensraum miteinander verständigen.

Alle Arten bauen ein großes, geräumiges und in der Regel überdachtes Nest mit einem seitlichen Eingang. Diese Arbeit wird hauptsächlich vom Männchen ausgeführt; sein Nestbauinstinkt ist derart stark ausgeprägt, daß das Tier bis zu einem Dutzend verschiedener Nester in seinem Bereich anlegt. Anscheinend gehört dies mit zum allgemeinen Balzverhalten. Hiervon sucht sich nun das Weibchen eine Niststätte aus, nämlich die am solidesten gebaute und am besten geschützte, polstert sie aus und richtet sie für den eigentlichen Zweck her. Die »Spielnester« sind gewöhnlich lockerer und oberflächlicher angelegt; sie benützt das Männchen zum Schlafen.

Einige Zaunkönige nisten auch in Löchern und nehmen mit jeder natürlichen Höhle vorlieb, die sie in Bodennähe finden, wie Wurzelgänge, Felsspalten oder auch verlassene Spechthöhlen. Unser Zaunkönig baut sein Kugelnest in Hecken, Baumhöhlungen, an Böschungen oder Gebäuden. Andere Höhlenbrüter, darunter Bewick- und Karolina-Zaunkönig, wählen sich die Hauswände als Nistplatz aus. Der Hauszaunkönig, eine weitverbreitete Art, deren etwa 30 Unterarten vom südlichen Kanada an bis Kap Hoorn und zu den Falkland-Inseln zu Hause sind, ist ebenfalls Höhlenbrüter. Vor allem nistet er sich gern in den Brutkästen ein. Stehen sie ihm nicht zur Verfügung, sieht er sich nach Baumlöchern, leeren Blechkanistern, Briefkästen oder verlassenen Wespenbauten um, siedelt sich aber auch hinter lockeren Dachplatten oder an unbenutzten landwirtschaftlichen Maschinen an.

Die Zaunkönige brüten mehrmals im Jahr, und einige Arten leben polygam. Bei unserer Art hat ein Männchen oft 2 oder 3 Weibchen. In der Regel brütet nur das Weibchen, doch trägt ihm das Männchen das Futter zum Nest und hilft auch bei der Aufzucht der Jungvögel. Bei den meisten tropischen Arten enthält das Gelege nur 2 bis 3, bei den Bewohnern der gemäßigten Gebiete aber 5 bis 7, ja 8 bis 10 reinweiße bis dunkelbraune, mitunter gefleckte Eier. Je nach dem Umfang der Brut und der

Sumpfzaunkönig
Cistotherus platensis
Südliches Kanada bis Feuerland; 10 cm.

Zaunkönig
Troglodytes troglodytes
Nördliche Halbkugel; 10—12 cm.

Hauszaunkönig
Troglodytes aedon
Südliches Kanada bis Feuerland; 11—13 cm.

herbeigeschafften Nahrungsmenge bleiben die Jungen 12 bis 18 Tage im Nest, denn je weniger Junge vorhanden sind, um so besser werden sie gefüttert und um so schneller wachsen sie heran.

Abgesehen von ein paar tropischen Arten leben die Zaunkönige ziemlich ungesellig und bilden auch keine größeren Schwärme. Die Nacht verbringen sie im Schutz irgendwelcher Unterschlupfe. Man hat sie schon an Vogelscheuchen oder in den Taschen trocknender Hemden gefunden.

Zapata-Zaunkönig
Ferminia cerverai
Kuba; 16 cm.

Kaktuszaunkönig
Campylorhynchus brunneicapillus
Westliche USA und Mexiko; 20 cm.

Spottdrosseln *(Mimidae)*

Noch stärker als die Zaunkönige beschränken sich die 31 Arten der Spottdrosseln auf das amerikanische Verbreitungsgebiet. Wie schon ihr Name ausdrückt, sind sie bekannt für ihre Fähigkeit, die Stimmen anderer Vögel nachzuahmen. Wahrscheinlich hat sich auch diese Familie ebenso wie die nahe verwandten Zaunkönige einst aus drosselähnlichen Vorfahren entwickelt.

In verschiedener Hinsicht vermitteln die Spottdrosseln zwischen den Zaunkönigen und den Drosseln. In ihrem Nestbau ähneln sie mehr den Drosseln, denn sie bauen offene, schüsselförmige Brutstätten, dagegen erinnert ihre Lebensweise und ihre Färbung mehr an die Zaunkönige, insbesondere wirken die Krummschnabel-Spottdrosseln in Aussehen und Verhalten geradezu wie etwas zu groß geratene Angehörige der vorigen Familie. Bei einer mittleren Größe zwischen 20 und 30 cm sehen die Spottdrosseln etwas schlanker aus als die Eigentlichen Drosseln und zeigen einen längeren Schwanz und einen dünneren, wieder zaunkönigähnlichen Schnabel. Alle diese lebhaften, neugierigen und streitsüchtigen Vögel leben in Bodennähe und ernähren sich von Insekten, Früchten und Beeren.

Geradezu berühmt ist die Amerikanische Spottdrossel als ein Charaktervogel der Südstaaten Tennessee, Arkansas, Florida, Mississippi und Texas, was er wahrscheinlich seiner auffallenden Erscheinung und seiner Lautstärke verdankt. Nicht nur ihr wunderschöner Gesang, sondern auch ihre stete Betriebsamkeit und vor allem die Tapferkeit, mit der sie ihr Revier gegen einen Eindringling verteidigen, haben die Spottdrosseln zum erklärten Lieblingsvogel vieler Amerikaner werden lassen.

Das ganze Jahr über hört man den Gesang der Spottdrossel, die sich dazu eigens auf einem freien Platz niederläßt, einem Dachfirst, Telefonkabel oder Zaunpfahl. Zu den unmöglichsten Zeiten läßt sie ihre herrlichen Lieder und Melodien ertönen, selbst noch bei Vollmond mitten in der Nacht. Wenn alle anderen Vögel schweigen und der Tageslärm verklungen ist, hört man die Spottdrosseln am besten. Sie haben zwar auch ihren eigenen, sprudelnden Gesang, doch geben sie meist die Stimmen anderer Vögel wieder und wiederholen jede Strophe 3- oder 4mal, bevor sie eine neue anfangen.

Nicht weniger als 30 Stimmen verschiedener Vogelarten vermochte man aus dem Gesang einer Spottdrossel nacheinander herauszuhören, außerdem aber auch noch andere fremde Laute,

wie das Pfeifen des Postboten oder das Quietschen eines Wagenrades. Die Vögel brauchen nur einen fremden Laut zu hören, und schon übernehmen sie ihn in ihr eigenes Repertoire. Kaum hatte man europäische Nachtigallen nach Florida gebracht, als auch bereits die Spottdrosseln die gleichen Melodien zu flöten begannen. Oszillographische Untersuchungen haben ergeben, daß die Spottdrosseln jede feinste Nuance des Nachtigallenschlages ganz genau wiederzugeben imstande sind, einschließlich der Schwingungen außerhalb des menschlichen Hörbereiches.
Die Spottdrossel baut ein solides, napfförmiges Nest aus kurzen, festen Zweigen in 1 bis 6 m Höhe an einem Gebüsch oder einem niedrigen Baum und kleidet es mit Gras und feinem Wurzelwerk aus. Beide Geschlechter arbeiten sehr hart daran, das Gebilde in 3 oder 4 Tagen herzustellen, schaffen es aber auch mit größter Anstrengung schon in 2 Tagen. Die 3 bis 6 grünlichen, rotbraun gefleckten Eier brütet hauptsächlich das Weibchen aus, doch wird es bei vorübergehender Abwesenheit vom Nest für kurze Zeit auch einmal vom Männchen abgelöst. Nach 12 bis 14 Tagen schlüpfen die Jungvögel und werden von beiden Eltern gefüttert; sie wachsen schnell heran und können manchmal schon nach 14 Tagen das Nest verlassen. Daher dauert das ganze Fortpflanzungsgeschäft kaum viel länger als einen Monat, doch ziehen die Paare zwei oder mehr Bruten im Jahr auf.
Als nördlichster Vertreter gehört die Amerikanische Spottdrossel zu einer der 9 *Mimus*-Arten, deren Heimat von den mittleren Vereinigten Staaten südwärts über Westindien und Mittelamerika bis nach Argentinien und Chile reicht. Es sind schlanke, oberseits graubraune und am Bauch hellere Vögel, deren Flügel und Schwänze zumeist weiße oder hellgraue Flecken tragen. Eine Art, die wegen des größeren Schnabels, der kräftigeren Läufe und der schmaleren Nasenlöcher die eigene Gattung *Nesomimus* bildet, bewohnt die Galapagos. Ausnahmen zu dem sonst üblichen braunen Gefieder stellen die beiden mexikanischen Blauspötter dar, deren eine Art einfarbig blau, die andere nur oben blau, unten aber weißbäuchig ist; auch sie erweisen sich ebenso wie ihre braunen Verwandten als vorzügliche Sänger und geschickte Spötter, die den Gesang anderer Vogelarten und sonstige Geräusche, die sie hören, geschickt nachzuahmen imstande sind.
Am stärksten fällt die mehr graue Katzendrossel aus dem Rahmen der Familie; man erkennt sie an der dunklen Kopfkappe, den braunroten Unterschwanzdecken und ihrem miauenden Ruf. Auch bei ihr finden wir wieder den schönen Gesang und das

Nachahmen anderer Laute, wenn auch nicht so kräftig, präzise und abwechslungsreich wie bei den anderen Spöttern, obwohl man genau weiß, was das Tier gerade imitiert. Vor allem werden hier die einzelnen Strophen nicht wiederholt.

Wie die Eigentliche Spottdrossel hält sich auch die Katzendrossel in der Nähe menschlicher Behausungen auf und wird recht zahm. Sie baut das gleiche offene Nest aus Zweigen und legt 4 bis 6 glänzend grünblaue Eier, deren Brutzeit 12 bis 13 Tage beträgt. Hauptsächlich frißt die Katzendrossel Insekten, jedoch außerdem noch beträchtliche Mengen an Beeren und kleinen Früchten; gelegentlich sollen sie sich auch an den Weingärten und Brombeerpflanzungen vergreifen, ohne jedoch allzu schweren Schaden anzurichten. So betrachtet die Landbevölkerung die Katzendrossel als einen liebenswürdigen Vogel und freut sich, wenn er im Frühjahr zu ihnen kommt.

Vom südlichen Kanada an brütet die Katzendrossel über ganz Nordamerika bis hinunter zur Nordgrenze der Golfstaaten; den Winter verbringt sie weiter im Süden, in Westindien und Mittelamerika bis Panama. Auf den Bermudas lebt eine kleine Population von Katzendrosseln, die sich jedoch nicht von der Festlandsform unterscheidet. Als ein naher Verwandter bewohnt die Schwarze Spottdrossel Yucatan und Honduras; sie gleicht in ihrer Größe, Gestalt und Lebensweise der vorigen Art, sieht aber glänzend schwarz aus.

Etwas mehr Abwechslung bieten die ein wenig größeren, bemerkenswert langschwänzigen Krummschnabel-Spottdrosseln, oberseits meist bräunliche Vögel mit einer weißen, braun gestreiften Unterseite. 10 ihrer insgesamt 17 Arten gehören zur Gattung *Toxostoma*, darunter auch als charakteristische und am besten bekannte die Braune Krummschnabel-Spottdrossel in den östlichen und mittleren Gebieten der USA. Im Gegensatz zur Spott- und Katzendrossel meidet sie die Gesellschaft der Menschen und sucht sich ihr Futter im Unterholz und in der Bodenstreu der Waldränder. Ihr Gesang klingt lauter als bei der Kat-

Amerikanische Spottdrossel
Mimus polyglottos
Südliche USA und Mexiko; 26 cm.

Blauspötter
Melanotis caerulescens
Mexiko; 25 cm.

Braune Krummschnabel-Spottdrossel
Toxostoma rufum
Östliche USA und Südkanada; 30 cm.

Katzendrossel
Dumetella carolinensis
Südkanada bis Golfstaaten; 23 cm.

zendrossel, und sie ahmt auch keine anderen Vögel nach. Meist singt die Art an einem versteckten Platz; man erkennt sie gut daran, daß sie jede Strophe zweimal wiederholt.
In den Weststaaten der USA bis nach Mittelamerika gibt es außerdem 8 Arten Krummschnabel-Spottdrosseln, darunter die 30 cm lange Kalifornia- oder Sichelschnabel-Spottdrossel; mit einer Länge von 30 cm stellt sie die größte Art der Familie dar. Sie ist ein lohbrauner Vogel, der den dichten Wald meidet und sich sein Futter auf dem Boden des Buschlandes sucht. Weitere Arten bewohnen die trockenen Gebiete des Westens und nisten gern im stacheligen Kaktus- und Dornbuschgestrüpp. Auf Westindien beschränken sich 4 Arten, davon sind 2 derart selten, daß die Gefahr ihres Aussterbens besteht. Der Weißbrustspötter, ein oberseits bräunlicher und am Bauch weißer Vogel, beschränkt sich auf die Inseln Martinique und St. Lucia; man trifft ihn heute kaum noch an. Wie ein Zaunkönig macht er sich eifrig mit hochgestelltem Schwanz und unter Gezeter im Unterholz zu schaffen. Selten geworden ist auch die Zitterspottdrossel, ein Waldbodenbewohner auf den kleineren Inseln, der jetzt im größten Teil seiner früheren Heimat ausgerottet ist. Warum diese Art merkwürdigerweise ständig zu zittern pflegt, hat niemand ergründen können. Der Rückgang beider Arten ist durch die Verfolgung seitens des Menschen zu erklären, mehr noch durch den Kahlschlag der schützenden Wälder und die Dezimierung durch eingeführte Raubtiere. Weniger selten sind der Schuppenbrust- und der Perlaugenspötter der Kleinen Antillen, Bahamas und der südlichen Karibischen Inseln, die sich mehr im Geäst aufhalten.

Drosseln *(Turdidae)*

Zu den Drosseln gehören einige der beliebtesten Singvögel der Welt, wie die Nachtigall, die Amsel, das Rotkehlchen und die Schamadrossel, um nur ein paar Namen zu nennen. Oft entspricht auch die Farbfreudigkeit der Tiere durchaus der Schönheit ihres Gesanges, so bei den Hüttensängern und vielen anderen Arten.
Die Familie der Drosseln ist praktisch in der ganzen Welt zu Hause, wenn man von der Antarktis und den vereisten arktischen Gebieten absieht sowie von den Polynesischen Inseln und Neuseeland, wo aber die Amsel und die Singdrossel um

1862 mit Erfolg eingeführt wurden. Am stärksten ist die Familie in den gemäßigten und tropischen Gebieten der Alten Welt vertreten, und dort liegt wohl auch ihr Entstehungszentrum. Wenn das der Fall ist, müssen die Drosseln bereits sehr früh in die Neue Welt eingewandert sein, denn sie haben seither verschiedene Gattungen ausgebildet und sich sehr weit und formenreich über Nord- und Südamerika sowie Westindien ausgedehnt.

Als engste Verwandte kommen die ebenso umfangreichen und vorwiegend altweltlich verbreiteten Vogelfamilien der Grasmücken und Fliegenschnäpper in Frage, denn alle drei sind verhältnismäßig einfach gebaute, insektenfressende Singvögel mit je 10 Handschwingen des Flügels. Zwar können wir die meisten der hierzu gehörigen Arten mühelos der einen oder der anderen Familie zurechnen, doch lassen sich die Grenzen zwischen den drei Familien nicht immer ganz streng ziehen, und die Schwierigkeit, gewisse Grenzformen zu klassifizieren, spricht für die enge stammesgeschichtliche Verwandtschaft dieser Gruppen. So könnte man sie ohne weiteres als Unterfamilien einer großen Familie auffassen, doch da sie insgesamt mehr als 1000 Arten enthalten, neigt man aus praktischen Gründen eher dazu, sie als selbständige Familien zu betrachten.

Drosseln werden größer und massiger als die Grasmücken und Fliegenschnäpper; auch zeigen sie gewöhnlich keine Beinschuppen. Sie ernähren sich zwar hauptsächlich von Insekten, greifen sie aber nie im Flug, sondern suchen sie sich auf dem Boden oder an den Zweigen und fressen außerdem auch noch mehr Pflanzenstoffe als die Angehörigen der anderen beiden Familien. Die Drosseln bauen stets offene, napfförmige Nester, meist in Bäumen oder im Gebüsch, mitunter auf dem Boden, seltener in Gesteinsspalten oder Baumhöhlen.

Dank ihrer besseren Flugleistungen, ihrer Robustheit und Anpassungsfähigkeit konnten sich die Drosseln weiter ausbreiten als Grasmücken und Fliegenschnäpper. Daher sind sie mehrmals in die Neue Welt vorgestoßen und haben verschiedene ozeanische Inseln erobert, wie Tristan da Cunha, Hawaii, die Bonin- und Westindischen Inseln. Dabei hatten sich einige Arten auf diesen Eilanden derart stark spezialisiert, daß sie bald ausstarben, als der Mensch dort Fuß faßte und ihre Umwelt veränderte. So sind in den letzten 50 Jahren eine ganze Reihe hawaiischer und westindischer Drosseln verschwunden, und die Drossel der Bonin-Inseln wurde nicht mehr gesehen, nachdem man 1828 vier Exemplare von ihr erlegte. Wahrscheinlich wurde sie kurz nach dem Zeitpunkt ausgerottet, als die ersten Walfangschiffe die Ratten ins Land einschleppten.

Man teilt die 306 Drosselarten in etwa 45 Gattungen auf, als deren verbreitetste und bekannteste wir die Nominatgruppe *Turdus* anzusehen haben. Ihre 60 Arten gehören zu den größten der ganzen Familie und messen zwischen 20 und 30 cm Länge.

Am stärksten sind die Eigentlichen Drosseln in der Alten Welt vertreten. An erster Stelle wäre unsere einheimische Amsel oder Schwarzdrossel mit ihrem gelben Schnabel und dem herrlichen Schwarz des Männchens zu nennen; das Weibchen da-

1 **Walddrossel**
Hylocichla mustelina
Östliches Nordamerika; 20 cm.

2 **Nachtigall**
Luscinia megarhynchos
Europa, Südwestasien; 16 cm.

3 **Einsiedlerdrossel**
Hylocichla guttata
Nordamerika; 18 cm.

4 **Amsel** ♂
Turdus merula
Europa, Nordafrika, südliches Zentralasien; 25 cm.

gegen wirkt unscheinbar bräunlich. Überall sieht man die Amseln in den Wäldern, Gärten und Parkanlagen herumlaufen und im Boden nach Würmern und Insekten suchen, und jeder kennt ihren melodischen Gesang. Den gleichen Lebensraum bewohnt auch die Singdrossel, die zum Winter regelmäßig nach Südeuropa zieht, während die Amseln mitunter auch am Ort verbleiben. Das Verbreitungsgebiet der Singdrossel umfaßt Europa und das westliche Asien bis Mittelsibirien und zum nördlichen Iran, das der Amsel reicht sogar bis zum nordwestlichen Afrika, Indien und China. Mehr im Norden sind die Rotdrossel und die Wacholderdrossel zu Hause.

Die gleiche Rolle wie bei uns die Amsel spielt in Nordamerika

5 **Östlicher Hüttensänger ♂**
Sialis sialis
Östliches Nordamerika; 18 cm.

6 **Gartenrotschwanz**
Phoenicurus phoenicurus
Europa bis Zentralasien; 14 cm.

7 **Rotkehlchen**
Erithacus rubecula
Europa, Kleinasien; 14 cm.

8 **Wanderdrossel**
Turdus migratorius
Nordamerika; 25 cm.

9 **Schamadrossel ♂**
Kittacincla malabarica
Indien bis Indochina und Ostindien; 28 cm.

10 **Blaudrossel**
Monticola solitarius
Südliches Eurasien von Spanien bis Japan; 23 cm.

die Wanderdrossel, die dort von der nördlichen Baumgrenze an bis zu den Südstaaten brütet und den Winter im Gebiet von den Golfstaaten an bis nach Mittelamerika verbringt. Auch sie war ursprünglich, wie unsere Amsel, ein Vogel des Waldes, der Waldränder und des offenen Buschgeländes, hat sich aber derart an das Fortschreiten der Zivilisation angepaßt, daß man sie weit mehr in der Nähe menschlicher Gebäude im Kulturland, in den Parks und Vorstadtgärten antrifft als im Freien. Ihr offenes, wohlgeformtes Nest legt sie in 1,5 bis 10 m Höhe im Gebüsch oder auch im Schutze eines Hauses an und bebrütet ihre 4 blaugrünen Eier 12 bis 14 Tage; nach weiteren 2 Wochen sind die Jungen flügge. Das Männchen beteiligt sich am Atzen der Jungvögel. Abgesehen vom Norden mit seinen zu kurzen Sommern brütet die Wanderdrossel mehrmals im Jahr.

Auch die Wanderdrossel ernährt sich von Insekten, Früchten und Beeren, und zwar zu 60 % von Pflanzenstoffen. Noch vor weniger als einem Jahrhundert hat man die Tiere zum »Sport«, aber auch für Nahrungszwecke abgeschossen, und noch 1913 konnte man ein Dutzend Wanderdrosseln für 60 Cent auf dem Markt kaufen. Heute erscheint dies den Amerikanern so, als sollten sie ihren liebgewonnenen Haushund essen.

Dank ihrer Anpassungsfähigkeit und der Wertschätzung, die man ihnen entgegenbringt, müßten die Drosseln eigentlich die beste Aussicht haben, uns für die Zukunft erhalten zu bleiben, wenn ihnen nicht eine andere Gefahr drohen würde: die Insektizide. Längst nachdem sie ihre Wirkung auf die Insekten ausgeübt haben, bedrohen sie noch immer das Vogelleben, denn wenn das DDT vom Regen in den Boden gespült wird, infiziert es die Regenwürmer, und eine Drossel, die einen solchen Wurm frißt, ist zum Tode verurteilt. So sind beispielsweise in einigen Städten des mittleren Westens der USA die Drosseln auf diese Weise restlos ausgerottet worden.

Nach der bereits vorgestellten Amsel und der Singdrossel wenden wir uns den übrigen europäischen *Turdus*-Arten zu. Hier wären zu nennen: die Ringdrossel, eine schwarze Hochlandform mit weißem Brustband, die Misteldrossel, die wegen ihrer Rufe auch »Schnarrer« genannt wird, die Wacholderdrossel, die in letzter Zeit bis Grönland vorgedrungen ist, und die Rotdrossel. Weitere 20 Formen leben in Asien, so die Rot- und Schwarzkehldrossel, die Weißbrauen-, die Grau- oder »Einfarbdrossel« und die Naumann-Drossel, um die bekanntesten Arten zu nennen. Sie alle gleichen – abgesehen von ihrer unter-

schiedlichen Färbung – in ihren wichtigsten Merkmalen und Lebensgewohnheiten durchaus unserer bekannten Drossel und ziehen zum Winter in oft recht ansehnlichen Schwärmen in wärmere Gebiete, in denen es reichlich Beeren gibt.
Hiervon unterscheiden sich die nordamerikanischen Arten der Gattung *Hylocichla* durch ihre etwas geringere Größe. Es sind dies die Wald- oder Fuchsdrossel, die Einsiedler-, Zwerg-, Grauwangen- und Wiesendrossel, oberseits braune und am Bauch weiße Vögel mit einer gefleckten Brust. Sie alle sind Waldbewohner und durchsuchen den Boden nach Maden, Insekten, Früchten, Beeren und auch Knospen. Die Zwerg- und Grauwangendrosseln brüten im Nadelwaldgürtel Kanadas, die Einsiedlerdrosseln im gesamten nordamerikanischen Mischwald. Dagegen zieht die Wiesendrossel den Nadelwald vor, und das tut auch die Walddrossel im Osten der USA, der einzige Vogel dieser Gruppe, der auch in den Hecken der Vorstädte nistet.
Alle diese waldbewohnenden Drosseln Nordamerikas sind hervorragende Sänger, deren Gesang im Grunde ziemlich gleich klingt, sich aber doch bei den einzelnen Arten in kleineren Nuancen unterscheidet. Ihr wohlgeformtes, schüsselförmiges Nest wird aus Zweigen, Gras und Laub angelegt und mit Lehm verfestigt. Im allgemeinen nisten die Wiesen- und Einsiedlerdrosseln auf dem Boden, die drei anderen aber im Gebüsch und auch auf niederen Bäumen, jedoch kaum höher als 3 m über der Erde. Stets enthält das Gelege 3 bis 4 grünblaue, oft braun gefleckte Eier, die allein vom Weibchen ausgebrütet werden, doch hilft das Männchen beim Füttern der Jungen mit. Wald- und Einsiedlerdrosseln überwintern in den Golfstaaten, die drei anderen Arten ziehen bis zum nördlichen Südamerika.
Weiter im Süden, in Mittel- und im nördlichen Südamerika, sind die 7 *Catharus*-Arten zu Hause, die man als Nachtigalldrosseln bezeichnet; in ihrer Lebensweise ähneln sie derart stark der eben behandelten *Hylocichla*-Gruppe, daß man die beiden Gattungen getrost vereinigen kann. Abgesehen davon, daß ihre Brust kleine Flecken trägt und daß sie nicht wandern, haben wir wieder Waldvögel vor uns, die ihr Futter auf dem Boden suchen, und finden den gleichen, glockenreinen Gesang.
Typischer Vertreter der 3 amerikanischen Hüttensänger *(Sialis)* ist der Östliche Hüttensänger, ein blaurückiger Vogel mit einer rötlichen Brust. Beim ebenfalls 15 bis 18 cm großen Westlichen und beim Berg-Hüttensänger finden wir eine blaue beziehungsweise weiße Brust. Es sind sehr ansprechende Vögel mit einem

weichen, trillernden Gesang, der aber doch nicht so laut und so eindrucksvoll klingt wie bei den Eigentlichen Drosseln. Als Höhlenbrüter des offenen Waldlandes bauen die Hüttensänger ihr charakteristisches Drosselnest in Baumlöchern oder auch Nistkästen und ziehen 2 oder gar 3 Bruten im Jahr auf. Während das Weibchen das Brutgeschäft allein betreibt, beteiligt sich das Männchen am Füttern der Jungen. Sind die Jungen flügge, suchen sich die Eltern oft andere Partner für die nächste Hochzeit.
Zur Gattung *Myadestes* gehört eine Gruppe größtenteils tropisch-amerikanischer Drosseln, die von Mexiko und Westindien an bis nach Brasilien vorkommen. Als einzige Art lebt der Klarinettenvogel in der gemäßigten Zone und brütet von Mexiko an nordwärts bis Alaska. Nur mit Mühe kann man diesen scheuen, unauffälligen Vogel in seiner Waldheimat beobachten; sein Gefieder wirkt vorwiegend olivbraun bis grau, der Schnabel schwarz und der oft weiß gerandete Schwanz im Verhältnis zum Rumpf etwas länger als bei den anderen amerikanischen Drosseln. Auch der Klarinettenvogel erweist sich als ein vorzüglicher Sänger, dessen getragener, einfacher, flötender Gesang zu den schönsten Vogellauten der Tropen gehört.
Als merkwürdigsten Vertreter der amerikanischen Drosseln haben wir zweifellos die Zaunkönigsdrossel anzusehen, einen scheuen Bewohner der Bergwälder von Costa Rica und Westpanama in mehr als 1500 m Höhe. Wie ein Zaunkönig macht

Schwarzkehlchen
Saxicola torquata
Eurasien, Afrika, Madagaskar; 12 cm.

Steinschmätzer
Oenanthe oenanthe
Eurasien, Alaska, Labrador, Baffin-Inseln, Grönland, Island; 15 cm.

sich der Vogel auf dem Waldboden zu schaffen. Merkwürdigerweise ist bei dieser Art die 10. Handschwinge derart verkürzt, daß manche Ornithologen dem Vogel eine eigene Familie zuerkennen. Seine Stimme besteht aus einem klaren, melodischen Pfeifen, das er in gleichen Abständen 6- bis 8mal hintereinander ausstößt. Mit seinem kurzen Schwanz und den verrundeten Flügeln erinnert er stark an die Kurzflügeldrosseln *(Brachypteryx)*, eine kleine asiatische Gattung mit 6 Arten, die vom Himalaja an über Südchina bis zu den Philippinen und Java vorkommt. Auch sie verhalten sich wie die Zaunkönige und leben in den Gebirgswäldern, doch unterscheiden sich bei ihnen – im Gegensatz zur Zaunkönigsdrossel – die Geschlechter in der Färbung.
Eine ziemlich auffallende Gruppe altweltlicher Drosseln bilden die 8 Merlen der Gattung *Monticola*, die bei einer Größe von 20 bis 23 cm weit über das südlichere Eurasien und Afrika verbreitet sind. Meist sehen sie blau aus, mit einigen Anflügen von Braun und Rot, und leben an den Abhängen der Berge und in felsigen Schluchten, wie die Blaumerlen. Ohne im eigentlichen Sinne gesellig zu sein, halten sie sich doch paarweise oder in kleinen Familienverbänden auf. Nicht selten trifft man die Tiere auch im Bereich des Küstengebietes oder an den Küsten an.
In Ostasien stellt der Steinrötel, der früher auch in Südwestdeutschland nistete, eine der wenigen Sperlingsvogelarten dar, die sich dem Leben an der Meeresküste angepaßt haben. Wäh-

Rotstern-Blaukehlchen
Luscinia svecica svecica
Skandinavien; 14 cm.

Zaunkönigdrossel
Zeledonia coronata
Costa Rica und Panama; 11 cm.

rend der Steinrötel in Südeuropa und Asien ein Bewohner felsigen Geländes ist, sitzt er an japanischen und koreanischen Felsküsten auf gischtübersprühten Geröllen und sucht sich zur Ebbe sein Futter zwischen den angespülten Algen und Tangen. Man sieht ihn kaum noch im Binnenland, dafür aber um so häufiger in der Nähe der küstennahen Fischerdörfer. Dort baut er auch sein drosselähnliches Nest aus Gras und Wurzeln in einer Felsspalte und bestückt es mit 4 bis 5 rein hellbläulichen Eiern.
Etwa 20 Arten umfaßt die Gattung der Steinschmätzer *(Oenanthe)* auf der östlichen Erdhälfte. Sie haben das Waldland verlassen und bewohnen hauptsächlich offenes Gelände, Ödland, Kahlschläge, Dünenlandschaften und Wüstengebiete in Eurasien und Afrika als flinke Bodenvögel von 12 bis 18 cm Länge und oft hübschen schwarz-weißen Zeichnungen. Sehr häufig finden sich schwarze Kopf- und Flügelbinden und ein auffallend weißer Bauch. Unser Gewöhnlicher Steinschmätzer lebt weit verbreitet über die Paläarktis; sein Brutgebiet reicht von den Tundren Nordeuropas, Nordasiens, Grönlands, Nordostkanadas und Westalaskas bis Nordwestafrika, Turkestan und zur Mongolei. Zum Winter zieht er nach Süden bis Afrika und Südwestasien.

In der Alten Welt liegt auch die Heimat einer umfangreichen Gruppe kleinerer Drosseln, die sich auf verschiedene Gattungen verteilen und kaum größer als 15 cm werden; man bezeichnet sie mit dem wenig glücklichen Sammelnamen »Erdsänger«. Hierzu gehören verschiedene der bekanntesten europäischen Singvögel, wie das Rotkehlchen, das Braunkehlchen, das sich vorwiegend auf Wiesen, an Eisenbahndämmen und im offenen Buschgelände aufhält, sowie das Schwarzkehlchen im Ödland und in Sandgruben, dessen Ruf so klingt, als wenn zwei Steine gegeneinandergeschlagen werden. Ferner wären zu nennen das Blaukehlchen (dessen süd- und mitteleuropäische Vertreter einen weißen »Ordensstern« auf der blauen Brust tragen, während die nord- und osteuropäischen einen roten haben), der Garten- und Hausrotschwanz, und dann kommen die berühmten asiatischen Sänger, die Schama- und Dajaldrossel in Indien, vor allem aber der Vogel der Dichter, die Nachtigall.

Unser Rotkehlchen ist ein kleiner, gedrungener, sympathischer Vogel, der überall in Europa in den Gärten, Parks, im Wald und im Heckengelände zu Hause ist; sein liebenswürdiges Verhalten und seine Zahmheit haben ihm die größte Wertschätzung des Menschen eingetragen. Außerdem singt er sehr schön, wenn

auch nicht so kunstvoll wie die Nachtigall und andere Drosselvögel. Trotzdem klingt sein Lied abwechslungsreich und melodisch, vielleicht etwas schwermütig, und daneben läßt er auch »schickernde« und zwitschernde Rufe hören.
Die meisten dieser »Erdsänger« halten sich im offenen Wald- und Buschland auf und legen ihr Nest im allgemeinen auf oder kurz über dem Boden an. Nur wenige Arten, wie z. B. der Garten- und Hausrotschwanz, nisten in Höhlen. Ihre Eier sind gewöhnlich hellgrün bis bläulich gefärbt und können dunkle Flecken tragen; beim Rotkehlchen sehen sie weiß aus und zeigen feine braune Sprenkel. Bei diesen Arten sind die Gelege etwas umfangreicher als bei den anderen Drosseln und enthalten in der Regel 5 bis 6 Eier, die wiederum größtenteils von den Weibchen ausgebrütet werden. Auch der Nestbau obliegt dem Weibchen, während das Männchen dabeisitzt und singt; später beteiligt es sich hin und wieder an der Aufzucht der Jungen. Die Brutzeit und die Nestpflege der Jungvögel bis zum Flüggewerden dauern etwa je 12 bis 15 Tage. Verschiedene Arten der »Erdsänger« bringen mehrere Bruten im Jahr hervor. In diesem Falle übernimmt das Männchen die Aufzucht der ersten Generation, wenn sich das Weibchen der zweiten Brut widmet.
Außer ihren kurzen Rufen kennen die Erdsänger noch ziemlich zusammenhängende Gesangsstrophen, die sie mit Begeisterung und Kraft hervorbringen. Das gilt ganz besonders für die Nachtigall, deren »Schlag« fast die Kehle des kleinen Vogels zu sprengen scheint. Äußerlich wirkt die Nachtigall zart und unscheinbar, auf dem Rücken unauffällig braun und mit einer hellen Unterseite; sie verhält sich im übrigen nicht viel anders als das Rotkehlchen und besiedelt auch im großen und ganzen die gleichen Lebensräume. Nur lebt sie viel zurückgezogener und verläßt höchst selten das schützende Dickicht des Pflanzenwuchses, um sich ihr Futter im offenen Gelände zu suchen. Daher hört man ihren Gesang auch nur aus dem Blattwerk der Büsche und Bäume ertönen. Im übrigen aber singt der Vogel, ganz im Gegensatz zu seinem volkstümlichen Namen, viel mehr während des Tages als in der Nacht. Etwa im April erscheint bei uns die Nachtigall aus ihrem Überwinterungsgebiet im mittleren Afrika und baut ihr Nest auf oder über dem Boden. Aus den 4 bis 6 olivbraunen bis grünlichen Eiern schlüpfen nach etwa 13 Tagen die Jungvögel und verbleiben dann nochmals ungefähr 10 bis 11 Tage im Nest, bis sie fliegen können.
Einen Monat nach der Nachtigall erreicht uns der eng mit ihr

verwandte Sprosser, dessen Verbreitungsgebiet sich im Norden und vor allem im Osten an das der Nachtigall anschließt, weswegen man ihn auch als »Polnische Nachtigall« bezeichnet. Der Sprosser besiedelt nicht nur die gleichen Lebensstätten wie die Nachtigall, sondern sieht ihr auch äußerlich recht ähnlich und singt annähernd das gleiche Lied, wenn es auch etwas kräftiger und nicht ganz so weich klingt. Vielleicht könnte man beide Formen nur als Rassen der gleichen Art auffassen, wenn sich ihre Verbreitungsgebiete nicht stellenweise überschneiden würden.

Grasmücken *(Sylviidae)*

Mit nur ganz wenigen Ausnahmen stellen die 398 Arten, aus denen sich die Familie der Grasmücken zusammensetzt, kleine,

Drosselrohrsänger
Acrocephalus arundinaceus
Mittleres Eurasien; von Spanien bis Japan; 19 cm.

Streifenschwirl
Locustella certhiola
Westliches Sibirien bis Japan; 14 cm.

Mönchsgrasmücke
Sylvia atricapilla
Europa, Westasien; 14 cm.

Cistensänger
Cisticola juncidis
Südeuropa, Afrika und Südostasien; 10 cm.

dunkle und sehr lebhafte Vögel mit schmalem Schnabel und ziemlich schwachen Läufen und Füßen dar; die Geschlechter gleichen sich in der Färbung oder unterscheiden sich zumindest nicht allzu stark. Von den Drosseln und Fliegenschnäppern unterscheiden sie sich vor allem durch ihr ungeflecktes Jugendkleid. Der Lauf kann mit Schuppen besetzt sein oder nicht, Federborsten sind vorhanden oder fehlen.
Im allgemeinen unterteilt man die Grasmücken in 4 Unterfamilien, die aber von einigen Ornithologen als vollwertige Familien angesehen werden, nämlich die Eigentlichen oder Echten Grasmücken *(Sylviinae)* in der Alten Welt, die neuweltlichen Mückenschnäpper *(Polyopterinae)*, die Goldhähnchen *(Regulinae)*, die sich überall in den Wäldern der nördlichen Erdhalbkugel aufhalten, und die etwas aus dem Rahmen fallenden Australischen Sänger oder Südsee-Grasmücken *(Malurinae)*, die sich auf Australien, Neuseeland und Ostindien beschränken.
Außer ihrem übereinstimmenden anatomischen Bau gleichen sich die Angehörigen der 4 Unterfamilien in ihrem Verhalten und ihrer Lebensweise. Alle fressen vorwiegend Insekten, einige leben sogar ausschließlich davon. Meistens halten sich die Vögel im Geäst der Bäume und Sträucher auf, verschiedene Arten allerdings auch im Röhricht der Sümpfe, auf Wiesen und im Buschland. Stets ist das Gesangsvermögen gut entwickelt, wenn es auch nicht an das der berühmten Sänger aus der Familie der Drosseln heranreicht. Die Arten der gemäßigten Klimate sind Zugvögel, während die in den Tropen und Subtropen heimischen Formen am Standort verbleiben. Außerordentlich unterschiedlich werden die Nester angelegt. Meist sind es offene, napf-

Ostasiatischer Seidensänger
Cettia diphone
Ostasien; 15 cm.

Fitislaubsänger
Phylloscopus trochilus
Nördliches Eurasien; 11 cm.

förmige Gebilde, doch finden wir auch oberseits geschlossene Nester. Das Brutgeschäft wird entweder vom Weibchen allein oder von beiden Geschlechtern ausgeübt; bei der Brutpflege arbeiten beide Partner eng zusammen. Brütet nur das Weibchen, so füttert das Männchen mit und hilft später auch bei der Aufzucht der Jungen. Bei weitem am stärksten vertreten ist die Gruppe der Echten Grasmücken, zu der etwa 300 Arten gehören; das sind mehr als drei Viertel des gesamten Artbestandes der Familie. Zur Nominatgattung *Sylvia* zählen verschiedene uns wohlbekannte Formen, wie etwa die Garten-, Mönchs- und Dorngrasmücke. Die beste Sängerin unter unseren Grasmücken ist die Gartengrasmücke, ein unscheinbarer, ungefähr 12 cm großer Vogel mit braunem Rücken und hellerer Unterseite; sie lebt im dichten Unterholz der Wälder oder durchstreift die Ränder der Hecken und Büsche. Alle diese lebhaften »Grauschmiegen« (dies ist die eigentliche Bedeutung ihres Namens) suchen sich dort ihr Insektenfutter. Ihre Warn- und Lockrufe bestehen aus einem schmatzenden »tak«; den angenehmen zwitschernden und flötenden, manchmal klappernden Gesang schätzt der Mensch an ihnen ebenso wie die Eigenschaft, mit den Schadinsekten in seinen Gärten aufzuräumen. Häufig unterscheiden sich eng miteinander verwandte Arten so deutlich in ihrem Gesang, daß man sie danach leicht erkennen kann, auch wenn man sie nicht sieht. Alle *Sylvia-Arten* bauen im Schutz des Gebüsches offene Nester, meist ziemlich weit unten am Boden, und auch hier legt das Männchen mitunter, wie wir es beim Zaunkönig fanden, Ausweich- oder Spielnester an, vielleicht, um den übermächtigen Nestbautrieb abzureagieren, um Nesträuber und Brutparasiten irrezuführen oder auch nur als Ruheplätze für die Nacht. Die 4 bis 5 Eier werden 11 bis 12 Tage lang von beiden Geschlechtern ausgebrütet und die Jungen weitere 9 bis 10 Tage im Nest großgezogen, bis sie selbständig sind.
Besonders schwer fällt es, die etwa 30 Arten der Laubsänger aus der Gattung *Phylloscopus*, die im gesamten gemäßigten Eurasien brüten und zum Winter südwärts nach Südasien und Afrika ziehen, in der Natur auseinanderzuhalten. Eine Art, der Nordische Laubsänger, hat sein Brutrevier sogar über die Beringstraße bis nach Alaska ausgedehnt und stellt damit die einzige Art der Unterfamilie dar, die auch in der Neuen Welt vorkommt. Zum Herbst kehrt er in sein eigentliches Heimatgebiet zurück und zieht dann längs der asiatischen Küste südwärts bis nach Indochina und zu den Philippinen.

Die Laubsänger tragen ein grünliches bis grünlich-gelbes Gefieder und erreichen Größen zwischen 10 und 12 cm. Meistens halten sie sich im Laub der Baumwipfel auf und suchen dort nach kleinen Insekten, so daß man sie nur schwer zu Gesicht bekommt. Am ehesten lassen sich – wie bereits gesagt – die Arten an ihrem angenehmen, wohltönenden Gesang unterscheiden, wie etwa der Zilpzalp, dessen kurze, in der Tonhöhe leicht verschiedene Silben sich so anhören, als zähle jemand Münzen auf eine Steinplatte. Ganz anders singen der Fitis- – ähnlich einem Buchfink, aber in Moll – und der Waldlaubsänger, dessen Strophe aus einem immer schneller wiederholten Ton besteht und in einem Triller endet: sib-sib-sib-sirr!
Ihre Nahrung finden die Laubsänger zwar hoch oben im Baum, doch bauen sie ihre überdachten, mit einem Seiteneingang versehenen Nester am Boden oder kurz darüber. Der Nestbau und das Ausbrüten der 6 bis 7 weißen, bei einigen Arten auch braun gefleckten Eier gehören in das Aufgabengebiet des Weibchens; kommt ein zweites Gelege im gleichen Jahr zustande, so enthält es nur noch 4 bis 5 Eier. Die Brutzeit beträgt 12 bis 13 Tage und die nachfolgende Spanne bis zum Flüggewerden der Jungen nochmals 13 bis 15 Tage.
Als Schwirle bezeichnen wir die 9 ziemlich einfarbigen, bräunlichen Arten der Gattung *Locustella,* deren wissenschaftlicher Name auf den dünnen, ausdruckslos zirpenden Gesang hinweist, den man gar nicht für die Lautäußerungen eines Vogels halten möchte, sondern der eher wie bei einer Heuschrecke klingt. Diese recht scheuen Vögel kommen im Busch-, Wiesen- und Sumpfland vor. Während der Fortpflanzungszeit setzt sich das Männchen auf einen Zweig oder Schilfstengel, singt seine kurze, zirpende, schwirrende, wetzende oder schnurrende Strophe, und schon ist es wieder im Schutz des Pflanzenwuchses verschwunden. Immer nisten die Schwirle in Bodennähe und bauen zerbrechliche offene Nester, deren Bau – wie auch das Brüten – entweder vom Weibchen allein oder von beiden Eltern betrieben wird. Gewöhnlich dauert es 12 bis 14 Tage, bis die 4 bis 7 meist weißen, braun gefleckten Eier ausgebrütet sind, und bis zum Flüggewerden der Jungen vergehen nochmals 10 bis 15 Tage.
Das gemäßigte Eurasien stellt die Heimat der 12 Rohrsänger aus der Gattung *Acrocephalus* dar, die man ebenfalls wieder eher an ihrem Gesang als an ihrem Aussehen erkennt. Laut ertönt im Sommer das Lied des ansehnlichen Drosselrohrsängers am Seeufer: »karre-karre-kiet-kiet . . . «

Wie ihr Name erkennen läßt, leben die Rohrsänger vorwiegend im Schilf und bauen dort auch ihr Nest kurz über dem Boden oder über dem Wasser. Nur bei wenigen Arten hilft das Männchen dem Weibchen beim Nestbau, doch beteiligt es sich in der Regel an der Aufzucht der Jungen. Aus den 4 bis 6 grünlichen bis bläulichen, meist dunkelbraun gesprenkelten oder gefleckten Eiern des Drosselrohrsängers schlüpfen nach 14 bis 15 Tagen die Jungen, die schon nach 12 Tagen das Nest verlassen, aber erst nach weiteren 3 oder 4 Tagen richtig fliegen können. Hier liegen die Zeitspannen etwas kürzer als bei den kleineren Arten. Viel weiter verbreitet leben die 75 Arten der Cistensänger, die wir in der Gattung *Cisticola* vereinigen, vor allem in Afrika, wo sie die verschiedensten Lebensräume besiedeln, sich aber doch meist im Gras oder in seiner Nähe aufhalten; darüber hinaus reicht ihr Verbreitungsgebiet von den Mittelmeerländern über Afrika bis Japan und Australien. Einige Arten leben im feuchten Sumpfgelände, andere wieder in trockenen Gegenden, aber alle sind kleine, braune Vögel mit gestreifter Ober- und hellerer Unterseite sowie einem ziemlich breiten, am Ende oft hell gerandeten Schwanz. Das offene, taschenförmig hängende oder auch geschlossene Nest wird am Boden oder nahe darüber gebaut. Der eurasische Gewöhnliche Cistensänger brütet in den Ebenen und grasigen Flußtälern. Beim Fliegen läßt das Männchen sein

Schneidervogel
Orthotomus sutorius
Indien bis Südchina, Malaia, Java; 12 cm.

Formosa-Goldhähnchen
Regulus goodfellowi ♂
Formosa; 8 cm.

Rotkrönchen ♂
Regulus calendula
Nördliches Nordamerika;
10 cm.

scharfes, rauhes »dsip-dsip-dsip« im gleichen Takt hören, wie es sich bei seinem etwas kraftlosen Wellenflug hochschwingt. Hier finden wir ein großes, beutelförmiges Nest aus Gras, schmalen Blättern, feinen Wurzeln, Wollgrasblüten und Spinnengewebe, dessen Innenraum meistens mit weichen Pflanzenteilen ausgepolstert wird.

Am kunstfertigsten sind die Nester der 9 Schneidervögel angelegt, die sich von Indien über Südostasien bis zu den Philippinen und Ostindien finden. Häufig trifft man in den Gärten von Indien bis Südchina und Java den langschwänzigen Schneidervogel an, den »Darzee« in Kiplings Dschungelbuch. Wie seine näheren Verwandten ist er ein unauffälliger, ungefähr 10 cm großer Vogel mit einem olivgrünen, gestreiften Rücken und einer

helleren Unterseite, der sich zutraulich in der Nähe der menschlichen Behausungen aufhält und sich eifrig auf den Sträuchern und Büschen seine Insekten zusammensucht. Dabei stellt er seinen Schwanz steif in die Höhe und wackelt während seiner kurzen Flüge damit auf und ab. Seine schrillen, mißtönenden Rufe stößt er so laut und durchdringend aus, daß man sich an heißen Tagen geradezu darüber ärgert.
Sein Nest baut sich der Schneidervogel, indem er die Ränder eines Blattes oder zweier Blätter miteinander vernäht und die dadurch geschaffene Höhlung mit zartem Gras, Tierhaaren oder sonstigem weichem Material ausfüllt. Für diese Näharbeit bohrt der Vogel zuerst mit seiner Schnabelspitze Löcher durch die Blattränder und zieht dann den Faden in Form von Pflanzenfasern, Seide aus Insektenkokons oder Spinnengewebe hindurch, nicht ohne ihn auf der Außenseite zu verknoten, damit er nicht herausrutschen kann. Meist liegt das Nest etwa 2 m über dem Boden oder auch höher, wo immer das Tier geeignete Blätter zum Zusammennähen findet. Das Gelege setzt sich aus 3 bis 6 langen, spitzen Eiern von gelblicher bis grünlicher Farbe und auffallenden Flecken und Tupfen zusammen.
Von den Goldhähnchen, die alle der Gattung *Regulus* angehören, leben 3 Arten in der Alten und 2 in der Neuen Welt. Es sind kleine, knapp 10 cm große Vögel mit weichem, flaumigem Gefieder von braun- oder graugrüner Farbe und glänzendem, manchmal zum Teil verstecktem gelbem oder orangefarbenem, beim amerikanischen Rotkrönchen sogar rotem Scheitelstreif. Den Lebensraum der Goldhähnchen bilden die zirkumpolaren Nadelwaldgürtel beider Erdhälften, wo die Tiere nordwärts bis zur Baumgrenze brüten. Die beiden amerikanischen Arten kommen nebeneinander von Kanada an in den geeigneten Lagen der Kordilleren bis zur mexikanischen Grenze vor und ziehen dann zur Herbstzeit nach Süden, um den Winter in den Golfstaaten, Mexiko und Guatemala zu verbringen.
Unser Wintergoldhähnchen gleicht dem Rotkrönchen so sehr, daß manche Forscher die beiden nur als zwei Rassen ein und derselben Art ansehen. Von der Taiga an nistet das Wintergoldhähnchen vor allem im Nadelwald von Asien bis Nordchina und Japan sowie von Ost- und Mitteleuropa bis Irland, Südfrankreich und Italien, bildet aber auch vereinzelte Populationen auf den Azoren und Kanaren. Beim verwandten Sommergoldhähnchen finden wir einen hellen Überaugenstreif und ein dunkleres orangerotes Krönchen; es brütet im größten Teil

Europas bis zur Ostsee und zu den Mittelmeerinseln sowie in Kleinasien, vor allem im Mischwald. Auch das wenig bekannte Formosa-Goldhähnchen, das in den Bergwäldern von Taiwan vorkommt, ähnelt unserem Wintergoldhähnchen, zeigt aber einen auffälligeren Scheitelstreif, einen gelben Fleck am Rumpf sowie schwarz-weiße Streifen auf den Flügeln.
Alle Goldhähnchen sind zierliche, lebhafte Tiere, die an den Bäumen nach kleinen Insekten sowie deren Eiern und Larven suchen und sich überhaupt nicht weiter um den Menschen kümmern. Außerhalb der Brutzeit ziehen sie in kleineren Schwärmen durch das Land, oft zusammen mit Meisen, Spechten und anderen Bewohnern des nördlichen Waldgebietes. Werden ihre Futtertiere knapp, so halten sie sich auch an Sämereien und andere Pflanzenstoffe. Ihr Ruf besteht aus einem scharfen »tsi-tsi-tsi« in derart hohen Tonlagen, daß man ihn nicht leicht hört. Im Frühling singen sie ihr hübsches, trillerndes, leises und nach Arten verschiedenes kleines Lied. Eine Ausnahme bildet nur das Rotkrönchen mit seinem überraschend lauten, weichen, flötenden Gesang, der vielleicht als Ausgleich für die geringe Größe des Scheitelstreifens dient, der dem Weibchen vollständig fehlt, denn die übrigen Goldhähnchen stellen diesen Kopfschmuck dem anderen Geschlecht bei der Balz zur Schau oder um einen Gegner zu warnen; das Rotkrönchen tut dies alles anscheinend nur mit seinem Gesang.
Die Goldhähnchen bauen im Nadelwald kugelförmige Nester aus Moos und Spinngewebe, die innen mit etwas Haar, Federn und Pflanzenfasern ausgekleidet werden. Daran arbeiten beide Geschlechter, doch überwiegt der Anteil des Weibchens, das auch allein sein ziemlich großes Gelege aus 7 bis 12 zart gesprenkelten Eiern bebrütet. Häufig ist der Platz im Nest so knapp bemessen, daß die Eier in zwei Schichten übereinanderliegen müssen. Ungewöhnlich lang für derart kleine Eier erscheint die Brutzeit von 14 bis 17 Tagen, und es dauert nochmals etwa 3 Wochen, bis die Jungen endlich fliegen können.
Falls die 12 Mückenschnäpperarten tatsächlich in diese sonst altweltliche Gruppe gehören, müßten sie von Grasmückenvorfahren abstammen, die schon vor sehr langer Zeit, vielleicht im frühen Miozän, nach Amerika eingewandert waren. Die 8 *Polioptila*-Arten kommen von dem nördlichen Teil der Vereinigten Staaten an bis nach Argentinien vor; eine Art beschränkt sich allein auf Kuba. Von Südmexiko bis Brasilien erstreckt sich die Verbreitung der *Ramphocaenus*- und *Microbates*-Formen.

Borstenschwanz ♂
Stipiturus malachurus
Südaustralien und
Tasmanien; 20 cm.

Vielfarben-Staffelschwanz ♂
Malurus lamberti
Südöstliches
Australien; 12 cm.

Typisch für die kleinen, schlanken, 10 bis 12 cm großen Mückenschnäpper mit ihrem ziemlich langen, schmalen und spitzen Schnabel ist der Blaumückenschnäpper in den USA und Mexiko. Sein Gefieder zeigt ein weiches Grau und gewöhnlich etwas Weiß am verhältnismäßig langen Schwanz; einige Arten zeichnen sich durch ein schwarzes Muster am Kopf aus. Immer sind diese lebhaften Tierchen in Bewegung, wenn sie mit wippendem Schwanz das Laubwerk nach kleinen Insekten durchsuchen.

Meist halten sich die Mückenschnäpper an den äußeren Blättern und Zweigen des Baumes auf, jedoch kaum einmal am Stamm oder an den inneren Baumästen. Wie die Goldhähnchen suchen sie sorgsam die Unterseiten der Blätter ab, und wenn sie ein Insekt aufgescheucht haben, eilen sie ihm auch nach und packen es im Flug. Wenn auch ihr einfacher Ruf »zieh« gut zu hören ist, so gleicht doch ihr Gesang eher einem Lispeln, bestehend aus einem weitreichenden Repertoire von Trillern und Kadenzen. Daneben ahmen sie auch die Stimmen anderer Vögel nach, aber doch derart vereinfacht, daß man es nur mit Mühe heraushört. Im allgemeinen trifft man die anderen Arten in den niederen Lagen der Bergwälder, wo sie paarweise und mit aufgestellten Schwänzen herumhüpfen; ihr Gesang besteht aus einem ziemlich eintönigen lispelnden Trillern.

Als Nest bauen die Mückenschnäpper kunstvolle, feste Mulden aus Pflanzenteilen, auch Blütenblättern, die mit Spinnengeweben verbunden und außen mit Moos und Flechten getarnt werden. Meist wird das Nest auf einem Querast, häufig auch in einer Astgabel angelegt. Die 4 oder 5 bläulichen und leicht braun gesprenkelten Eier werden 13 Tage lang von beiden Eltern bebrütet, die auch gemeinsam die Jungen füttern, und zwar ausschließlich mit Insekten. Dabei hat man bis 43 Fütterungen in-

Fächerschwanz
Rhipidura leucophrys
Australien und von Neuguinea bis zu den Salomonen; 22 cm.

Gelbbauch-Dickkopf ♂
Pachycephala pectoralis
Von Java und Australien bis zu den Fidji-Inseln; 18 cm.

nerhalb von 20 Minuten gezählt. Nach 10 bis 12 Tagen verlassen die Jungvögel das Nest.
Am stärksten fallen die etwa 80 Arten der Australischen Sänger *(Malurinae)* aus dem Rahmen der Familie, die in Ostindien, Australien und auf Neuseeland zu Hause sind. Im Gegensatz zu den anderen Unterfamilien zeigen sie ein buntes Gefieder mit blauen, roten, schwarzen und weißen Farben. Immer halten die Tiere ihren Schwanz steil nach oben gestellt (weshalb man auch irreführend von Emu- oder Blau-Zaunkönigen spricht); die meisten sind gute Sänger und mitunter auch Spötter. Als lebhafte Bewohner des Busch- und Heidelandes halten sie sich bei ihrer Jagd auf Insekten und deren Larven meist im Bodenbewuchs versteckt und leben selbst während der Brutzeit in kleineren Scharen. Es gibt zwar auch ein paar Arten der Australischen Sänger, die offene, schüsselförmige Nester anlegen, doch bauen die meisten geschlossene Gebilde mit einem seitlichen oder mehr oberhalb gelegenen Eingang, um dort ihre 2 bis 5 Eier hineinzulegen. Zum Bau werden wiederum Pflanzenfasern und Gras verwendet, und das Ganze verbinden die Vögel mit Spinnenweben oder anderen Insektenfäden; das Innere statten sie mit weichen Pflanzenstoffen und Federn aus. Als typisch mag der Vielfarben-Staffelschwanz (Abb. S. 160) gelten. Eine der merkwürdigsten Arten aber ist der kleine Borstenschwanz, dessen Schwanz sich aus 6 zarten, etwa 10 bis 12 cm langen Federn zusammensetzt und damit viel länger ist als der Körper des Vogels selbst. Wenn sich das Tier durch den Bodenbewuchs bewegt, hält es den Schwanz hoch nach oben gestellt, doch läßt es ihn nachschleppen, wenn es von Busch zu Busch flattert.

Fliegenschnäpper *(Muscicapidae)*

Unsere Fliegenschnäpper leben fast ausschließlich von Insektennahrung und fangen sie auf die gleiche Weise wie die Tyrannen – die von den Amerikanern oft als »Tyrannenschnäpper« bezeichnet werden — während des Fluges, doch sammeln einige Arten ihre Beutetiere auch von den Blättern ab, suchen sie auf dem Boden oder doch in Bodennähe. Ganz im Gegensatz zu den Drosseln und Grasmücken, mit denen zusammen sie zweifellos auf gemeinsame Stammformen im Tertiär zurückzuführen sein dürften, ist es ihnen nie gelungen, auf der westlichen Erdhälfte endgültig Fuß zu fassen.

Als gemeinsame Merkmale der Familienangehörigen seien der verhältnismäßig breite, flache Schnabel mit einem endständigen Einschnitt und die wohlentwickelten Federborsten genannt, die eine gute Hilfe beim Insektenfang darstellen. Da sich die Fliegenschnäpper vorwiegend in den Bäumen aufhalten, sind ihre Läufe nur kurz und die Füße schwach entwickelt. Wie bei den Drosseln ist das Jugendgefieder gewöhnlich gefleckt, doch erscheint der Lauf im Gegensatz zu der anderen Familie vorn mit Hornschuppen ausgestattet.

In der Färbung variieren die Arten recht stark; einige tragen ein einfarbiges Grau oder Braun, andere dagegen eine auffällige schwarz-weiße Zeichnung, und wieder andere zeigen glänzend blaue, gelbe und rote Farbmuster. Bei einigen Angehörigen finden wir Kopfhauben, in einigen Fällen auch farbige Hautstellen im Gesicht. Bei den unscheinbareren Arten sehen sich die Geschlechter ziemlich ähnlich, während bei den bunteren merkliche Unterschiede herrschen. Es gibt zwar auch einige gute Sänger unter den Fliegenschnäppern, doch erreichen sie bei weitem nicht die gesanglichen Leistungen der Drosseln und Grasmücken. Zumeist klingen die Rufe recht scharf, der Gesang nur dünn und eintönig mit vielen Wiederholungen und ohne individuelle Variationen.

Recht einheitlich erscheint auch der Nestbau. Meistens legen die Vögel offene Nistmulden in Baumästen oder im Gebüsch aus Blättern, Moos und Flechten an, häufig mit Hilfe von Spinnengewebe, doch nisten einige in Baumhöhlen, in Uferböschungen oder in Gesteinsspalten. Am Nestbau beteiligen sich beide Partner, doch bleibt zumeist dem Weibchen der größte Teil dieser Arbeit überlassen. Das Gelege aus 2 bis 7 Eiern, die weiß, grünlich oder rosa aussehen können, weist oft kräftige Flecke auf. Überall in der Alten Welt sind die Fliegenschnäpper zu Hause, vor allem aber in Afrika und im indo-australischen Gebiet. Die meisten der eurasischen Arten, die nordwärts bis zur Baumgrenze gehen, ziehen im Winter nach Süden. Im Osten ist die Familie bis zu den pazifischen Inseln vorgedrungen, zu den Marquesas und bis nach Hawaii. Wir verteilen die insgesamt 378 Arten auf 4 Unterfamilien, deren größte durch die Nominatgruppe der Eigentlichen Fliegenschnäpper *(Muscicapinae)* dargestellt wird.

Von den häufigeren Arten seien hier der europäische Grauschnäpper und der recht ähnliche asiatische Breitschnabelschnäpper genannt. Beides sind unscheinbare, graue Vögel mit einer

Blaumückenschnäpper
Polioptila caerulea
USA bis Guatemala; 12 cm.

Länge von etwa 12 cm, die im lockeren Wald, auf Feldern, in Vorstädten und Parks zu Hause sind; ihr leiser, hastiger Gesang setzt sich nur aus ein paar dünnen Tönen zusammen. Häufig baut der Grauschnäpper seine Nester an den Häusern und benutzt dazu Moos, Pflanzenfasern und Spinnengewebe, bezieht aber auch die verlassenen Nester anderer Vögel. Wie es meist in dieser Familie üblich ist, brüten beide Partner, in der Hauptsache aber das Weibchen, das während dieser Zeit vom Männchen im Nest gefüttert wird. Nach 12 bis 14 Tagen schlüpfen die Jungen und werden dann noch weitere 11 bis 15 Tage versorgt, ehe sie flügge sind.

Bunter gefärbt ist der ostasiatische Narzißschnäpper, eine auffällig schwarz und gelb gezeichnete Art, die den Sommer in China, Korea und Japan verbringt, im Winter aber zu den Philippinen oder nach Ostindien zieht. Zur gleichen Gattung *Ficedula* gehören auch die bei uns heimischen schwarz-weißen Trauer- und Halsbandschnäpper sowie der niedliche Zwergschnäpper, dessen erwachsene Männchen eine leuchtend zimtrote Kehle aufweisen.

Wie der Narzißschnäpper ist auch der Japanische Blauschnäpper ein hervorragender Sänger; er verbringt den Sommer in Japan und zieht im Herbst nach Malaia. Zur Fortpflanzungszeit schmettert das Männchen sein Lied von einem freien Ast herab. Das Nest aus Moos und Wurzelwerk wird meist am Boden in Gesteinsspalten oder zwischen freiliegenden Baumwurzeln angelegt.

In Afrika, der Überwinterungsstätte der meisten europäischen und westasiatischen Arten, gibt es ungefähr 100 auf dieses Gebiet beschränkte Formen, darunter den merkwürdigen Schwarzkehl-Lappenschnäpper, der seinen Namen nach den fleischigen

Anhängen über den Oberlidern trägt. Er gehört zu einer Gruppe von Schnäppern, die in der Erregung ihre langen Rumpffedern aufrichten und spreizen. Rastlos durchstreifen diese Vögel die mittleren Urwaldlagen, zucken beim Fressen mit den Schwänzen und klappern beim Flug hörbar mit ihren Flügeln.

Diese »Pluderrücken« (puff-backs), wie sie die Amerikaner nennen, bauen ein typisches offenes Fliegenschnäppernest aus Gras und anderen Pflanzenstoffen, die sie mit Spinnengeweben verbinden und mit Flechten verkleiden; es wird gewöhnlich in einer Astgabel angelegt. Wie bei vielen afrikanischen Sperlingsvögeln, so werden auch ihre Nester häufig von Brutparasiten heimgesucht, die dort ihre Eier ablegen und deren Junge dann doppelt so groß werden wie die der Pflegeeltern. Es wirkt ganz eigenartig, wie die kleinen Fliegenschnäpper mühsam versuchen, einen solchen riesigen Wechselbalg satt zu bekommen.

In Australien sowie auf Neuguinea bis zu den Fidji-Inseln lebt eine weitere Fliegenschnäppergruppe, die von den Einheimischen als »Rotkehlchen« (Robins) bezeichnet wird. Die 5 australischen Schwarzrotschnäpper *(Petroica)* sind zahme, liebenswürdige graue Vögel mit roten oder rosa Zeichnungen auf der Brust und dem Kopf. Der Scharlach- und der Rotstirnschnäpper halten sich am Straßenrand und in den Vorhöfen auf und lassen dort ihren lustigen, angenehm trillernden Gesang hören.

Am auffälligsten aber wirkt die Unterfamilie der Schopf- und Paradiesschnäpper *(Monarchinae)*, deren meiste Arten sich durch blaue oder rotbraune Zeichnungen oder durch schwarz-weiße Muster auszeichnen. Häufig finden wir Kopfhauben;

Japanischer Blauschnäpper ♂
Cyanoptila cyanomelana
Mandschurei, Korea, Japan; 14 cm.

bei den Paradiesschnäppern sind die Schwanzfedern der Männchen stark verlängert. Hier herrschen deutliche Geschlechtsunterschiede, während die Jungvögel, die keine Flecken tragen, den Weibchen ähneln. Auf dem breiten, flachen Schnabel verläuft ein leistenförmiger Grat; ihre Flügel sind ziemlich lang, die Läufe und Füße aber klein. Den Lebensraum dieser ruhelosen, betriebsamen Vögel bildet der Wald; hier suchen sie das Laubwerk nach kleinen Beutetieren ab, erbeuten die Insekten aber auch gelegentlich im Fluge. In der Regel leben sie einzeln, doch trifft man sie außerhalb der Brutzeit auch zusammen mit anderen Vögeln in kleinen Verbänden an, die den Urwald durchstreifen.
Nur mittellang ist der Schwanz bei den Arten ausgebildet, die im südlichen Asien von Indien an bis zu den Philippinen und über Ostindien und Australien bis zu den Salomonen vorkommen. Zu deren schönsten Vertretern gehört der Schwarzkopfschnäpper, der innerhalb seines weiten Verbreitungsgebietes von Indien bis zu den Philippinen und Malaia eine ganze Anzahl geographischer Rassen ausbildet. Häufig hört man von den Bäumen in den Eingeborenensiedlungen den rauhen Ruf und den recht angenehmen, trillernden Gesang dieses auffallend zutraulichen, freundlichen Vogels. Sein tiefes, schüsselförmiges Nest aus zartem Gras, Spinnengewebe, Moos und Flechten baut er in nicht allzu großer Höhe in einer Astgabel und legt dort 2 bis 4 hellrosa, fein braun gesprenkelte Eier hinein.
Die herrlichen, langschwänzigen Paradiesschnäpper der Gattung *Terpsiphone* kommen von Afrika und Madagaskar über Indien und Malaia bis zu den Philippinen sowie in China und Japan vor; die tropischen Formen bleiben am Standort, die nördlichen unternehmen jahreszeitliche Züge. Ebenso wie bei den amerikanischen Gabeltyrannen sind auch hier die mittleren Schwanzfedern der Männchen stark verlängert, nur streckt sich bei den Tyrannen das äußere Schwanzfedernpaar, und zwar bei der ersten postjuvenilen Mauser, während bei den Paradiesschnäppern das innere Paar das längste ist. Allerdings erreicht es seine volle Länge von 45 bis 50 cm – das bedeutet das Dreifache der eigentlichen Körpergröße! – erst im 3. Wintergefieder.
Anfang Mai trifft der Japanische Paradiesschnäpper auf Honshu ein und bezieht dort seine Brutplätze im Mischwald am Fuße des Berges als eine der schönsten Vogelarten in den weiten Wäldern im Gebiet des Fujijama. Sein kobaltblauer Schnabel und die fleischigen Augenlider fallen ebenso auf wie der lange Schwanz des Männchens, der im Fluge nachschleppt, aber den

Vogel anscheinend weder bei der Nahrungssuche noch bei seinem Anteil am Brutgeschäft hindert. Auch diese Art baut ihre Nester aus zartem Gras, Moos, Rinde, Spinngewebe und feinem Wurzelwerk zum Auspolstern. Beide Eltern brüten in 12 bis 14 Tagen die 3 bis 5 kremfarbenen, braungefleckten Eier aus.
Als dritter Unterfamilie begegnen wir den Fächerschwänzen *(Rhipidurinae* – Abb. S. 161) vom südöstlichen Asien bis Australien und Neuseeland und auf den meisten südpazifischen Inseln. Sie zeichnen sich durch ihre langen, verrundeten Schwänze aus, die sie ständig von rechts nach links oder von oben nach unten bewegen; dann werden sie wie ein Fächer entfaltet und wieder geschlossen; beim Herumhüpfen lassen die Vögel ihre Flügel sinken. Vorwiegend halten sich diese Tiere im Unterholz oder an den buschbestandenen Waldrändern und Waldlichtungen auf, mitunter auch an den Meeresküsten sowie an den Ufern der Seen und Flüsse. Selbst die Nähe menschlicher Ansiedlungen scheuen diese zutraulichen und neugierigen Vögel nicht. Beide Geschlechter tragen das gleiche, unauffällig braune oder graue Gefieder, das allerdings bei dem Gewöhnlichen Fächerschwanz durch eine grünschimmernde schwarze Oberseite und einen weißen Bauch ersetzt wird.
Als Bewohner des offenen Landes folgte er der Axt und dem Pflug der australischen Kolonisatoren und wurde bald zu einem der bekanntesten Vögel der Vorstädte und auf den Farmen. Gern hält er sich auf dem Rücken und Gehörn der Rinder auf, um von dort aus die Insekten zu fangen, die von den Hufen der weidenden Tiere aufgescheucht werden. Wie ein Zaunkönig verteidigt er sein Revier mit aller Kraft selbst gegen überragende Gegner. Sein Nest baut er wie seine Verwandten zumeist im niederen Buschwerk oder auf einem Querast und verfestigt es derart mit Spinnengewebe, daß man es nur mit Mühe entfernen kann. Häufig befindet sich am Nest noch ein schwanzförmiges Anhängsel aus lockerem Material.
Als vierter Unterfamilie wenden wir uns schließlich den Dickkopfvögeln *(Pachycephalinae)* zu, die durch ihren angenehmen, melodiösen und flötenden Gesang auffallen. Es sind untersetzte Vögel mit großem, rundlichem Kopf und ziemlich kräftigem Schnabel, der mit einer ähnlichen Hakenspitze endet wie bei den Würgern. Am stärksten ist diese Gruppe in Australien und auf Neuguinea entwickelt, doch kommt sie darüber hinaus auch noch in Malaia und auf den Philippinen vor sowie nach Osten auf sehr vielen pazifischen Inseln. Die meisten Arten zeigen

1 **Japanischer Paradiesschnäpper**
Terpsiphone atrocaudata
Japan, Riu-Kiu-Inseln, Formosa; 50 cm.

2 **Indischer Paradiesschnäpper ♂**
(weiße und rote Variante)
Terpsiphone paradisi
Indien bis Mandschurei, Indochina und Ostindien; 48 cm.

3 **Schwarzkopfschnäpper ♂**
Hypothymis azurea
Indien bis Philippinen und Ostindien; 15 cm.

4 **Grauschnäpper**
Muscicapa striata
Eurasien; 14 cm.

5 **Narzißschnäpper**
Ficedula narcissina
Ostasien; 12 cm.

einen bräunlichen oder grünlichgrauen Rücken, während die Unterseite heller, mitunter sogar gelb erscheint; die Kehle sieht weiß aus, und auf Kopf und Nacken treten verschiedenartige schwarze und gelbe Zeichnungen auf. Typisch für diese Gruppe ist der Gelbbauch-Dickkopf (Abb. S. 161), dessen Heimat von der Malaiischen Halbinsel über Java und Australien bis zu den Fidji-Inseln reicht. In diesem riesigen Verbreitungsgebiet bildet die Art nicht weniger als 80 oder noch mehr geographische Rassen aus. Bei den meisten davon ist das Männchen bunter als das Weibchen, doch gleichen sich die Geschlechter bei verschiedenen anderen Rassen. Bei den Jungvögeln ist das Gefieder nicht gefleckt und ähnelt daher dem der Weibchen.
Die Dickkopfvögel sind im Buschland und im Unterholz der Wälder zu Hause, wo sie im Laubwerk und Geäst unermüdlich den Insekten nachjagen. Während der Brutzeit legen sie eine ausgesprochene Reviertreue an den Tag, und die Partner rufen sich in einem steten Wechselgesang gegenseitig zu. Außerhalb der Brutzeit aber mischen sich die Tiere unter die lockeren Schwärme anderer Vögel und durchstreifen mit ihnen das Waldland. In ihrer ganzen Lebensweise zeigen sie sich sehr regsam und neugierig; man kann sie zum Antworten zwingen, wenn man ihnen ihr eigenes Lied vorpfeift. Das recht große, oben offene Nest wird in der Nähe des Bodens angelegt, und zwar ausschließlich vom Weibchen; das Gelege enthält nur 2 oder 3 Eier.

Heckenbraunelle
Prunella modularis
Europa und Kleinasien; 15 cm.

Alpenbraunelle
Prunella collaris
Euro-asiatisches Bergland von Spanien bis Japan; 18 cm.

Braunellen *(Prunellidae)*

Europa und Asien bilden die Heimat der 12 Braunellenarten, kleiner, unscheinbarer, sperlingsähnlicher Vögel, deren Klassifikation nicht immer leichtfällt. In Aussehen und Verhalten ähneln sie manchen Ammern, doch zeigen sie einen dünnen, scharf zugespitzten, drosselähnlichen Schnabel und 10 Handschwingen an ihren verrundeten Flügeln. Es sind kräftige kleine Bodenvögel mit einem weichen braunen oder grauen, gestreiften oder gefleckten Gefieder, die sich alle – mit Ausnahme der Heckenbraunelle – in den höheren Berglagen oder im Tundrengebiet oberhalb der Baumgrenze aufhalten.
Alle Braunellen gleichen sich derart stark, daß man sie in der einzigen Gattung *Prunella* vereinigt. Wo wir ihre eigentlichen Vorfahren zu suchen haben, wissen wir nicht, doch scheinen die Braunellen noch am nächsten mit den Drosseln verwandt zu sein. Die Jungen sind wie bei diesen gefleckt; Lauf und Füße sind mittelgroß, doch ist der Lauf im Gegensatz zu den Drosseln mit Hornschuppen besetzt. Ihr Gesang klingt recht melodiös, aber nicht sehr laut und eindrucksvoll. Im Sommer besteht ihre Nahrung aus großen Mengen von Insekten; im Winter treten Beeren und Sämereien an deren Stelle. Wie die meisten Samenfresser sind sie mit einem Kropf und einem Muskelmagen ausgerüstet; auch nehmen sie kleine Steinchen auf, die ihre Verdauung fördern sollen.
Typisch für diese Familie ist die weitverbreitete Alpenbraunelle, deren Verbreitungsgebiet sich vom nordwestafrikanischen Atlasgebirge und den Pyrenäen über die Alpen und den Himalaja bis zum Hochland der Mandschurei und Japan erstreckt. Die Art tritt keineswegs selten auf, beschränkt sich aber als Hochgebirgsvogel auf engumrissene Vorkommen, so daß man zur Zeit 8 geographische Rassen unterscheidet. Während des Sommers leben diese Tiere weit oberhalb der Baumgrenze, doch ziehen sie sich zum Winter in kleinen, lockeren Scharen in die tieferen Lagen zurück. Dabei zeigen sie sich überhaupt nicht scheu, sondern lassen sich sogar gern von den Bergsteigern mit den Resten ihrer Wegzehrung füttern. Mit kleinen, schnellen Schritten oder flinken Hüpfern bewegen sie sich über den Boden, wobei sie häufig mit dem Schwanz und den Flügeln im Takt zu ihren Schritten zu zucken pflegen.
Zur Balzzeit singt das Alpenbraunellen-Männchen (Abb. S. 169) sein trillerndes Lied von einem Felsbrocken oder niedrigen Busch

herab und unternimmt auch singend kurze Balzflüge. In den Felsspalten baut das Weibchen sein offenes, muldenförmiges Nest aus Blättern, Gras, Wurzeln und ein paar Federn und legt dort 3 bis 5 helle, grünlichblaue Eier ab, die von beiden Eltern etwa 15 Tage bebrütet werden. Anfangs erhalten die Jungvögel weiche Insekten, später Sämereien aus dem Kropf der Alten. Oft verlassen die Jungvögel schon ihr Nest, bevor sie flügge sind, und werden dann noch eine Zeitlang von den Alten betreut. Mitunter zieht die Alpenbraunelle zwei Bruten im Jahr auf.
Die Heckenbraunelle (Abb. S. 169) hält sich in Buschwerk und strauchbestandenem Moorland auf, aber auch an den Küsten, wo das salzige Spritzwasser keinen Baumbewuchs duldet. Sie ist keineswegs selten, lebt aber häufig im Gebüsch oder in Hecken versteckt und nistet auch dort. Hier sorgt allein das Weibchen für den Nestbau und das Brüten; es muß sogar das Futter selbst für sich heranschaffen. Erst wenn die Jungen nach 12 Tagen schlüpfen, hilft das Männchen beim Füttern, bis sie nach weiteren 12 Tagen flügge sind. Da die Heckenbraunelle schon zeitig im Frühjahr zu brüten beginnt, bringt sie öfters zwei Bruten im Jahr hervor. Zum Winter ziehen die Vögel südwärts ins Mittelmeergebiet.
Da durch einen Zufall auch einmal 2 Exemplare der Bergbraunelle nach Nuvinak und den St.-Lawrence-Inseln westlich von Alaska verschlagen wurden, taucht diese Art nun auch in den amerikanischen Faunenlisten auf. Normalerweise kommt die Bergbraunelle vom Ural bis zur Chukotski-Halbinsel in Sibirien an den Flüssen vor und zieht zum Winter ins mittlere Sibirien, nach Nordchina und Korea.

Stelzen *(Motacillidae)*

Diese hübschen, schlanken Bodenvögel, die sich laufend, aber niemals hüpfend auf der Erde fortbewegen, haben einen schmalen, spitzen Schnabel und fressen fast ausschließlich Insekten, die sie auf dem Boden oder in nächster Nähe fangen. Sie leben vor allem im offenen, baumarmen Gelände, im Moorland, auf Feldern, Tundren, an den Küsten oder im Ufergelände der Flüsse und Seen, auch in der Nähe des Menschen.
Wir unterscheiden 54 Arten, die sich auf die 3 Gattungen der Pieper und die 2 Genera der Stelzen verteilen. Bei den Piepern finden wir ein braunes Gefieder mit Streifen oder Flecken, in

Gelbbauch-Großsporn
Macronyx croceus
Afrika südlich der Sahara; 20 cm.

Bachstelze
Motacilla alba
Eurasien und Island; 18 cm.

Bergstelze
Motacilla cinerea
Eurasien; 18 cm.

dem sich die Geschlechter kaum unterscheiden; die Stelzen mit ihren auf und ab wippenden Schwänzen zeigen etwas auffälligere Farben, insbesondere die Männchen, während die Jungvögel oft ein besonderes Jugendkleid tragen. In beiden Gruppen sind die äußeren Federn weiß gefärbt oder doch weiß gerandet, was besonders bei dem kräftigen, wellenförmigen Flug der Vögel sichtbar wird. Die meisten Arten unternehmen regelmäßig jahreszeitliche Züge.
In dieser Familie sind die Flügel ziemlich lang und spitz, die Läufe schlank und zum Teil mit Hornschuppen bekleidet. An den Flügeln finden wir nur 9 anstatt der sonst üblichen 10 Handschwingen. In Bau und Verhalten lassen die Arten einige Ähnlichkeiten mit den altweltlichen Grasmücken und Drosseln erkennen, und auch ihre Verbreitung deutet darauf hin, daß die Familie in der östlichen Erdhälfte entstanden ist; geologisch läßt

Wasserpieper
Anthus spinoletta
Nördliche Erdhalbkugel; 17 cm.

Waldstelze
Dendronathus indicus
Nördliches China, Mandschurei und Korea; 14 cm.

sie sich 30 Millionen Jahre zurück bis ins obere Oligozän verfolgen.
Als größte Gruppe enthält die Gattung *Anthus* 34 einander sehr ähnliche Pieper und bildet damit eine der am weitesten verbreiteten Sperlingsvogel-Einheiten. Sie hat sich in Eurasien und Afrika am stärksten entfaltet und fehlt im wesentlichen nur auf den pazifischen Inseln. Eine Art ist sogar bis Südgeorgien und damit an die antarktische Grenze vorgedrungen. Äußerlich ähneln die Pieper auffallend den Lerchen.
Zum Winter ziehen die Pieper in Schwärmen, wobei sie nachts ruhen. Häufig trifft man sie auf den Feldern, wo sie die vom Weidevieh aufgescheuchten Insekten jagen, während die an den Meeresküsten heimischen Arten ihre Nahrung an den Wasserstellen im Wattenland finden. Wenn auch nicht derart stark ausgeprägt, so pflegen doch viele Pieper ebenso mit dem Schwanz zu wippen wie die Stelzen. Dazu gehört z. B. der eurasische Baumpieper, dessen Brutgebiet von Nordspanien durch Europa und Asien bis Mittelsibirien reicht; er zieht nach Afrika und Südasien. Wie der Baumpieper hat auch der Spornpieper, eine sibirisch-chinesische Art, die auf dem Zug immer wieder in Mitteleuropa erscheint, zahlreiche geographische Unterarten ausgebildet. In den nördlichen Prärien Nordamerikas lebt der Sprague-Pieper, bekannt durch seinen eigenartigen Hochzeitsflug. Zu den eurasischen Formen gehören weiterhin der Wiesen-, Rotkehl-, Wasser- und Brachpieper. Etwa 20 Arten finden sich in Afrika, von denen einige dort nisten, andere aber nur überwintern.
Ihre Nester bauen die Pieper aus zartem Gras an verborgenen Stellen des Bodens. Das Brüten besorgt allein das Weibchen, doch wird es vom Männchen gefüttert, das später auch beim Atzen der Brut hilft. Die 3 bis 7 weißen bis gelblichen, kräftig braun gefleckten Eier werden 12 bis 14 Tage bebrütet, und ebenso lange dauert es, bis die Jungen flügge werden. Viele Arten brüten mehrmals im Jahr.
Als Großspornpieper bezeichnet man eine Gruppe von 8 Arten der afrikanischen Gattung *Macronyx*, die sich durch eine besonders lange Hinterzehe und -kralle auszeichnen und dadurch leicht über den Grasboden der Steppen zu rennen vermögen. Beim Gelbbauch-Großsporn beträgt die Länge der Hinterzehe fast 5 cm und die Spannweite des ganzen Fußes 9 cm; das ist halb soviel wie die Gesamtlänge des ganzen Vogels! Der Rücken dieser Großspornpieper trägt immer unauffällige Tarnfarben, doch

wirkt die Unterseite meist gelb, durchzogen von einem dunklen Kehlband.

Die meisten der 10 Stelzenarten aus der Gattung *Motacilla* leben in der Nähe des Wassers, an den Bergflüssen und Seeufern, auf feuchten Wiesen oder im Moor, hauptsächlich im gemäßigten Eurasien und Afrika; einige Arten ziehen im Winter nach Südostasien. Gelegentlich wird die Trauerbachstelze in das westliche Alaska verschlagen, aber nur einer Art ist es gelungen, in der Neuen Welt festen Fuß zu fassen, nämlich der Schafstelze, die das gemäßigte Eurasien bis Ostsibirien, Nordafrika und Alaska bewohnt und im Herbst nach Afrika und Südasien zieht. Zum Winter kehren die amerikanischen Schafstelzen aus Alaska in die altweltliche Heimat ihrer Vorfahren zurück, und zwar zuerst nach Sibirien und von dort aus südwärts.

Zu den charakteristischen Vögeln der Alten Welt gehört die Bachstelze mit ihren vielen Unterarten. Schon an ihrem auffälligen schwarz-weißen Gefieder läßt sie sich erkennen. Dabei ist sie keineswegs scheu, sondern macht sich eifrig im offenen Gelände zu schaffen. In verschiedenen Lebensräumen kommt die Bachstelze in Europa, Asien und Afrika vor; sie bevorzugt offenes Gelände möglichst in Wassernähe, auch in Steinbrüchen sowie im Kulturland und in der Nähe landwirtschaftlich genutzter Gegenden. Im Küstengebiet hält sie sich gern bei den Fischerdörfern auf, wo sie dann die Fliegen von den zum Trocknen aufgespannten Fischernetzen fortfängt.

Nicht ganz so zutraulich wie die Bachstelze sind die Schaf- und die ihr recht ähnliche Bergstelze, zwei Arten mit olivgrüner bzw. blaugrauer Oberseite und gelber Bauchseite, die man nicht selten an Wasserläufen, in Sumpfgebieten und auf Wiesen trifft. Die Waldstelze, ein Vogel der Waldlichtungen und Flußufer Ostasiens, wippt nicht senkrecht mit ihrem Schwanz wie die anderen Stelzen, sondern führt mit ihm seitliche kreisende Bewegungen aus.

Außerhalb der Brutzeit leben die Stelzen ziemlich gesellig. Im Gegensatz zu den Piepern ruhen sie sich nicht auf dem Boden aus, sondern auf Bäumen, Sträuchern oder auf dem Schilf. Während der Züge oder an den Winterquartieren sieht man sie mitunter zu Tausenden beieinander.

Grundsätzlich legen die Stelzen ihr lockeres Nest aus Stroh, Wurzelwerk, gepolstert mit Haar, Federn und selbst Papierstückchen, auf dem Boden an, benutzen aber auch mitunter die leeren Nester anderer Vögel auf den Bäumen und Büschen. In der Färbung sowie in der Anzahl von 4 bis 7 Eiern gleichen die Gelege der Stelzen durchaus denen der Pieper, doch beteiligt sich hier das Männchen im Gegensatz zu den Piepern manchmal am Brutgeschäft. Auch die Stelzen ziehen gewöhnlich mehrere Bruten im Jahr auf. Die in den nördlichen Gebieten heimischen Arten, die zu Beginn des Winters nach Süden abziehen, nisten zweimal im Jahr, während die Bewohner der Tropen und Subtropen, die mehr seßhaft leben, ihre Brutzeiten so legen, daß sie mit den Regenzeiten zusammenfallen, denn dann finden sie das meiste Futter für die Aufzucht ihrer Jungen.

Schwarzer Seidenschnäpper ♂
Phainopepla nitens
Südwestliche USA und Mexiko; 18 cm.

Arabischer Seidenschwanz
Hypocolius ampelinus
Arabien, Irak, Mesopotamien; 18 cm.

Palmenschwätzer
Dulus dominicus
Haiti; 20 cm.

Seidenschwanz
Bombycilla garrulus
Eurasien und westliches Nordamerika; 20 cm.

Seidenschwänze *(Bombycillidae)*

In dieser Einheit faßt man 4 ziemlich unterschiedliche, kleine Gruppen zusammen, die vielleicht besser als eigene Familien betrachtet werden sollten. Ihre verwandtschaftlichen Beziehungen sind uns nicht recht klar, doch ähneln die 3 Eigentlichen Seidenschwänze *(Bombycillinae)*, die 4 Seidenschnäpper *(Ptilogonatinae)*, der Arabische Seidenschwanz *(Hypocoliinae)* und der Palmenschwätzer *(Dulinae)* einander mehr als irgendeiner anderen Vogelfamilie. Sie alle sind 15 bis 23 cm lange Baumvögel, die sich von Früchten ernähren, haben einen ziemlich breiten Schnabel, kurze Beine und 10 Handschwingen. Mit Ausnahme des Palmenschwätzers zeigen sie ein weiches, seidiges Gefieder mit harmonisch aufeinander abgestimmten, klaren Farben. Weniger prächtig erscheint ihre Stimme, denn einen eigentlichen Gesang finden wir bei keiner Art. Alle Seidenschwänze beschränken sich auf die nördliche Erdhalbkugel, aber damit haben wir auch schon die wichtigsten gemeinsamen Merkmale erschöpft.

Nur die Eigentlichen Seidenschwänze kommen sowohl in der Alten als auch in der Neuen Welt vor; die Seidenschnäpper leben in Mittelamerika, der Arabische Seidenschwanz im südwestlichen Asien, und der Palmenschwätzer ist auf der westindischen Insel Haiti zu Hause. Aus dieser verstreuten und beschränkten Verbreitung sowie aus dem Fehlen engerer Beziehungen zu anderen Vogelfamilien geht hervor, daß wir es hier wohl mit Restgruppen zu tun haben, die an ihrem derzeitigen Verbreitungsgebiet übriggeblieben sind, während ihre näheren Verwandten ausstarben. In welchem Grade die 4 Seidenschwanzgruppen miteinander verwandt sind, steht keineswegs fest, und so dürfte ihre herkömmliche Vereinigung in einer Familie nicht den tatsächlichen Verwandtschaftsverhältnissen entsprechen.

Die 3 Arten der Echten Seidenschwänze unterscheiden sich so geringfügig voneinander, daß man sie zur einzigen Gattung *Bombycilla* zusammenfaßt. Es sind hübsche Vögel mit einem ansehnlichen Schopf und weichem Gefieder von meist rehbrauner Farbe und einer schmalen gelben oder roten Binde am Schwanzende. Farblich unterscheiden sich die Geschlechter nicht, doch sind die Jungvögel dunkler als die Erwachsenen. Nach den roten, wachsähnlichen Hornplättchen an den Schaftspitzen der Armschwingen bei 2 ihrer Arten nennen die englischsprachigen Völker diese Vögel »Wachsflügel« (Waxwings); wozu diese merkwürdigen Gebilde dienen, wissen wir nicht.

Als größte der 3 Arten nimmt der Gewöhnliche Seidenschwanz das nördlichste Verbreitungsgebiet ein. Er brütet unregelmäßig in den Nadel- und Birkenwäldern des nördlichen Eurasien und Nordamerika. Nicht viel anders sieht der etwas kleinere Zedernseidenschwanz aus, nur fehlen ihm die weißen Flügelflecke, und die Unterschwanzdecken sind gelb statt haselnußbraun. Der Zedernseidenschwanz nistet im Waldgebiet des größten Teiles von Nordamerika und zieht zum Winter unregelmäßig bis zum Norden von Südamerika. Beim Japanischen Seidenschwanz fehlen die Hornplättchen an den Flügeln, und seine Schwanzbinde ist rot; er brütet in den Wäldern der ostsibirischen Taiga und verbringt den Winter in Japan oder Korea.

Die Seidenschwänze leben höchst gesellig. Sie ziehen und überwintern in dichten Scharen, bleiben aber auch an ihren Niststätten zusammen. Ihr Flug ist anmutig, kräftig und ziemlich schnell. Merkwürdigerweise kennen sie keine eigentliche Ortstreue, und so wirken ihre Züge und Wanderungen etwas nomadenhaft, so daß man nie weiß, wann und wo sie in ihren Winterquartieren eintreffen werden. In Abständen von 4 bis 7 Jahren stoßen sie auf beiden Erdhälften weit über die Südgrenze ihrer üblichen Überwinterungsländer vor.

Ebenso unzuverlässig zeigen sie sich bei der Auswahl ihrer Nistplätze, die sie häufig von Jahr zu Jahr wechseln. Vielleicht hängt dieses Zigeunertum wenigstens zum Teil mit dem Nahrungsangebot zusammen, denn die Seidenschwänze ernähren sich von Früchten und Beeren. Anscheinend fliegen die Schwärme immer dorthin, wo diese Früchte gerade reifen. Im Frühling und Sommer nehmen die Seidenschwänze auch größere Mengen von Blütenblättern und fühlen sich durch den Nektar angezogen. Außerdem leben sie im Sommer vielfach noch von Insekten und verfüttern sie als ausschließliche Nahrung an ihre Jungen. Für Vögel, die den Großteil des Jahres Früchte fressen, wirkt ihr Darmsystem recht kurz, und so verdauen sie auch sehr schnell, nämlich innerhalb von 20 bis 40 Minuten.

Die Seidenschwänze sind ausgesprochen zutrauliche Vögel. Ihr Ruf klingt weich, dünn und lispelnd in einer recht hohen Tonlage, und der Frühlingsgesang besteht aus einem klirrenden feinen Trillern. Meist nisten die Vögel verhältnismäßig dicht beieinander, wobei jedes Paar auf einem freien Ast und ohne allzuviel Tarnung sein großes, schüsselförmiges Nest aus Gras und Zweigen baut und mit feineren Fasern, Haaren und Federn ausstattet. Am Nestbau beteiligen sich beide Geschlechter, doch bleibt das Brüten hauptsächlich, wenn nicht sogar ausschließlich, dem Weibchen überlassen, das dann vom Männchen gefüttert wird. Das Gelege enthält 3 bis 5 aschgraue, braun und schwarz gefleckte Eier, aus denen nach 12 bis 15 Tagen die Jungen schlüpfen; nach 14 bis 16 Tagen können sie fliegen.

Von der nächsten Gruppe kennen wir am besten den Schwarzen Seidenschnäpper, der recht häufig im trockenen Buschland der südwestlichen USA und in Mexiko vorkommt; 3 weitere Arten verteilen sich auf 2 andere Gattungen und leben von Mexiko an bis Panama. In ihrem weichen, seidigen Gefieder, dem deutlichen Schopf und der Vorliebe für Früchte ähneln sie den Seidenschwänzen, doch ernähren sie sich mehr als die anderen Mitglieder der Familie von Insekten, die sie, wie die Fliegenschnäpper, in der Luft erbeuten. Auch sind die Flügel kürzer und die Schwänze länger ausgebildet, und die Geschlechter unterscheiden sich äußerlich voneinander.

Die Seidenschnäpper leben ebenfalls gesellig und halten sich außerhalb der Brutzeit in kleineren Scharen auf. Häufig sieht man sie mit aufgestelltem Schopf an einer freien Stelle sitzen. Ihre Wanderzüge scheinen im Zusammenhang mit dem Reifen der Beeren zu stehen, wobei die Vögel vor allem die Früchte der Mistel bevorzugen und somit dazu beitragen, diese Pflanzenparasiten zu verbreiten. Ihr Gesang besteht aus einem Schwall kurzer Töne, klingt aber nicht unangenehm.

Der Schwarze Seidenschnäpper ist die einzige Art seiner Unterfamilie, deren Nistverhalten man genauer kennt. Er baut sein

offenes, napfförmiges Nest in Bäumen oder Büschen wie der Seidenschwanz, nur bleibt es etwas kleiner. Hier übernimmt das Männchen nicht nur den größten – wenn nicht gar den gesamten – Anteil am Nestbau, sondern beteiligt sich auch vorwiegend am Brüten. Wahrscheinlich wird in jedem Jahr nur ein Gelege aus 2 bis 3, seltener auch 4, grauweißen, kräftig braun und schwarz gefleckten Eiern abgesetzt, und nach 14 bis 15 Tagen kommen die Jungen aus.
In Westarabien, Mesopotamien und den angrenzenden Gebieten bis Afghanistan und Westpakistan brütet der vorwiegend bläulichgraue Arabische Seidenschwanz, der gleichfalls einen aufgestellten Schopf trägt. In kleineren Verbänden durchstreifen die Vögel das Buschland und ernähren sich dort fast ausschließlich von Früchten, insbesondere Maulbeeren, Datteln und Feigen. Wenn sich die Tiere auf einem Baum niederlassen wollen, so fliegen sie direkt ins Laubwerk hinein, statt auf einem äußeren Zweig zu landen. Dort fühlen sie sich so gut geborgen, daß man sie kaum aufzuscheuchen vermag. Wie bei den eben behandelten Unterfamilien, klingt auch ihr Gesang recht leise und wenig eindrucksvoll. Die Pärchen nisten allein und bauen ein ähnliches Nest wie die Seidenschwänze und -schnäpper; ihre 4 bis 5 milchweißen Eier sind am breiteren Ende kräftig braun gefleckt.
Die 4. Unterfamilie dieser Sammelgruppe bildet allein der Palmenschwätzer auf Haiti. Mit den anderen Gruppen teilt er die Vorliebe für Früchte und die gesellige Lebensweise, doch wirkt sein oberseits olivbraunes, am Bauch gelblich-weißes, braun gestricheltes Gefieder viel härter und rauher. In der Färbung unterscheiden sich die Geschlechter nicht; die Jungen wirken dunkler und trüber gefärbt. Der Schnabel ist etwas kräftiger ausgebildet als bei den anderen Arten, die mittellangen Flügel sind abgerundet, die Beine und Zehen kräftig.
Vor allem aber unterscheidet sich der Palmenschwätzer in seinem Brutverhalten, denn die Paare errichten riesige, korbähnliche Gemeinschaftsnester aus Zweigen und Ästen auf einer Palme am Grunde der Wedel; jedes Paar bewohnt sein eigenes Appartement mit privatem Seiteneingang. Das Innere wird mit weicher Rinde und Gras ausgekleidet. Ihr Gelege besteht aus 2 bis 4 weißen Eiern mit kräftig grauen Flecken. Auch nach der Brutzeit dient das Gemeinschaftsnest noch als Aufenthalt.
Überall auf Haiti kennt man diese häufigen Vögel, zumal sie in Scharen recht geräuschvoll ihr rauhes Schwatzen ertönen las-

sen. Sie leben größtenteils von Beeren und Blüten, die sie nur von den Bäumen und Büschen, aber nie vom Boden aufnehmen. Sonst aber wissen wir nur sehr wenig von ihren Lebensgewohnheiten und vermögen auch nichts darüber auszusagen, ob sie ihre Besonderheiten erst in der Isolation auf Haiti entwickelt oder sie als letzte Überlebende einer sonst ausgestorbenen Vogelgruppe beibehalten haben.

Schwalbenstare *(Artamidae)*

Am zahlreichsten sind die kleinen, einfach gefärbten Schwalbenstare mit ihrem untersetzten Körper und den langen, spitzen Flügeln in Australien vertreten, wo 6 ihrer insgesamt 10 Arten vorkommen; die anderen finden wir von Indien bis zu den Philippinen und ostwärts bis zu den Fidji-Inseln. Unser Name »Schwalbenstar« oder die im Englischen übliche Bezeichnung

Weißbrauen-Schwalbenstar
Artamus superciliosus
Australien; 22 cm.

»Waldschwalben« (wood-swallows) erscheint nicht gerade glücklich gewählt, weil diese Tiere überhaupt nicht näher mit den Schwalben oder Staren verwandt sind und ihnen nur insofern ähneln, als sie im Flug an Schwalben erinnern und sich wie diese vorwiegend von Insekten ernähren, die sie im Fluge fangen.
Wo wir die nächsten Verwandten der Schwalbenstare zu suchen haben, können wir nur zu erraten versuchen, denn sie zeigen keine festeren Bindungen zu irgendwelchen anderen Vogelgruppen. Am meisten ähneln sie noch den Seidenschwänzen und Blauwürgern, aber auch das nur recht undeutlich. Ihr weiches, feines Gefieder zeigt dunkle braune, graue oder schwarze Farben, die bei einigen Arten durch einen hellen Bauch oder weiße Flächen an den Flügeln aufgehellt werden, ohne daß sich die Geschlechter hierin wesentlich unterscheiden. Der lange, kräftige und leicht abwärts gekrümmte Schnabel öffnet sich weit, und die kurzen Läufe sind ebenso stark entwickelt wie die Füße. Ihr Hals wirkt kurz, und der mittellange Schwanz endet abgestutzt oder leicht ausgerandet. Als besonderes Kennzeichen der Schwalbenstare finden wir hier Puderdunen, jene Federformen, die ständig weiterwachsen und an ihrem oberen Teil zu einem Puder zerfallen, der zum Reinigen des übrigen Gefieders benutzt wird. Das gleiche kennt der Vogelfreund von den Steißhühnern, Reihern, Papageien und Madagaskarrallen, doch treten Puderdunen sonst bei keiner anderen Gruppe der Sperlingsvögel auf. Manche Ornithologen halten die Schwalbenstare für die vollendetsten Flugkünstler unter den Sperlingsvögeln, denn sie stellen – abgesehen von den Krähenvögeln – die einzigen dar, die ohne einen Flügelschlag längere Zeit in der Luft zu segeln vermögen und dabei jeden Aufwind auszunutzen verstehen. Häufig sieht man die Schwalbenstare in größeren Scharen über Waldlichtungen, Getreide- oder Reisfeldern auf der Jagd nach Insekten; manchmal fliegen sie so hoch, daß man sie kaum noch erkennt, doch hört man auch dann noch ihr rauhes, nasales Zwitschern.
Jeder Schwarm hält sich im wesentlichen in der Nähe eines bestimmten Markierungspunktes auf, eines alleinstehenden Baumes, einer Palmengruppe oder eines kleinen Bambusgehölzes; dort lassen sich die Vögel auch nieder und gehen nach Herzenslust einzeln der Jagd nach. Erblicken sie ein vorbeiziehendes Insekt, so fliegen sie ihm nach, ergreifen es und segeln noch ein Stück um ihr Revier, bevor sie wieder dorthin zurückkehren. Ihre hauptsächliche Jagdzeit liegt in den frühen Morgen- und in den

späten Abendstunden; während der Tageshitze halten sie sich meist an ihrem Ruheplatz auf. Bei Heuschrecken- und anderen Insektenplagen tun sich die Vögel in Scharen zusammen und stürzen sich zur Freude der Landwirte auf die Schädlinge, um mit ihnen aufzuräumen. Früchte und andere Pflanzenstoffe nehmen sie nur selten.

Im größten Teil ihres Verbreitungsgebietes kommen die Schwalbenstare recht häufig vor und fallen durch ihren Lärm und ihre Geselligkeit auf. Nicht selten sieht man sie dicht nebeneinander auf weiten Strecken der Telefonleitungen sitzen; des Nachts schmiegen sie sich hoch in den Zweigen der Bäume zur Ruhe aneinander. Bei Regenwetter aber sucht der Schwarm, dicht an dicht gedrängt, Unterschlupf unter einem schrägen Baum, einem vorragenden Zweig oder einem lockeren Stück Rinde; dabei drängen sich die Tiere auf einem engen Raum oft so stark übereinander, daß das Ganze wie ein riesiger Bienenschwarm wirkt. Ihr locker gefügtes Nest, das wie eine Soßenschüssel aussieht, legen die Schwalbenstare auf einem Ast an; der australische Weißbrauen-Schwalbenstar, mit 22 cm eine der größten Arten, baut in den unteren Lagen eines Baumes oder Busches, dagegen bevorzugt der Aschgraue Schwalbenstar in Südostasien die Nistgründe in 10 bis 12 m Höhe, möglichst am Stumpf eines abgebrochenen Palmwedels. Das kleinste Mitglied der Familie, der nur 15 cm große Zwergschwalbenstar in Australien, der im Flug nur halb so groß wirkt wie seine größeren Verwandten, errichtet sein Nest in Baumhöhlen oder in den Gesteinsspalten eines Felsens; auch er brütet gern, wie verschiedene andere Arten, in Kolonien. Soweit wir wissen, beteiligen sich bei den Schwalbenstaren beide Geschlechter am Ausbrüten der Jungvögel. Die Eier zeigen eine weiße bis gelbliche Grundfärbung und tragen in der Regel kräftige dunkle Flecken an ihrem breiteren Ende; dadurch ergibt sich eine auffallende Ähnlichkeit mit den Eiern der Würger. Die Anzahl der Eier im Gelege schwankt zwischen 2 und 4.

Blauwürger *(Vangidae)*

Isolierte Inselformen entwickeln sich sehr schnell, und so kann auch im Fall der Blauwürger niemand sagen, wann ihre Vorfahren einst Madagaskar erreicht und wie sie ausgesehen haben. Da die urtümlichen Blauwürger anatomische Ähnlichkeiten mit den afrikanischen Brillenwürgern *(Prionopinae)* aufweisen, sieht es so aus, als seien irgendwelche frühen Würger über die Straße von Mozambique nach Madagaskar gekommen und hätten hier die Familie der Blauwürger begründet, die sich heute aus 8 Gattungen mit 12 Arten zusammensetzt.

Die meisten Arten zeigen einen metallisch schimmernden dunklen Rücken und einen weißen Bauch oder lassen haselnußbraune oder graue Zeichnungen erkennen. Mitunter ist auch der Kopf weiß, aber die schönste, bunteste Art bleibt doch der nebenstehend gezeigte Echte Blauwürger. Bis auf die etwas dunklere Färbung der Weibchen unterscheiden sich die Geschlechter äußerlich kaum. In der Regel sind die Schnäbel kräftig und hakig entwickelt, doch besitzt eine Art auch einen dünnen, gebogenen Schnabel, und eine andere trägt sogar einen Schnabelaufsatz. Die Flügel wirken verrundet, die Schwänze gewöhnlich kurz und abgestutzt, die Beine und Füße kurz und kräftig.

Die Blauwürger kommen in den verschiedensten Lebensräumen auf den Waldbäumen vor, meistens in den Wipfeln, wo sie die Blätter nach Insekten absuchen, wie der Echte und der kleinere Rotschwanz-Blauwürger, die sich ihre Nahrung oft mit dem Bauch nach oben von der Unterseite der Blätter holen. In den mittleren und niederen Lagen hält sich der Rote Blauwürger auf, der Lafresnaye-Blauwürger im trockenen Buschland. In kleineren Scharen durchstreift der Helmblauwürger den Wald. Der Lebensraum des Hakenschnabel-Blauwürgers, einer primitiveren Art, reicht von den Wipfeln bis zum Grund des Waldes, des Busch- und Mangrovengebietes. Dieser Einzelgänger sitzt ruhig auf seinem Ast und wendet lediglich langsam den Kopf nach einem Insekt oder sonstigem Kleingetier; sein Ruf besteht aus einem langgezogenen Pfeifton.

Geselliger lebt der Sichelschnabel-Blauwürger, der in Scharen von 25 oder mehr Tieren die Wälder und Savannen durchzieht.

Madagaskar - Kleiber
Hypositta corallirostris
Madagaskar; 13 cm.

Raubwürger
Lanius excubitor
Nördliches Eurasien und Nordamerika; 24 cm.

Neuntöter
Lanius collurio
Gemäßigtes Eurasien; 18 cm.

Prachtwürger
Telophorus quadricolor
Südafrika; 20 cm.

Links oben:
Echter Blauwürger
Leptopterus madagascaricus
Madagaskar; 15 cm.

Er baut ein großes Nest aus Zweigen auf einem hohen Baum, doch wissen wir von seinem sonstigen Brutverhalten ebensowenig wie von dem der anderen Blauwürger.

Würger *(Laniidae)*

Die vollendetsten Raubvögel aus der Sperlingsvogelgruppe sind die Würger; sie leben zumeist von Insekten, doch fressen manche auch kleine Wirbeltiere, wie Frösche, Echsen, Nager und selbst Vögel bis zu ihrer eigenen Größe. Ihre Beute töten die Würger nicht mit den Krallen, sondern mit ihrem scharfen, gebogenen Schnabel. Danach spießen sie sie auf Dornen oder spitzen Ästen auf.
Zumeist werden die Würger 18 bis 25 cm lang. Sie zeigen einen großen, breiten Kopf und einen kräftigen, an der Spitze hakig gekrümmten Schnabel mit einem endständigen Ausschnitt; die kurzen, verrundeten Flügel sind mit 10 Handschwingen ausgestattet, der lange Schwanz verjüngt sich zum Ende. Die kräf-

tigen Läufe und Füße tragen scharfe Krallen. Bei den uns vertrauteren Arten der nördlichen Halbkugel finden wir oberseits einfarbige graue oder braune Farbtöne und einen weißen Bauch, dazu oft auffallende schwarz-weiße Muster an Kopf, Flügeln und Schwanz. Die schwarze Gesichtsmaske des Raubwürgers oder des häufigeren Neuntöters finden wir bei verschiedenen anderen Familienangehörigen wieder. Bei den meisten Arten unterscheiden sich die Geschlechter äußerlich nicht wesentlich.
Vorwiegend finden wir die Familie der Würger in der Alten Welt, insbesondere im tropischen Afrika. Heute unterteilt man sie in 3 Unterfamilien, nämlich die Eigentlichen Würger *(Laniinae)*, die Busch- *(Malaconotinae)* und die Brillenwürger *(Prionotinae)*. Davon beschränken sich die 39 Busch- und die 9 Brillenwürger auf Afrika, während die 25 Eigentlichen Würger weitverbreitet in Afrika, Europa und Asien vorkommen, jedoch nicht bis Australien oder zu den pazifischen Inseln östlich der Philippinen vordringen. Zwei Arten finden sich auch in der Neuen Welt, nämlich der Raub- und der kleinere Ludwigs-Würger, dessen Heimat vom südlichen Kanada bis Südmexiko reicht und der damit die einzige rein nearktische Art der Würger darstellt. In Mittel- und Südamerika gibt es überhaupt keine Würger.
Noch zu klären bleiben die verwandtschaftlichen Beziehungen der Würger zu den übrigen Vogelfamilien, aber da 72 der insgesamt 73 Arten in der östlichen Erdhälfte leben, dürfte es wohl keinen Zweifel geben, daß sie in der Alten Welt entstanden sind. Wahrscheinlich lassen sie sich von den urtümlichen Ahnen der Fliegenschnäpper ableiten. Daß sie sich inzwischen zu einer eigenen Familie entwickelt haben, spricht für ihr hohes geologisches Alter. Fossile Überreste heute noch lebender Arten kennt man bereits aus der frühen Eiszeit, die des Schwarzstirnwürgers aus dem europäischen Pliozän; die Nominatgattung *Lanius* läßt sich ins frühe Miozän von Ungarn zurückverfolgen.
Als Beispiel für die Echten Würger mag der Raubwürger gelten, eine der größten Arten dieser Unterfamilie; er lebt am Waldrand, auf größeren Waldlichtungen, in der Heide- und Heckenlandschaft. Im allgemeinen ist er ein Standortvogel; nur wenn die Nahrung knapp wird, wandert er als »Teilzieher« in günstigere Gebiete ab. In etwa 20 Unterarten bewohnt er Europa, Nordafrika und Asien ostwärts bis zum Himalaja; in Nordamerika kennt man nur 2 Rassen, eine östliche und eine westliche, die im Gebiet der Hudson-Bay ineinander übergehen. Der Ludwigs-

Würger hingegen bildet in Nordamerika 9 Unterarten, die vom südlichen Kanada an über einen großen Teil der USA brüten. Der häufigste Würger des gemäßigten Eurasien ist der Neuntöter mit 8 geographischen Rassen; er ist ein echter Zugvogel, der in Afrika und Südasien überwintert; man nennt ihn auch Rotrükkenwürger.

Überall in ihrem Verbreitungsgebiet fallen die Würger ins Auge, da sie sich gern an offenen Stellen aufhalten, ohne sich irgendwie zu verstecken, und sich ziemlich unerschrocken und angriffslustig verhalten. Ihr Flug wirkt kräftig und gewöhnlich etwas wellig, da sie zwischen den einzelnen Flügelschlägen ein kurzes Stück zu gleiten pflegen. Meist fliegen sie ziemlich nahe über den Boden und schwingen sich erst im letzten Augenblick zu ihrem Sitzplatz auf. Bei der Jagd verharren sie oft einen Moment mit flatternden Flügelschlägen in der Luft, bevor sie sich auf die Beute stürzen, doch lauern sie meistens auf ihrem Sitzast und stoßen unmittelbar auf das erspähte Opfer. Ist es klein und leicht, so tragen sie es im Schnabel davon, im anderen Falle aber in den Krallen.

Die Hauptnahrung der Würger besteht aus großen Insekten, wie Grashüpfern, Libellen und dergleichen, die sie mit den Krallen festhalten und mit ihrem Schnabel in Stücke reißen. Ihre eigenartige Angewohnheit, die Beute auf Dornen aufzuspießen, aber auch auf Stacheldraht, mag sich aus der Schwierigkeit ergeben haben, zähere Nahrung beim Zerreißen mit den Füßen festzuhalten. So vertritt dann der Dorn die Stelle eines Fleischerhakens.

Wie viele andere Raubtiere töten auch die Würger oft mehr, als sie verzehren können, anscheinend einfach aus einem bloßen Trieb zum Töten. Daher müssen die Vogelberinger sehr wohl Obacht auf ihre Fallen geben, daß kein Raubwürger dort hineingerät, denn er würde mit Gewißheit alles, was er bewältigen kann, erst einmal töten, bevor er mit dem Fressen beginnt. Im allgemeinen bevorzugen die Würger einen bestimmten Freßplatz in ihrem Revier, an dem sie ihre Beute aufzuspießen pflegen. So kommt es gar nicht selten vor, daß an einem Dornstrauch oder an einem Stück Stacheldraht ein Dutzend Heuschrecken, Mäuse oder kleine Vögel hängen.

Ob die Würger allerdings in Zeiten des Überflusses solche Speicher für die Zukunft anlegen, ist noch nicht erwiesen, denn häufig lassen sie ihre Beute vertrocknen oder verfaulen, ohne zurückzukehren. Wie man aber auf Grund von Beobachtungen an verschiedenen Arten herausgefunden hat, können sich einzelne Würger tatsächlich an die Stelle erinnern, an der sie ihre Nahrung aufbewahrt haben. So zählte ein japanischer Ornithologe 68 Fänge, die ein Würger im Verlaufe des Herbstes in seinem Revier zusammengetragen hatte. Der Vogel kehrte regelmäßig zu seinem »Lager« zurück und verzehrte seine »Konserven« während des Januars und Februars, als andere Nahrung knapp wurde.

Raubvögel leben ja nie gesellig, weil jedes Tier sein eigenes Jagdrevier benötigt. Darin bilden auch die Würger keine Ausnahme, und so trifft man sie den größten Teil des Jahres über nur einzeln an. Wenn auch die Bewohner der nördlichen Breiten Zugvögel sind, so hat man doch nur selten Massenzüge beobachtet. An heimischen Arten gibt es außer dem großen Raubwürger und dem häufigeren Neuntöter noch den Schwarzstirnwürger und den Rotkopfwürger, von denen der erste wie ein kleiner Raubwürger aussieht, während der zweite sofort durch seinen kastanienbraunen Oberkopf und Nacken auffällt. Der Schwarzstirnwürger ist ein Bewohner offener Landschaften von Südfrankreich bis nach Persien und zum Altai; man trifft ihn bei uns nur gelegentlich, während der Rotkopfwürger, dessen Brutgebiet sich von Nordwestafrika und Südspanien über Mitteleuropa bis Vorderasien und Südpersien erstreckt, z. B. in den Obstbaulandschaften Südwestdeutschlands nicht allzu selten auftritt.

Mehr als die anderen Arten ernährt sich der Raubwürger von kleinen Vögeln und Säugetieren, insbesondere im Winter, wenn im Norden die Insekten rar werden. Weil er sich dabei ständig an Meisen, Sperlingen und anderen Kleinvögeln vergreift, haben ihn die zartbesaiteten Vogelfreunde gar nicht in ihr Herz geschlossen und vergessen dabei, daß auch der »wildeste Räuber« eine ganz bestimmte Aufgabe im Haushalt der Natur erfüllt, nämlich das biologische Gleichgewicht für die kleineren Arten aufrechtzuerhalten. Gegen Ende des 19. Jahrhunderts, kurz nachdem man die Haussperlinge nach Nordamerika eingeführt hatte, nahmen die Raubwürger bei Boston z. B. eines Winters derart überhand, daß man sie abschoß, um die Sperlinge zu schützen! Damals konnten sich die Amerikaner natürlich überhaupt nicht vorstellen, daß bereits wenige Zeit später der Haussperling sich derart stark ausbreiten würde, daß der Mensch seiner allein nicht mehr Herr werden konnte.

Schon gegen Ende des Winters, wenn die Nistperiode erst noch bevorsteht, finden sich die Brutpaare zusammen und bauen

ihre geräumigen, lockeren und tiefen Muldennester in 2 bis 12 m Höhe in einem Strauch oder auf einem Baum. Da der Raubwürger seine Eier bereits im Vorfrühling ablegt und – wie die meisten Würger – mindestens zwei Bruten im Jahr aufzieht, polstert er sein Nest gründlich mit Gras, Federn und Haaren aus. Der Umfang seines Geleges schwankt zwischen 3 und 6 schmutzigweiß bis bläulich oder rötlich getönten Eiern, die am breiteren Ende kräftige graue oder braune Flecken tragen; sie werden fast ausschließlich vom Weibchen bebrütet. Zwar beteiligt sich auch das Männchen mitunter kurze Zeit am Brüten, doch beschränkt es sich im wesentlichen darauf, seinem Weibchen Futter zuzutragen. 14 bis 16 Tage lang dauert die Brutzeit, und 2 bis 3 Wochen danach verlassen die Jungvögel das Nest.
Während der ganzen Brutzeit verhalten sich die Würger ziemlich ruhig und gehen recht unauffällig ihrem Geschäft nach. Danach aber, wenn sich die Brutpaare wieder trennen und die Vögel ihre eigenen Wege gehen, verkünden sie ihre Anwesenheit mit wenig melodiösen, rauhen oder schrillen Tönen. Trotzdem vermögen einige recht hübsch zwitschernd zu singen; manche Arten ahmen die Laute anderer Vögel nach.
Die große Unterfamilie der afrikanischen Buschwürger enthält 7 Gattungen von recht unterschiedlichem Aussehen. Meist wirken sie viel bunter als die Eigentlichen Würger und zeigen auch meistens deutliche Geschlechtsunterschiede. Trotz ihrer auffälli-

Schopfbrillenwürger
Prionops plumata
Südliches Zentralafrika; 21 cm.

gen Erscheinung bekommt man sie doch nur selten zu Gesicht, weil sie sich scheu im Dickicht des Laubwerks verbergen. Ihr Jagdrevier liegt im Unterholz und in Bodennähe; dort fangen sie sich vor allem Insekten, aber auch Frösche, Echsen, Schlangen und Mäuse. Einige Arten stellen notorische Nesträuber dar und vergreifen sich sowohl an den Eiern als auch an den Jungvögeln anderer Arten. Als Beispiele mögen der Rotbauch- und der schwarz-weißgraue Drosselwürger dienen.

Die meisten Buschwürger verraten ihre Anwesenheit durch eine laute, melodiöse Stimme. Viele Arten kennen einen Wechselgesang, bei dem das Männchen beginnt und das Weibchen die Strophe vollendet.

Ihr lockeres, offenes, gut ausgepolstertes Nest bauen die Tiere in Bodennähe und legen dort gewöhnlich 2, seltener auch einmal 3 Eier hinein, also weniger als die Eigentlichen Würger. Am Nestbau beteiligen sich beide Geschlechter, doch bleibt das Brutgeschäft, das ungefähr 12 Tage dauert, allein dem Weibchen überlassen. Etwa 15 Tage nach dem Schlüpfen verlassen die Jungvögel bereits das Nest.

Die Brillenwürger unterscheiden sich derart stark von den anderen Würgern, daß man ihnen mitunter den Rang einer eigenen Familie zuerkennt. Ihr Gefieder ist auffallend gefärbt und zeigt auf dem Rücken meist dunkle, am Bauch weiße bis gelbliche Farbtöne. Steif ragen ihre Stirnfedern bis über die Nasenlöcher, und die Augen sind von einem nackten Wulst umgeben. Die Tiere halten sich in den Waldgebieten südlich der Sahara in größeren Verbänden auf und leben daher, wie man unschwer daraus entnehmen kann, weniger räuberisch als die anderen Würger.

Ihre eigentliche Nahrung bilden die Insekten; in lärmenden Scharen von 5 bis 20 Vögeln durchziehen sie unter ständigem Schnattern und hörbarem Schnabelklappern die Wipfel der Bäume. Dieses merkwürdige Schnabelklappern ist typisch für die gesamte Unterfamilie.

Selbst während der Brutzeit lösen sich die Gemeinschaften der Brillenwürger nicht auf, und beim Schopfbrillenwürger (Abb. S. 189) arbeiten sogar 3 oder mehr Vögel zusammen, um das Nest zu bauen und die Jungen zu füttern. Ihre Niststätten legen die Brillenwürger ungefähr 5 oder mehr Meter hoch als offene Gebilde aus Gras und Zweigen in einer Astgabel an; darin befinden sich die 3 oder auch 4 meist hellblauen, braungefleckten Eier.

Stare *(Sturnidae)*

Dank der Mitwirkung des Menschen ist unser Gewöhnlicher Star zu einem der am weitesten verbreiteten Mitglieder dieser altweltlichen Familie geworden. Ursprünglich auf den Westen der Paläarktis beschränkt, wurde der Star über Meere und andere natürliche Grenzen in fremde Länder eingeführt und kommt nun praktisch in der ganzen Welt vor. Nur in Südamerika hat er noch nicht endgültig Fuß fassen können.

Die insgesamt 106 Arten der Stare sind in der Alten Welt entstanden und hier auch verbreitet, insbesondere in der äthiopischen und orientalischen Region. Mit Ausnahme von 3 Arten gehören sie alle den Eigentlichen Staren *(Sturninae)* an, die sich in 26 Gattungen gliedern und eine durchaus geschlossene Gruppe darstellen. Wenn wir auch ihre genaue Herkunft nicht kennen, dürfen wir doch annehmen, daß sie von ursprünglichen, drosselähnlichen Ahnen abstammen, denn eines der frühesten Fossilien aus der Gruppe der Sperlingsvögel wird als Bindeglied zwischen den Drosseln und Staren angesehen. Es ist dies der versteinerte Skelettabdruck der *Laurillardia,* der den etwa 50 Millionen Jahre alten Ablagerungen des französischen Eozäns entstammt.

Im ganzen betrachtet, haben wir es bei den Staren mit einer Gruppe lebhafter, mittelgroßer Vögel mit geradem oder leicht abwärts gekrümmtem Schnabel sowie kräftigen Beinen und Füßen zu tun, die nur wenigen zum gelegentlichen Hüpfen dienen, während die meisten Arten damit watschelnd über den Boden laufen. Ihre spitzen Flügel tragen 10 Handschwingen, deren äußere stark verkürzt ist, und befähigen die Vögel zu einem kräftigen, geradlinigen Flug. Im typischen Fall ist der Schwanz kurz und abgestutzt, doch kann er auch gerundet oder sogar zugespitzt verlaufen.

Als Grundfarbe finden wir meistens ein metallisch schimmerndes Schwarz, aber auch braune oder graue Töne; andere Arten tragen dagegen bunte, weiße, gelbe oder, weniger häufig, rote Zeichnungen. Nicht selten treffen wir einen Schopf an, fleischige Lappen oder nackte Hautstellen am Kopf. In vielen Fällen ähneln sich die Geschlechter äußerlich, in anderen wieder nicht. Die Jungvögel der meisten Arten unterscheiden sich von den Erwachsenen durch ihr dunkleres, oft gestreiftes oder geflecktes Kleid, das wahrscheinlich dem Aussehen ihrer stammesgeschichtlichen Vorfahren entspricht.

Amethyst-Glanzstar
Cinnyricinclus leucogaster
Tropisches Afrika; 18 cm.

Großer Beo
Gracula religiosa
Indien bis Indochina und Malaia; 33 cm.

Goldschopfstar
Mino coronatus
Burma, Thailand und Indochina; 20 cm.

Nur einmal im Jahr, unmittelbar nach der Brutzeit, mausern sich die Stare, und dabei entsteht der jahreszeitliche Unterschied im Gefieder, den man oft beobachten kann. Gleich nach der Mauser tragen die neuen Federn unseres Stars helle Flecken, und sie sind es wohl, die dem Vogel zu seinem Namen verholfen haben, sofern wir seine Taufpaten unter den Engländern suchen dürfen. Dort heißt »star« je bekanntlich »Stern«, und wie bestirnt wirkt das frische Herbstgewand des »Perlstars«. Diese

Gewöhnlicher Star
Sturnus vulgaris
Europa und Westasien; 22 cm.

Rosenstar
Sturnus roseus
Südosteuropa und Südwest-asien; 22 cm.

Dreifarben-Glanzstar
Spreo superbus
Ostafrika; 22 cm.

Königsglanzstar
Cosmopsarus regius
Ostafrika; 35 cm.

Sternenflecken verschwinden jedoch im Verlaufe des Winters allmählich, so daß der Vogel dann im Frühjahr einfarbig schwarz aussieht. Etwas Entsprechendes bemerken wir am Schnabel des Stars, dessen hornblaue Herbst- und Winterfärbung in einen gelblichen Farbton umschlägt, wenn sich zur Fortpflanzungszeit die Gonaden vergrößern.

Wahrscheinlich sind die Stare als Waldvögel entstanden, doch leben heute nur noch wenige Gruppen im tiefen Wald; die meisten halten sich im offenen, gegliederten Gelände auf. Die erfolgreichste Art aber hat sich an den Menschen angeschlossen und tritt somit am zahlreichsten im Kulturgebiet auf. Ihre Grundnahrung besteht aus Insekten und Früchten, doch fressen die Vögel, die in der Gesellschaft des Menschen leben, darüber hinaus auch Vogeleier und Abfälle.

Unser europäischer Star räumt in großem Ausmaße mit den Schadinsekten auf, und der Graustar, der ihn in Ostasien vertritt, ernährt sich zum großen Teil von dem gefürchteten Reisstengelbohrer und steht deshalb in Japan unter Schutz. Der Rosenstar in Südosteuropa und Südwestasien hält sich an die periodisch auftretenden Heuschreckenschwärme und nistet dann dort, wo diese Schadinsekten häufig auftreten.

Ebenso bekannt als Heuschreckenfresser ist der südafrikanische Lappenstar, der deshalb in vielen Gebieten unter Schutz steht. Bei dieser Art verlieren die Männchen und gelegentlich auch die Weibchen während der Fortpflanzungszeit die Kopffedern, und dann treten auf der Stirn und dem Scheitel zwei Hautlappen auf. Auch diese Art kennt, wie der Rosenstar, keine bestimmte Fortpflanzungszeit und keine besonderen Brutplätze, sondern nistet dann in größeren Gemeinschaften, wenn ihre Nahrungstiere im Überfluß auftreten. Sobald sich Heuschreckenschwärme zeigen, sammeln sich aus kilometerweiten Entfernungen die Lappenstare, um darüber herzufallen.

Viele Stare leben gesellig, einige Arten sogar in besonders starkem Maße. Die Bewohner der gemäßigten Breiten ziehen im Winter ab, manchmal in ungeheuren Scharen. Auch wenn sie sich des Nachts zur Ruhe begeben, und genauso in der Morgendämmerung, versammeln sie sich in beträchtlicher Zahl und steigen hoch in die Luft, um dort mit militärischer Präzision einige kunstfliegerische Manöver mit gleichzeitigem Kreisen und Schwenkungen vorzuexerzieren und mit fürchterlichem Gezwitscher hin und her zu fliegen, bevor sie sich niederlassen oder sich zerstreuen und ihrer Tagesbeschäftigung nachgehen.

Überhaupt verhalten sich die Stare recht geräuschvoll und schwatzen während des Fluges oder beim Rasten unaufhörlich miteinander. So kennt auch unser Star ein weites Repertoire an knarrenden, knirschenden, quietschenden und klappernden Tönen, untermischt mit klaren, musikalischen Pfiffen. Im Herbst singt er ebenso wie im Frühling, manchmal auch noch nachts, oder an seinen Überwinterungsplätzen, und oft überschreitet seine Tonhöhe mit mehr als 18 000 Schwingungen pro Sekunde die obere Schwelle der menschlichen Hörgrenze. Häufig flechten die Stare die Stimmen anderer Vögel in ihren Gesang ein, und manche Arten gelten als vorzügliche Spötter.
Zu den am besten sprechenden Käfigvögeln gehören die asiatischen Beos der Gattung *Gracula*, deren Verbreitung von Indien und Ceylon über die ganze orientalische Region reicht. Der Große Beo, eine ansehnliche, glänzend schwarze Art mit gelben Fleischlappen am Hinterkopf, bildet eine Anzahl isolierter Rassen aus, deren Größe zwischen 30 und 38 cm schwankt. In kleineren, lärmenden Scharen streifen diese Beos durch die Wälder und ernähren sich größtenteils von Früchten. Ihre natürliche Stimmbegabung reicht vom tiefen, heiseren Glucksen bis zu weithin hörbaren, klingelnden Pfiffen, doch lernen sie in der Gefangenschaft, die menschliche Sprache ebensogut nachzuahmen, wie es ein Papagei nicht besser könnte. Mehrmals hat es der Verfasser erlebt, daß zahme Beos nicht nur über einen erstaunlich umfangreichen Wortschatz verfügten, sondern auch über eine so deutliche Aussprache, daß man jede Silbe verstehen konnte.
Ein ansehnlicher, bis 24 cm großer, brauner und schwarzer Vogel mit weißen Flügelflecken, einem kurzen Schopf und nackten, orangefarbenen Augenringen ist der südasiatische Trauermaina aus der Gattung *Acridotheres.* Dieser lärmvolle Vogel bevorzugt offenes Gelände und frißt vorwiegend auf dem Boden; im Gegensatz zum Großen Beo lernt er jedoch nicht so gut sprechen. Wie unser Star, so wurde auch er vom Menschen in den verschiedensten Ländern angesiedelt. Dem Großen Beo sehen die 3 Papua-Stare *(Mino)* sehr ähnlich, die von Neuguinea ostwärts bis zu einigen Inseln des südwestlichen Pazifik vorkommen. Hier liegt auch die Heimat der etwa 20 Singstare, deren Rücken zumeist metallisch schwarz glänzt und die als eine ursprüngliche Gruppe der Starenfamilie angesehen werden.
Auch in Afrika ist die Unterfamilie der Eigentlichen Stare sehr wohl vertreten, wie etwa durch die 16 dunklen, glänzenden Arten der Echten Glanzstare *(Lamprotornis).* Bunter wirkt der

Gelbschnabel-Madenhacker
Buphagus africanus
Afrika südlich der Sahara; 22 cm.

Königsglanzstar, dessen schlanke Körperform noch durch seinen langen, spitz zulaufenden Schwanz unterstrichen wird. Er ernährt sich hauptsächlich von Termiten, indem er ihre Bauten mit schnellen Schnabelhieben aufmeißelt und die herausschwärmenden Insekten im Fluge fängt. Zu einer Gruppe von 10 bunten afrikanischen Arten, die sich von Insekten und Früchten ernähren, gehört der Dreifarben-Glanzstar. Er lebt in kleineren Verbänden in der Nähe des Bodens und verhält sich recht zutraulich. Sein rundliches, überdachtes Nest aus Dornenzweigen baut er in einem Gebüsch oder auf einem niedrigen Baum und kleidet es mit Federn aus.

In ihrem Nistverhalten unterscheiden sich die einzelnen Angehörigen der Starenfamilie, doch halten bei den meisten Arten, die man daraufhin untersucht hat, die Paare fest zusammen und versehen auch gemeinsam die Brutpflege. Gewöhnlich sehen die Eier hell blaugrün aus, bei wenigen Arten auch weiß; bei verschiedenen Gattungen, wie *Aplonis, Gracula* und *Mino*, tragen sie braune Flecken. Die Eierzahl im Gelege schwankt zwischen 2 und 9, beträgt aber in der Regel 3 bis 5. Im allgemeinen nisten die Stare in Höhlen und benutzen dazu natürliche Baumlöcher, die sie sich entweder selbst schaffen oder von den Spechten übernehmen. Einige legen die Nester auch in Gesteins- oder Mauerlöchern an, andere an Böschungen. Der einheimische Star nistet sich gern an menschlichen Behausungen ein, hinter Fenster-

läden, unter dem Dach oder an irgendeiner hervorstehenden Leiste, aber auch im Glockenstuhl, in Dachräumen oder Nistkästen.
Der südpazifische Spinnenstar webt nach der Art der Weberfinken ein großes Hängenest in den Baumkronen. Wenn das Aufkommen eines Heuschreckenschwarmes die afrikanischen Lappenstare zum Brüten veranlaßt, bauen sie kolonienweise feste, überdachte Nester aus Stecken und Zweigen, meist im Schutz eines Dornengebüsches, die oft zu zweit oder zu dritt auf dem gleichen Zweig beieinanderliegen.
Ebenso brütet der Rosenstar gelegentlich in Kolonien. Unter günstigen Bedingungen nistet er in riesigen, dichten Gemeinschaften; genauso schnell, wie er mit dem Nestbau beginnt, bringt er seine Brutzeit auch zu Ende. Jedes Paar baut hastig ein unordentliches Nest, indem es einfach Zweige und Gras in einer Ritze im Gefels, Mauerwerk oder dergleichen anhäuft. Dort hinein kommen die 5 bis 6 hellbläulichen Eier, die in kurzer Zeit, in 11 bis 12 Tagen, allein vom Weibchen bebrütet werden. Die Jungen werden von beiden Eltern gefüttert und verlassen 14 bis 19 Tage nach dem Schlüpfen das Nest. Diese Hast bei dem ganzen Brutgeschäft hängt zweifellos mit dem zeitweiligen Auftreten der Insektenschwärme zusammen, die den Instinkt auslösten. Der Rosenstar bringt nur eine Brut im Jahr zustande und wandert schnellstens, sobald die Jungvögel sicher fliegen können, zu neuen und ergiebigeren Jagdgründen ab.
Nur gelegentlich nistet der Gewöhnliche Star in kleineren Kolonien, meist aber einzeln; er baut ebenso wie der Rosenstar nur ein einfaches Polster aus Zweigen und Stroh in irgendeiner Höhle und legt dort 4 bis 5 hellblaue Eier hinein, die von beiden Eltern 12 bis 14 Tage lang bebrütet werden. Fast 3 Wochen lang bleiben die Jungvögel im Nest und verlassen es erst, wenn sie völlig flügge sind; dadurch wird die sonst so hohe Jugendsterblichkeit gemindert. Da die Stare zweimal im Jahr brüten können, benutzen sie ihr Nest mehrmals hintereinander; durch das Geschmeiß der Jungvögel fängt es dann allmählich an zu faulen, denn eine Nesthygiene, wie man sie bei den meisten Sperlingsvögeln findet, kennen die Stare offenbar nicht.
Daß sich der europäische Star überall dort, wohin ihn der Mensch aus seinem natürlichen Verbreitungsraum verpflanzte, erfolgreich behaupten und durchsetzen konnte, verdankt er seiner Anpassungsfähigkeit und Aktivität. Er gehört zu den 4 Wirbeltieren,

die der Mensch aus ihrer europäischen Heimat über den ganzen Erdball ausgebreitet hat; absichtlich geschah dies mit dem Star und dem Haussperling, sozusagen »versehentlich« mit der Hausmaus und der Wanderratte. Am dramatischsten und am besten belegt spielte sich dies ab, als der Star im Verlaufe der letzten 50 Jahre nach Nordamerika eingeführt wurde und sich dort ausbreitete. Alle die Gefahren, die sich daraus ergaben, lieferten den Anlaß zum gegenwärtigen Bundesgesetz, das die Einfuhr und das Freilassen von Wildvögeln in den USA regelt.

Zwischen 1870 und 1900 wurde etwa ein dutzendmal versucht, Stare in den verschiedenen Teilen der USA und Kanadas anzusiedeln. Diese Experimente schlugen alle fehl mit Ausnahme des einen, bei dem man 60 Stare im Jahre 1900 im Zentralpark von New York freigelassen hatte; im darauffolgenden Jahre führte man weitere 40 Tiere dort ein. Die Vögel fingen dann auch gleich an zu brüten, und das erste Nest, das man 1900 dort fand, lag ausgerechnet unter dem Dach des angrenzenden Amerikanischen Museums für Naturgeschichte! Von diesen 100 Vögeln stammen alle die Millionen Stare ab, die nun den größten Teil des nordamerikanischen Kontinents besiedeln.

In den ersten paar Jahren blieben die Stare dort im New Yorker Zentralpark, doch als sie sich immer stärker vermehrten, wanderten sie ab. Noch im ersten Jahr hatten sie bereits New Haven in Connecticut und Bayonne in New Jersey erreicht; 10 Jahre später tauchten sie im größten Teil von Neuengland und den mittleren Atlantikstaaten auf. Diese Invasionen spielten sich immer nach ganz bestimmten Regeln ab: Während der Herbstzüge gelangten die Vögel in irgendwelche neue Verbreitungsräume, und wenn dort geeignete Lebensbedingungen herrschten, blieben ein paar Stare dort, anstatt wieder zu ihren Geburtsstätten zurückzukehren. Hier bauten die am Ort Verbliebenen eine neue Kolonie auf, bis ihre Nachkommen schließlich wieder in andere Gegenden vordrangen. Anfang der 30er Jahre hatten sie sich über den mittleren Westen ausgebreitet, nordwärts bis zum südlichen Kanada und nach Süden bis zum nördlichen Florida, um 1940 tauchten sie zum ersten Male jenseits der Rocky Mountains in Kalifornien auf.

Dabei hatte man die Stare mit den besten Absichten nach Amerika gebracht, denn in Europa sind es doch so nette und nützliche Tiere, die zudem noch große Mengen schädlicher Insekten fressen. Als sie aber in Amerika festen Fuß gefaßt hatten und in großen Scharen in den Provinzstädten erschienen, merkte man zu spät, daß sie doch einige höchst unerwünschte Eigenschaften an den Tag legten. Gewiß ist es erfreulich, daß sie Schadinsekten vertilgen, weniger angenehm aber, daß sie sich auch recht spürbar über die Getreidesaaten und Gartenfrüchte hermachen. Um die Wildfrüchte wetteifern sie mit den eingeborenen Drosseln und Seidenschwänzen, und um die Nistplätze streiten sie sich mit den in Amerika sehr hochgeschätzten Hüttensängern und Spechten, deren Individuenzahlen dort immer stärker zurückgehen, wo die Stare auftauchen.

Am unangenehmsten aber wirkte es sich aus, als die Stare sich schließlich in riesigen Scharen in den Städten versammelten, um dort den Winter zu verbringen. Das wurde zu Anfang der 30er Jahre in Washington ganz schlimm. Nachdem sich die dort überwinternden Stare tagsüber in der weiteren Umgebung sattgefressen hatten, strömten sie von allen Seiten her am späten Nachmittag in das Zentrum der Stadt. Dort saßen sie nun auf den Vorsprüngen der Verwaltungsgebäude, ballten sich auf den Bäumen der Pennsylvania-Allee und hockten kreischend in jedem Winkel und auf jedem Sims in den Vorräumen der Theater und Kaufhäuser, und ihr Kot beschmutzte die Gebäude, die Straßen und die Spaziergänger. Wo sie sich niederließen, quietschten und schwatzten sie bis in die Nacht hinein und ließen die Leute kein Auge zutun. Genauso suchten sie im Verlaufe der nächsten beiden Jahrzehnte noch andere Städte des Ostens und mittleren Westens heim. Berühmt als Rastplatz der Stare sind die Träger der Hudson-Parkweg-Brücke in New York, auf denen sich die Stare aus den Sumpfgebieten von New Jersey und Long Island an jedem Winterabend in Unmengen versammeln. In Europa ist es nicht anders: Man denke an die Starenschwärme vom Münchner Stachus oder vom Trafalgar-Square in London.

Zu den dringendsten, aber bisher noch nicht gelösten Problemen der Stadtverwaltungen gehört es daher, der Starenplage Einhalt zu gebieten. Das Aufstellen von Fallen und Netzen, Abschießen und Vergiften hat den Bestand der Vögel überhaupt nicht befriedigend zu mindern vermocht. Alle Versuche, die Vögel mit Flackerlicht, Feuerwehrschläuchen und Lärmmaschinen, einschließlich Lautsprecherübertragungen ihrer Warnrufe, und neuerdings auch das Bestreichen ihrer Rastplätze mit klebrigem Leim brachten nur zeitweilige Erfolge. Jetzt planen die Architekten, Häuser mit völlig glatten Fassaden zu bauen, damit sich die Vögel nirgends niederlassen können.

Lärmlederkopf
Philemon corniculatus
Östliches Australien; 30 cm.

Tui oder **Priestervogel**
Prosthemadera novaeseelandiae
Neuseeland; 28 cm.

Oos oder **Krausschwanz**
(ausgestorben)
Moho nobilis
Hawaii; 33 cm.

Glücklicherweise aber sieht es bereits so aus, als würde sich das ganze Problem allmählich von selber lösen, denn schon ebbt die explosionsartige Ausbreitung der Stare in den Oststaaten der USA wieder ab. Es vermindern sich die riesigen überwinternden Schwärme, und die Vögel richten sich eine feste ökologische Nische ein. Als Zeichen dafür können wir das Aufkommen regelmäßiger Zugwege in nordost-südwestlicher Richtung ansehen, die etwa parallel zu denen ihrer europäischen Vorfahren verlaufen.

Ungefähr das gleiche spielte sich ab, als man den europäischen Star nach Südafrika, Australien, Neuseeland und Hawaii verpflanzte. Jedesmal geschah so lange überhaupt nichts, bis sich die Vögel ausreichend vermehrt hatten. Dann aber nahmen sie explosionsartig überhand, und das führte immer wieder zu gänzlich unerwünschten Folgen für die einheimische Vogelwelt, für die Ernten und für die Nervenruhe des Menschen. Aber auch in ihrer eigenen europäischen Heimat hat sich die Art während des letzten Jahrhunderts vermehrt und ausgebreitet, indem sie den Kultivierungsarbeiten des Menschen bis ins nördliche Skandinavien und die subarktischen Inseln folgte. In den 30er Jahren tauchte der Star auf Island auf, und seit 1941 brütet er dort regelmäßig.

Aber auch den artverwandten Maina hat man in den letzten 100 Jahren in den verschiedenen Ländern anzusiedeln versucht, und in Südafrika, auf Hawaii, Neuseeland und in Australien sowie auf mehreren Inseln im Pazifischen, Indischen und Südatlantischen Ozean ist er bereits heimisch. Um 1900 gelangte der verwandte Haubenmaina nach Vancouver in Britisch-Columbia und hat sich dort behauptet, zum Glück jedoch, ohne sich derart auszubreiten wie anderswo die Stare. Man schätzt die dortige Kolonie heute auf etwa 20 000 Vögel, und diese Zahl scheint ziemlich konstant zu bleiben. Die ökologischen Gründe, aus denen sich die Mainas dort wohl halten, aber nicht weiter ausdehnen können, sind allerdings nicht bekannt. Die Naturpfleger jedoch wachen sorgsam darüber, daß die Mainas nicht etwa die biologische Schranke überschreiten und sich anderswo unter für sie günstigeren Bedingungen eine neue Population aufbauen, hat man doch vereinzelte Mainas bereits in den Staaten Oregon und Washington festgestellt. In den Fruchtfarmen könnte eine Mainaplage zu einem Verhängnis werden.

Trotz dieser hemmungslosen Ausbreitung einiger anpassungsfähiger Arten gibt es in dieser Familie aber auch verschiedene andere Stare, die sich auf engstem Raum derartig stark spezialisiert hatten, daß sie beim Vordringen der Zivilisation aussterben mußten. Dazu gehörte zum Beispiel ein kleiner Star, der zusammen mit der Dronte auf den Inseln Rodriguez und Réunion im Indischen Ozean lebte. Wir kennen nur 23 Exemplare von ihm, dessen letztes im Jahre 1840 erbeutet wurde. Von der hübschen, glänzend schwarzen *Aplonis*-Art, die einst in den Wäldern der östlichen Karolineninsel Kusaie vorkam, gibt es nur noch ein paar wenige Bälge im Museum von Leningrad. Wahrscheinlich sind diese Vögel von den Ratten vernichtet worden, die im 19. Jahrhundert mit den Walfangschiffen dorthin gelangten. Und ebenfalls Ratten, die durch ein gestrandetes Schiff im Jahre 1918 auf die winzige Lord-Howe-Insel in der Tasmanischen See zwischen Australien und Neuseeland gelangten, haben in kurzer Zeit einer anderen dort heimischen Starenart den Garaus gemacht.

Die Unterfamilie der Madenhacker *(Buphaginae)* enthält nur den Rotschnabel- und den Gelbschnabel-Madenhacker, die sich auf das Zusammenleben mit Großwild spezialisiert haben und nicht nur deren Zecken ablesen, sondern auch das Blut aufnehmen, das aus den Zeckenlöchern quillt. Diese Madenhacker zeigen einen breiten, dicken Schnabel, kurze Beine mit scharfen, gekrümmten Krallen und einen steifen, spitzen Schwanz. So klettern sie an allen möglichen Großtieren herum wie Spechte an einem Stamm. Ihre Wirtstiere nehmen kaum Notiz von ihnen, wenn sie sich nicht gerade allzu weit zu ihren Augen oder Nasen vorwagen.

Die Afrikaner stehen den Madenhackern mit gemischten Gefühlen gegenüber; die Jäger können sie nicht leiden, weil sie das Jagdwild warnen, indem sie bei Gefahr mit klapperndem Schrei auffliegen, während die Tierfotografen sich darüber freuen, daß die Vögel sich so nett auf Großwildaufnahmen ausnehmen. Den Farmern kommt es sehr gelegen, daß ihr Vieh von den Zecken gereinigt wird, aber die Viehhändler ärgern sich, weil die Madenhacker angeblich die von den Zecken verursachten Wunden noch vergrößern, um das Blut zu trinken. Allerdings verschwenden die Vögel keine Zeit auf zeckenfreies Getier und verschwinden wieder aus den Gegenden, in denen sie alle Großtiere regelmäßig abgegrast haben.

Madenhacker sind Höhlenbrüter. Der Gelbschnäbelige nistet in Baumhöhlen, der Rotschnäbelige unter Hausdächern, im Stroh der Eingeborenenhütten, in Felsspalten oder an Dämmen. Das

Kardinalhonig-schmecker ♂
Myzomela cardinalis
Mikronesien, Samoa, Salomonen und Neue Hebriden; 11 cm.

Gehelmter Honigfresser
Meliphaga cassidix
Südöstliches Australien; 20 cm.

Kap-Honigfresser
Promerops cafer
Südafrika; 43 cm.

unordentliche Nest besteht aus Gras und Stroh, gepolstert mit Haaren, und enthält 3 bis 5 hellblaue, braun gefleckte Eier.
Als 3. Unterfamilie *(Pityriasinae)* kann man vielleicht den seltenen und wenig erforschten Warzenkopf aus den Wäldern von Südborneo anschließen, den man seines eigenartigen Kopfgefieders wegen lange zu den Brillenwürgern gestellt oder auch als eine eigene Familie betrachtet hat. Nach den wenigen Angaben, die wir bis jetzt kennen, hält man ihn heute für einen etwas aberranten Star.

Honigfresser *(Meliphagidae)*

Zu den charakteristischen Vogelfamilien Australiens, Neuseelands und der Inseln des Südwestpazifik gehören die 160 Arten der Honigfresser, Vögel von Sperlings- bis Hähergröße. Manche zeigen einfache grünliche, braune, graue oder gelbliche Töne, andere wieder auffallende Muster aus Schwarz, Weiß und Rot. Sie leben im Wald- und Buschland und fressen, wie schon ihr Name sagt, vorwiegend Blütensäfte und kleine Insekten. Allen gemeinsam ist der dünne, abwärts gekrümmte, spitze Schnabel und eine lange, vorstreckbare Zunge, deren Vorderteil sich beim Heraustreten zu einer Röhre einbiegt, durch die dann die Vögel den Nektar einsaugen. Die ziemlich langen, spitzen Flügel tragen 10 Handschwingen, der Schwanz ist entweder kurz oder ziemlich lang, und die Beine erscheinen in der Regel kurz und kräftig. Am stärksten ist die Familie in Australien vertreten, wo mehr als die Hälfte der Arten zu Hause ist, kommt aber auch von den Molukken an ostwärts über die papuasische Region bis zu den Inseln des Südpazifik vor. Eine Gruppe drang sogar bis Hawaii vor, wo früher 5 oder 6 Formen von Oos lebten, z. B. der Krausschwanz (Abb. S. 201), dessen gelbe Federn die Kopfbedeckung der Fürsten schmückten. Die Oos hielten sich in den Bergwäldern auf und verschwanden sehr bald, als ihr Lebensraum zerstört wurde. Während noch die Hoffnung besteht, daß eine Art *(Moho bracatus)* auf Kauai existiert, sind die anderen bestimmt ausgestorben, denn man hat sie seit Beginn des 20. Jahrhunderts nicht mehr beobachtet.

Der Gehelmte Honigfresser (Abb. S. 204) mag als Beispiel für eine australische Gruppe gelten, deren meiste Angehörige eine olivgrünliche Grundfärbung und einen Besatz mit gelben Federn um Kopf und Hals haben. Diese Honigfresser aus der Nominatgattung *Melliphaga* sind vorwiegend in den weiten Eukalyptuswäldern zu Hause, aber auch in den Eichen- und Akazienbeständen. Einige besuchen regelmäßig die Gärten und Stadtparks zur Blütezeit der Bäume. Man bezeichnet sogar verschiedene Blütenbäume als »ornithophil«, d. h., sie sind in ihrer Befruchtung auf die Vögel angewiesen, und ihre Blüten sind so geformt, daß sie das Übertragen des Blütenstaubes durch Honigfresser und andere Vögel erleichtern.

In kleineren Verbänden streifen der Gehelmte Honigfresser und seine Verwandten durch die Wälder und lassen sich auf den blühenden Bäumen zum Mahl nieder. Ständig zanken sich diese lebhaften Vögel beim Fressen miteinander herum, um nur ja den besten Platz an der bevorzugten Blüte zu erwischen. Kommt aber ein Vogel einer fremden Art hinzu, so hören sie sofort mit der Mahlzeit auf und versuchen, ihn mit vereinten Kräften vom Futterplatz zu vertreiben. Alle Honigfresser bauen offene, napfförmige Nester aus kleinen Zweigen, gepolstert mit Pflanzenfasern und Haaren, in Bäumen oder im Gebüsch. Eine Art, der Weißohr-Honigfresser, wird während der Nistzeit so zahm, daß er den Menschen auf den Kopf fliegt, um ihnen Haare als Nistmaterial zu stehlen. Meistens werden 2 oder 3 weiße oder auch dunkler gezeichnete Eier abgelegt.

Eine weitere große Gruppe bilden die Honigschmecker der Gattung *Myzomela* (Abb. S. 204) als kleine, bunte Vögel von 10 bis 15 cm Länge, die auf den pazifischen Inseln leben. Meistens zeichnen sich die Männchen durch ihr leuchtend schwarzes und rotes Gefieder aus, während die Weibchen ein mattes Grün tragen, aber diese Farbunterschiede der Geschlechter wechseln doch sehr bei den verschiedenen Arten. Manchmal sind die Männchen ebenso ausdruckslos gefärbt wie die Weibchen, und in einigen wenigen Fällen finden wir bei den Weibchen ein ähnlich buntes Farbkleid wie beim anderen Geschlecht. Abgesehen von der Brutzeit zigeunern die *Myzomela*-Arten in kleineren Trupps auf der Suche nach blühenden Bäumen und Sträuchern durch das Land. In ihrem Nistverhalten gleichen sie den übrigen Familienangehörigen und bauen das übliche offene, schüsselförmige Nest, das 2 oder 3 Eier enthält. Das Nest wird hauptsächlich vom Weibchen angelegt, aber das Männchen hilft beim Brüten und Füttern der Brut. Für derartig kleine Vögel dauert die Brutzeit ziemlich lange, nämlich etwa 18 Tage, und genauso lange verbleiben die Jungvögel auch im Nest.

Durch nackte Kopfstellen oder Klunkern zeichnen sich die australischen Lederköpfe und Klunkerhonigfresser aus. Diese hähergroßen Arten gehören zu den Honigfressern und sehen meist grau aus. Manche sind recht lärmvoll, wie etwa der Lärmlederkopf (Abb. S. 200) mit seinem nackten, dunklen Kopf und der rauhen Stimme. Er durchstreift das Kulturland und die Siedlungen und soll dabei gelegentlich die Gärten verwüsten. Auch die Klunkerhonigfresser, die ihren Namen nach den gelben oder roten Klunkern hinter dem Auge tragen, fressen sowohl Früchte als auch Nektar und Insekten. Bei ihnen nehmen die Wanderungen bereits den Charakter jahreszeitlicher Züge an, so daß sie im südlichen Australien als Zugvögel gelten.

Königsnektarvogel ♂
Cinnyris regius
Kongo und Uganda; 12 cm.

Goldflügel-Nektarvogel ♂
Nectarinia reichenowi
Ostafrika; 10 cm.

Rotbrust-Nektarvogel ♂
Chalcromitis senegalensis
Zentralafrika; 15 cm.

Purpurnektarvogel ♂
Cinnyris asiaticus
Indien bis Indochina; 10 cm.

Weißbauch-Nektarvogel
Cinnyris venustus ♂
Ostafrika; 11 cm.

Kleiner Spinnenjäger
Arachnothera longirostris
Indien bis Philippinen und Ostindien; 15 cm.

Die meisten Honigfresser zeigen beachtliche Gesangsleistungen. Einer der besten Spötter ist der Tui oder Priestervogel (Abb. S. 200), den die Neuseeländer zu ihren Waldsängern zählen. Sein Gesang ist laut, abwechslungsreich und wohltönend; er enthält nicht nur die nachgeahmten Laute anderer Vögel, sondern selbst derart fremdartige Laute wie das Quieken eines Schweins, das Pfeifen eines Jungen nach seinem Hund oder das Bellen des Hundes selbst. Seinen Namen »Priestervogel« verdankt der Tui den beiden gekräuselten Federn an der Kehle, die ungefähr so aussehen wie das Bäffchen eines Geistlichen. Obwohl der Tui längst nicht mehr so zahlreich auftritt wie zu der Zeit, als der ursprüngliche Wald noch nicht gerodet war, kommt er doch noch recht häufig auf Neuseeland vor, da er sich weit besser mit dem Vordringen des Menschen abfinden konnte als 2 andere neuseeländische Familienangehörige, nämlich der Neuseeland-Glockenvogel und der Borstenhonigfresser.

Der Neuseeland-Glockenvogel, dessen Chor wie das Läuten kleiner Silberglocken klingt, lebt noch in den kärglichen Resten des einstigen Urwaldes und soll auch in seinen Reservaten noch einigermaßen häufig vorkommen. Bei dieser etwa 23 cm langen Art sieht das Männchen dunkelgrün aus, das Weibchen aber mehr braun. Da sie sehr scheu sind, hört man sie eher als man sie zu Gesicht bekommt. Beide Geschlechter singen gleich gut.

Den kleinen, nur 18 cm großen Borstenhonigfresser, dessen Stimme sich wie der Klang zweier gegeneinandergeschlagener Steine anhört, hat man zuletzt nur noch in einer sehr kleinen Kolonie auf einer der winzigen Barrieren-Inseln vor der Nordinsel Neuseelands angetroffen. Das Männchen sieht samtschwarz auf dem Rücken aus und trägt beiderseits des Kopfes einen auffallenden weißen Federbusch sowie ein gelbes Querband in der Höhe der Flügelgelenke über die Brust; das mattbraune Weibchen zeigt nur ein paar weißliche Federn an den Kopfseiten und einen kleinen weißen Fleck am Flügel. Die paar Nester, die man bisher beschrieben hat, lagen in Baumhöhlen, also an höchst ungewöhnlichen Orten für Mitglieder dieser Familie, und bestanden aus kleinen Zweigen und Wurzeln, gepolstert mit Federn und den Schuppen von Baumfarnen. Den Inhalt bildeten 5 reinweiße, glänzende Eier.

Die Borstenhonigfresser leben nicht nur selbst ausschließlich von Blütensäften, sondern füttern damit auch ihre Jungen, und das mag auch der Grund dafür gewesen sein, daß sie bei den tiefen Eingriffen der fortschreitenden Zivilisation in ihren Lebensraum

keinen Widerstand leisten konnten. Wie die Einwohner von Hawaii es mit dem Oo machten, so benutzten auch die Maoris die gelben Brustfedern dieser Art zum Schmuck ihrer Mäntel, und dann haben sich natürlich auch die eingeführten Ratten und andere Raubtiere höchst nachteilig auf den Bestand des Neuseeland-Glockenvogels und des Borstenhonigfressers ausgewirkt. Es besteht jedoch kein Zweifel, daß auch hier wieder die Veränderung des natürlichen Lebensraumes weit mehr als die Verfolgung durch den Menschen die Schuld am Rückgang der beiden Arten trägt.
Als eine eigene Unterfamilie *(Promeropinae)* schließen wir – wenn auch mit einem großen Fragezeichen versehen – zwei eigenartige südafrikanische Arten hier an, die nur von Rhodesien an südwärts vorkommen, doch kann man sich kaum vorstellen, wie sie von Australien aus ohne jede Zwischenstation hierhergelangt sein sollten, wenn es sich wirklich um Honigfresser handelt. Allerdings gleichen sie den echten Honigfressern verblüffend im Aussehen und in ihren Lebensgewohnheiten. Sie zeigen den gleichen Bau der Zunge und leben vorwiegend von Blütensäften, aber auch von Insekten. Obwohl sie sonst keiner anderen Vogelgruppe ähneln als den Honigfressern, können sie selbstverständlich auch durch eine Parallelentwicklung aus einer ganz anderen Stammgruppe hervorgegangen sein. Mit einer Länge von 40 bis 43 cm, einschließlich des langen Schwanzes, stellt das Männchen des Kap-Honigfressers (Abb. S. 205) die größte Art der Familie dar; sein Weibchen wird trotz gleicher Körpergröße nur 28 cm lang. Die Tiere bauen im Gebüsch offene, napfförmige Nester und bestücken sie mit 2 gelblichen, getüpfelten Eiern.

Nektarvögel *(Nectariniidae)*

Die altweltlichen Nektarvögel (Abb. S. 208/209) fordern zu einem Vergleich mit den amerikanischen Kolibris heraus. Wenn auch die beiden Familien nicht näher miteinander verwandt sind, bilden die Nektarvögel doch typologisch das Gegenstück zu den Kolibris und wetteifern mit ihnen in der Mannigfaltigkeit ihrer Schillerfarben, jedoch nicht in der Körpergestalt. Auch in ihrer fliegerischen Geschicklichkeit bleiben die Kolibris unerreicht. Die Nektarvögel fressen zwar ebenfalls Blütensäfte und kleine Insekten, setzen sich aber zu diesem Zweck neben die Blüten. Mitunter verharren sie allerdings auch rüttelnd im Flug, wenn sie auf anderem Wege nicht an eine Blüte oder an ein Blatt herankommen, um dort die Insekten abzulesen. Aus kleineren Blüten saugen sie den Nektar in gleicher Weise wie die Kolibris; ist aber der Blütenkelch zu lang, dann bohren sie ihn einfach am Grunde mit ihrem langen, spitzen Schnabel an.

Am nächsten sind die Nektarvögel mit den Honigfressern und den Blütenpickern verwandt, bilden aber eine durchaus in sich geschlossene, deutlich von ihren Verwandten abgegrenzte Gruppe. Der Gestalt nach kommen sie den Honigfressern am nächsten, insbesondere im Bau des schlanken, abwärts gekrümmten, aber viel längeren Schnabels, dessen Schneideflächen außerdem nahe der Spitze fein gesägt sind. Ganz anders aber ist die Zunge gebaut. Sie bildet in den äußeren zwei Dritteln eine doppelte Röhre und führt durch einen Kanal in die Kehle; ihre Spitze ist nicht pinselartig gefranst, sondern endet mit 2 oder bei manchen Gruppen sogar mit 3 Zipfeln. Auch wirken die Flügel, die 10 Handschwingen tragen, kürzer und abgerundeter als bei den Kolibris, und die Füße bleiben gewöhnlich kürzer.

Alle 104 Arten sind ziemlich klein; die meisten erreichen noch nicht einmal 15 cm Länge. Bei einigen Arten finden wir die mittleren Schwanzfedern verlängert, so daß zur eigentlichen Körperlänge nochmals 3 bis 5 cm hinzukommen. In der Regel herrscht ein deutlicher Geschlechtsunterschied, denn gewöhnlich tragen nur die Männchen das bunte Prachtgefieder, während die Weibchen meist matt grau, braun oder olivgrün am Rücken und am Bauch etwas heller aussehen, oft auch Streifen, Striche oder Flecken zeigen. Abgesehen von einigen wenigen Arten, bei denen die männlichen Jungvögel schon von Anfang an voll ausgefärbt sind, gleichen alle Jungen zunächst den Weibchen.

Weit verbreitet über die wärmeren Waldgebiete der Alten Welt, sind die Nektarvögel am stärksten im tropischen Afrika vertreten, wo mehr als die Hälfte der Arten vorkommt. Von Israel an gehen sie dann ostwärts über Südasien, wo sie noch in Malaia mit mehr als 20 Arten aufwarten. Bis zum nördlichen Australien ist nur eine Art vorgestoßen, aber auf den Inseln des Pazifik sind mehrere Formen zu Hause. In ihren Verbreitungsgebieten leben die Nektarvögel ziemlich standorttreu; sie unternehmen wohl außerhalb der Brutzeit kleinere Wanderungen, um zu den jeweils in Blüte stehenden Bäumen zu gelangen, zeigen aber kein jahreszeitlich gebundenes Zugverhalten.

An den blühenden Pflanzen versammeln sich die Nektarvögel, doch leben sie von Natur aus nicht gesellig. Oft sind sie sogar

recht streitbar und verteidigen ihre Futter- und Nistplätze gegen fremde Eindringlinge. Wenig entwickelt ist ihre Stimme. Sie besteht aus einem dünnen, metallisch klingenden Ruf, den man nicht allzu weit hört, oder aus einem zwitschernden Schwatzen, das die balzenden Männchen an Stelle eines eigentlichen Gesanges hören lassen.
Charakteristisch für diese Familie sind die beutelförmigen Hängenester aus verwobenen Pflanzenfasern und Spinnenweben; sie hängen gewöhnlich von einem bodennahen Zweig herab, selten höher als 3 m über der Erde, und sind kaum irgendwie getarnt. Wenige Arten bauen solide Niststätten; meist wirken sie ziemlich unordentlich. Der Boden des Nestbeutels läuft in ein lockeres Faserwerk mit einigen Blättern aus, so daß man das Ganze eher für irgendeinen Pflanzenabfall ansehen möchte. Das alles wird mit weichen Pflanzenstoffen, Filz oder Federn ausgekleidet; der Eingang, geschützt durch ein kleines Vordach, liegt seitlich am oberen Ende.

Blutbrust - Blütenpicker ♂
Dicaeum hirundinaceum
Australien; 9 cm.

Fleckenpanthervogel ♂
Pardalotus punctatus
Südöstliches Australien; 8 cm.

Obwohl die Paare eng zusammenhalten, vermutlich sogar das ganze Jahr über, bleibt doch der größte Teil der Brutpflege dem Weibchen überlassen, bei einigen Arten sogar gänzlich. In dieser Hinsicht herrscht anscheinend keine Einheitlichkeit innerhalb der Familie, aber offenbar brütet allein das Weibchen. Bei einigen Arten, wie dem Weißbrust-Nektarvogel, hilft das Männchen gelegentlich beim Nestbau und auch beim Füttern der Jungen. Im allgemeinen sehen die Eier weiß bis gelblich aus und tragen kräftige Tupfen; die Anzahl im Gelege beträgt 2, seltener 3, und die Arten, die mehrere Bruten im Jahr aufziehen, legen sogar nur ein Ei. Die Brutzeit soll 13 bis 14 Tage dauern, und nach weiteren 17 Tagen können die Jungen fliegen.
Auf die orientalische Region beschränken sich die 9 Arten der Spinnenfresser *(Arachnothera)*, die man auf Grund ihres einheitlichen und von den Nektarvögeln abweichenden Aussehens oft als eigene Unterfamilie ansieht. Hier fehlen die schimmernden Metallfarben; vielmehr tragen beide Geschlechter graubraune, mattgelbe oder olivgrüne Gefieder. Auch fressen diese 15 bis 21 cm großen Vögel mit ihrem längeren, kräftigeren Schnabel mehr Insekten. Der asiatische Kleine Spinnenjäger ernährt sich größtenteils vom Blütensaft der Bananenstauden und steckt, auf den Blättern sitzend, seinen Schnabel tief in die Blütenröhre.
Die meisten Spinnenfresser bauen ein eigenartiges napfförmiges Nest, das an der Unterseite eines breiten Blattes befestigt wird. Dabei nähen sie den Nestrand am Blatt mit Spinnenweben oder Pflanzenfasern fest, wobei sie den Faden oben verknoten. Somit dient das Blatt also als Dach, und den Eingang stellt eine halbkreisförmige seitliche Höhlung dar. Beide Geschlechter beteiligen sich am Nestbau, am Bebrüten der 2 bis 3 Eier und an der Aufzucht der Jungvögel.

Blütenpicker *(Dicaeïdae)*

Zu den kleinsten Vögeln, die einem im orientalischen und australischen Gebiet zu begegnen pflegen, gehören die Blütenpicker als lebhafte, meist kaum 8 cm messende Zwerge; nur wenige sind von der Schnabelspitze bis zum Ende des kurzen, stummeligen Schwanzes mehr als 15 cm lang. Wir verteilen die 54 Arten der Familie auf 6 Gattungen, von denen das Genus *(Dicaeum)* mit 33 Arten die größte, häufigste und charakteristischste Gruppe darstellt. Von Indien an bis Formosa und zu

den Philippinen, bis Australien und bis zu den Salomonen im Pazifik finden wir sie überall im Verbreitungsgebiet der Familie vertreten.
Am stärksten haben sich die Blütenpicker in der papuasischen Region entfaltet, und hier dürfte wohl auch ihr Entstehungszentrum gelegen haben. Anscheinend gehen sie zusammen mit den Nektarvögeln auf eine gemeinsame Stammgruppe zurück, denn sie besitzen die gleiche lange Röhrenzunge und die gleiche Sägung auf den Schneiden des äußeren Schnabeldrittels. In seiner Form variiert der Schnabel der Blütenpicker ein wenig, wird jedoch niemals so lang und dünn wie bei den Nektarvögeln; im typischen Fall erscheint er kurz, gedrungen und leicht nach unten gebogen. Man erkennt die Familie daran, daß die äußere Handschwinge stark verkürzt ist. Das tritt schon bei den urtümlicheren Gattungen auf, aber bei den höher entwikkelten, wie auch bei der Nominatgattung *Dicaeum*, finden wir nur noch Reste der äußeren Handschwinge. Nackte Hautstellen und Klunkern, wie wir sie bei manchen Honigfressern und Nektarvögeln antreffen, fehlen hier ganz, und nur eine Art trägt einen Schopf.
Das Farbkleid der Blütenpicker ist recht unterschiedlich ausgebildet, doch zeigt es zumeist einfache Töne, und nur einige wenige Arten lassen eine gestreifte Unterseite erkennen. In der Regel herrschen deutliche Geschlechtsunterschiede, doch gibt es auch Arten, bei denen sich Männchen und Weibchen ähneln. Bei den Männchen finden wir einen dunklen, oft glänzenden, jedoch selten metallisch schimmernden Rücken und einen hellen, mitunter sogar weißen Bauch; häufig bemerken wir rote oder gelbe Flecken auf dem Kopf, dem Rücken, am Rumpf oder an der Brust. Die Weibchen wirken gedeckter und einfarbig olivbraun auf der Oberseite, am Bauch etwas heller. Selten treten bei den Arten, in denen sich die Geschlechter äußerlich gleichen, auffällige Farben auf; nur bei einer auf den Philippinen heimischen Gruppe sind die Weibchen ebenso bunt wie die Männchen.
Wie schon ihr Name vermuten läßt, sieht man die Blütenpicker ausgiebig an den Blüten nach kleinen Insekten suchen, und einige Gruppen leben auch zum großen Teil von Blütensäften. Als Grundnahrung aber fressen die Vögel, insbesondere die *Dicaeum*-Arten, zumeist kleine Früchte und Beeren der *Loranthus*-Misteln, und zwar mit solcher Vorliebe, daß die Australier eine Art geradezu als Mistelvogel bezeichnen. Man beschuldigt die Blütenpicker, daß sie dazu beitragen, diese Pflanzenparasi-

ten verbreiten zu helfen, die eine Plage für die Mangobäume darstellen.
Meist halten sich die Blütenpicker in den Baumwipfeln auf, kommen aber häufig in Bodennähe herunter, wenn das niedere Buschwerk blüht oder fruchtet. Dort versammeln sie sich, auch in Gemeinschaft mit anderen Vögeln, die sich von der Blütennahrung angezogen fühlen, doch leben sie nicht eigentlich gesellig. Auf den Salomonen beobachtete der Verfasser den Zwergblütenpicker, wie er einzeln oder in Paaren durch das Gebüsch des Waldrandes oder um die Eingeborenenhütten flatterte, jedoch niemals im dichten Wald. Sein Ruf besteht aus einem kurzen, metallischen Zirpen, das häufig eine ganze Zeitlang wiederholt wird. Manche Arten sollen angeblich auch einen trillernden Gesang hören lassen, doch steht diese Familie keineswegs im Rufe besonderer Gesangsleistungen.
Die Nester der Blütenpicker sehen ungefähr ebenso aus wie die der Nektarvögel: kleine, lange Beutel aus Pflanzenfasern und ähnlichem Material, die mit Spinnenweben zu einem Filz verfestigt sind und von einem Zweig herabhängen; beim Blutbrust-Blütenpicker sind sie mit einem schlitzförmigen oberen Eingang ausgestattet. Verschiedene Arten verstärken das Schlupfloch dadurch, daß sie festes Gras in den Rand einweben, und andere bauen aus dem gleichen Material eine Art Haube zum Schutz darüber. Nestbau und Brüten bleiben im allgemeinen die Aufgabe des Weibchens, doch hilft auch hier das Männchen gelegentlich mit.
Gänzlich verschieden von diesen typischen Blütenpickern sind die pummeligen Panthervögel der Gattung *Pardalotus* (Abb. S. 213) in Australien und Tasmanien, denen man vielleicht den Rang einer eigenen Unterfamilie einräumen sollte. Ihr Name leitet sich von den hellen Flecken her, die ihr Gefieder zieren. In der Größe und Gestalt ähneln die Panthervögel den anderen Blütenpickern, haben aber kürzere, dickere Schnäbel mit einem Einschnitt hinter der Spitze und keine Sägezähnchen. Sie fressen fast ausschließlich Insekten sowie deren Larven und suchen, wie die Meisen, das Laub, die Rinde und Zweige nach ihnen ab. Dabei halten sie sich gern paarweise zusammen, wenn sie die äußeren Äste eines Baumes in ziemlicher Höhe bearbeiten.
Aber auch in ihrem Nistverhalten unterscheiden sich die Panthervögel von den Blütenpickern. Sie bauen zwar ebenfalls ein geschlossenes Nest, verwenden aber dazu Rindenstreifen und Gras; das Ganze wird in einer Höhle untergebracht, meist am Ende

Scharlachroter Blütenpicker ♂
Dicaeum cruentatum
Indien bis südliches China und Ostindien; 9 cm.

Ganges-Brillenvogel
Zosterops palpebrosa
Indien bis zu den Philippinen; 10 cm.

eines selbstgegrabenen Erdganges in 50 bis 60 cm Tiefe. Der Gelbschwanz-Panthervogel baut in ebenem oder leicht abfallendem Boden, der Fleckenpanthervogel an Hängen oder am Grunde eines entwurzelten Baumes, der Rotschwanz-Panthervogel in Baumhöhlen oder in Mauerlücken, wie es auch andere Panthervögel tun. Beim Graben der Gänge und beim Bau der großen Nester arbeiten beide Geschlechter zusammen, und das Männchen beteiligt sich auch regelmäßig am Ausbrüten der Jungen. Je nach der Artzugehörigkeit schwankt die Zahl der reinweißen, ungefleckten Eier zwischen 3 und 5.
Fast alle Angaben über die Lebensweise der Blütenpicker verdanken wir den Freilandbeobachtungen. In den Tierhandel gelangen die Vögel nur selten, und es dürfte auch schwer sein, sie in der Gefangenschaft naturgemäß zu füttern.

Brillenvögel *(Zosteropidae)*

Die einheitlichste unter den größeren Familien der Sperlingsvögel bilden die kleinen, gelblich-grünen Brillenvögel, die ihren Namen nach dem schmalen Kranz weißer Federn um ihre Augen tragen. Mit ihnen beenden wir die Gruppe altweltlicher Nektarfresser, zu denen auch die eben behandelten 3 Familien zählen.

Als nächste Verwandte der Brillenvögel haben wir die Honigfresser anzusehen, deren Zunge ebenso bürstenartig und nicht röhrenförmig gestaltet ist wie bei den Nektarvögeln und Blütenpickern. Von allen ihren Verwandten dürfen wir die Brillenvögel als die höchstentwickelte Einheit ansehen, weil bei ihnen die 10. Handschwinge nur noch andeutungsweise oder überhaupt nicht mehr auftritt.

Alle Brillenvögel ähneln einander stark. Sie werden 10 bis 14 cm lang und sehen auf dem Rücken olivgrün bis graubraun aus, am Bauch aber gelb bis grau oder weiß. Auffällig an ihnen ist nur der Augenring, der manchmal unterschiedlich breit oder bei anderen unvollständig sein kann, aber nur selten fehlt. Der Wallace-Brillenvogel der Kleinen Sundainseln bildet die einzige Art, deren Augenring nicht weiß, sondern gelb gefärbt ist. Die Schnäbel variieren in Länge und Dicke, sind aber zumeist ziemlich schlank, spitz und leicht nach unten gebogen, die Flügel verrundet, die abgestutzten Schwänze mittellang und die Beine kurz und kräftig.

So gering sind die Unterschiede zwischen den einzelnen Formen, daß der Vogelsystematiker zwischen Freude und Verlegenheit schwankt. Ganz ähnliche Formen bewohnen mitunter verschiedene, dicht beieinander gelegene Lebensstätten, ohne sich zu verbastardieren. Sind es nun gute Arten oder nur geographische Rassen? Nach der letzten vorliegenden Revision unterscheiden wir 12 Gattungen mit insgesamt 85 Arten. Da aber die Unterschiede zwischen den Gattungen geringer erscheinen als bei anderen Familien zwischen den Arten, möchten einige konservative Ornithologen fast alle Brillenvögel zur Nominatgattung *Zosterops* rechnen.

Von Afrika südlich der Sahara reicht das Verbreitungsgebiet der Brillenvögel über Arabien und Südasien bis nach China und Japan sowie bis Australien und Neuseeland und darüber hinaus bis zu den Karolinen, Fidji-Inseln und Samoa. Nachdem der Mensch sie im letzten Jahrhundert nach Hawaii verpflanzt hatte, eroberten sie sich diesen Raum von Insel zu Insel und scheinen sich auch noch weiter auszubreiten. Um 1850 tauchte der Australische Brillenvogel plötzlich auf Neuseeland auf und bewohnt heute sogar die nahegelegenen kleinen Inseln. Eine besonders widerstandsfähige Gruppe besetzte die Macquarrie-Inseln, den südlichsten Vorposten zur Antarktis hin.

Es erscheint in der Tat bemerkenswert, daß diese Familie sich auf den ozeanischen Inseln festsetzen konnte, denn die Brillenvögel können nicht besonders gut fliegen und wandern auch kaum, wenn wir von ein paar Höhenbewohnern absehen, die sich bei kalter Witterung in wärmere, niedriger gelegene Gegenden zurückziehen. Wahrscheinlich hängt ihr kolonisatorischer Erfolg mit ihrer geselligen Lebensweise zusammen. Außerhalb der Brutzeit halten die Tiere in Scharen zusammen, die manchmal nach Hunderten von Vögeln beiden Geschlechtes zählen. Dadurch wachsen die Aussichten, daß durch Wind und Wetter eine genügend große Anzahl von Brutpaaren zu einer abgelegenen Insel versprengt wird und dort eine neue Kolonie aufbauen kann.

Als Baumvögel, die sich im wesentlichen von Insekten, Früchten und Beeren ernähren, nehmen die meisten Arten auch Blütensäfte auf, einige sogar fast ausschließlich. Dabei stecken sie entweder den Schnabel in die Blüte oder bohren den Blütenkelch an. Während der Brutzeit läßt das Männchen seinen klingenden Gesang hören.

Wie man es oft bei Arten findet, deren Geschlechter sich nicht unterscheiden, sind die Brutgeschäfte genau verteilt, doch gibt es hierin bei den verschiedenen afrikanischen, indischen, australischen und japanischen Arten, die man beobachtet hat, nur wenig Abwechslung. Jedes Paar sucht sich ein Brutrevier und baut sein kleines, offenes Nest aus Pflanzenfasern und Spinnenweben, ausgestattet mit Wurzeln oder Haaren, am Grunde eines waagerechten Querastes an einem niedrigen Baum oder Busch. Das Gelege enthält 2 bis 3 ungefleckte, hell- bis dunkelblaue Eier, und die Brutzeit beträgt 11 bis 12 Tage; nach 9 bis 13 Tagen verlassen die Jungvögel ihr Nest.

Laubwürger *(Vireonidae)*

Mit den Laubwürgern kommen wir nun zu einer Gruppe aus 6 Vogelfamilien, zu denen die am höchsten entwickelten Singvögel der Neuen Welt rechnen. Sie enthalten zusammen nicht weniger als 800 Arten, das ist etwa ein Zehntel sämtlicher Vogelarten. Bei allen diesen Vögeln treten nur noch 9 funktionsfähige Handschwingen auf. Ob die Familien nun von einer einzigen Ahnengruppe oder, was eher der Fall sein dürfte, von mehreren Stämmen herzuleiten sind, bleibt ungewiß, da sie verwandtschaftliche Beziehungen zu verschiedenen Sperlingsvogelfamilien zeigen. Nur zwei Familien, nämlich die Kleidervögel

Grauscheitel-Papageiwürger
Cyclarhis gujanensis
Mexiko bis Argentinien; 16 cm.

Gelbbrauner Laubwürger
Vireolanius melitophrys
Mexiko bis Guatemala; 18 cm.

Mexikanischer Grünlaubwürger
Hylophilus decurtatus
Mexiko bis Panama; 10 cm.

der Hawaii-Gruppe und die Finkenvögel, haben sich über die Grenzen des amerikanischen Doppelkontinents ausbreiten können, doch sind sie ebenso wie die anderen auf der westlichen Erdhälfte entstanden.

Jede der 6 Familien bildet zwar eine einigermaßen abgeschlossene Einheit, doch verlaufen die Grenzen zwischen ihnen oft unscharf. So gehen die Ansichten über die systematische Verwandtschaft noch auseinander; insbesondere weiß man nicht, zu welcher Familie man bestimmte vermittelnde Gattungen zu stellen hat. Für die Aufeinanderfolge der Familien im System gibt es eine ganze Reihe von Vorschlägen, und so wird man sicherlich auf Grund der vergleichenden Anatomie und Verhaltensforschung die bestehende Einteilung verbessern und vielleicht auch einigen Gruppen, die hier nur als Unterfamilien betrachtet werden, den Rang eigener Familien einräumen.

Rotaugen - Laubwürger
Vireo olivaceus
Südliches Kanada bis Argentinien; 15 cm.

Gelbkehl - Laubwürger
Vireo flavifrons
Östliches Nordamerika; 14 cm.

Von dem Familienkomplex, der hier zu Rede steht, sind die Laubwürger nicht nur am deutlichsten abgegrenzt, sondern auch am urtümlichsten, denn verschiedene Arten zeigen noch Reste einer 10. Handschwinge. In dieser Hinsicht gleichen sie den altweltlichen Blütenpickern, doch könnte man sie auch als Gegenstücke zu den Brillenvögeln ansehen, denn es sind gleichfalls unauffällige, kleine Vögel, 10 bis 15 cm lang, mit einheitlich olivgrünem oder graubraunem Gefieder ohne äußeren Geschlechtsunterschied. Auch führen sie eine ähnliche Lebensweise und bauen die gleiche Art der Nester. Alle diese Parallelen beruhen auf einer Konvergenzentwicklung, denn beide Familien sind nicht näher miteinander verwandt. Nach ihrer Anatomie und Verbreitung haben wir die Schwestergruppe vielmehr unter den Waldsängern zu suchen, von denen sie sich hauptsächlich durch den dickeren, hakigen und vorn gekerbten oder gezähnten Schnabel unterscheiden.

Wir verteilen die 43 Arten der Laubwürger auf 3 Unterfamilien. Weit verbreitet über die amerikanischen Waldgebiete vom mittleren Kanada bis Argentinien leben 37 Arten Eigentlicher Laubwürger *(Vireoninae);* vom südlichen Mexiko bis zum mittleren Südamerika reicht das Verbreitungsgebiet der 3 Neuweltwürger *(Vireolaniinae)* und der 2 Papageiwürger *(Cyclarhinae).* Somit konzentriert sich die Verbreitung der Familie hauptsächlich auf die Tropen von Mittel- bis zum nördlichen Südamerika, und da auch so gut wie alle Arten, die in den nördlicher und südlicher gelegenen Gebieten brüten, zum Winter in die Tropen ziehen, dürfte hier wohl die Heimat ihrer Vorfahren gelegen haben.

Den eigentlichen Lebensraum der Laubwürger stellen die äußeren Äste der Bäume und Sträucher dar, und hier machen sie sich bedächtig damit zu schaffen, die kleinen Insekten von den Blättern abzulesen. Im Herbst und Winter aber ergänzen sie ihre Speisekarte noch mit Sämereien und Beeren, wobei sie ganz besonders die Früchte der Magnolien sowie Holunder- und Heidelbeeren bevorzugen. Die Laubwürger fallen nicht nur dadurch angenehm auf, daß sie mit den Schadinsekten aufräumen, sondern auch durch ihren fortwährenden Gesang. Am unermüdlichsten erweist sich darin der Rotaugen-Laubwürger, dessen ebenso geschwätzigen wie eintönigen Monologe ihm bei den Neuengländern den Namen »Prediger« eingetragen haben. Die ganze Frühjahrs- und Sommerzeit hindurch, von der Morgen- bis zur Abenddämmerung, singt der Rotaugen-Laubwürger seine kurzen, aber angenehmen musikalischen Strophen aus 2 bis 5 Tönen.

Jedes Tier wandelt seine Strophe etwas ab und kennt etwa 20 Variationen über sein Grundthema. Oft steigt zum Schluß die Tonhöhe etwas an, als ob der Vogel eine Frage stelle, und dann gibt er sich selbst die Antwort in absteigender Tonfolge. Nun verstummt er, weil er sich ein Insekt greifen muß, bevor er die nächste Frage aufwirft. Ein geduldiger kanadischer Ornithologe hat die Rufe gezählt, die ein einziger Vogel im Verlaufe eines Tages ausstieß: Es waren 22 197. Und in Ontario, wo die Junitage 20 Stunden dauern, kam er auf mehr als 1000 Rufe pro Stunde.

Der Rotaugen-Laubwürger gehört zu den 20 Arten der Nominatgattung *Vireo* und stellt zugleich das am weitesten verbreitete Mitglied der Familie dar. Von Kanada an bis zum südlichen Brasilien und Argentinien reichen seine 12 geographischen Rassen, die sich nur durch geringfügige Abweichungen voneinander unterscheiden. Von ihnen verbringen die nördlichen und südlichen Unterarten die Winterzeit in den Urwäldern des Amazonas, die von einer anderen, aber nicht wandernden Rasse besetzt werden.

Außerdem gibt es in Nordamerika 11 weitere *Vireo*-Formen, die grundsätzlich in ihrem Aussehen und Verhalten nicht allzu stark von der eben behandelten Art abweichen, aber doch durch kleinere Verschiedenheiten in der Färbung und Zeichnung auffallen, wenn man sie im Laubwerk der Bäume zu Gesicht bekommt. Dazu gehören gut sichtbare Flügelbinden, Augenringe und -streifen oder andere Merkmale, nach denen die Arten dann benannt wurden, wie etwa der Schwarzkopf-, Weißaugen-, Gelbkehl-Laubwürger usw. Leichter hört man sie an ihrem Gesang heraus, der so artverschieden klingt, daß ein guter Beobachter bald die einzelnen Laubwürger auseinanderzuhalten lernt.

Am besten erkennt man den Weißaugen-Laubwürger an seinen lauten, kurzen Trillern, unterbrochen von klaren Pfiffen und katzenähnlichem Maunzen, dessen Strophe in der Regel mit einem kurzen »tschik« beginnt oder schließt. Das Verbreitungsgebiet dieser Art reicht von den mittleren und östlichen USA bis Westindien, wo verschiedene Unterarten auftreten, und über Mexiko bis Nikaragua; sie bleibt kleiner als der Rotaugen-Laubwürger und läßt außer weißen Augenringen auch noch weiße Flügelbinden erkennen. Als ein Bewohner des Buschlandes hält sich der Weißaugen-Laubwürger im Sommer häufig in den Vorstadtgärten auf. Leicht kann man diesen lebhaften, neugierigen und gleichfalls sehr sangesfreudigen Vogel durch Quietschen in Sichtweite herbeilocken.

Als Grünlaubwürger *(Hylophilus)* bezeichnen wir 15 tropische Arten, die von Mexiko bis Brasilien vorkommen. Sie sind den Laubwürgern ähnliche, graugrüne Vögel, unterscheiden sich aber von der *Vireo*-Gruppe vor allem durch den etwas längeren und schlankeren Schnabel. Auch wirken sie etwas unscheinbarer, denn es fehlen ihnen die auffallenden Flügelbinden und Kopfzeichnungen, auf Grund derer man die Laubwürger in der Natur ganz gut unterscheiden kann. Ihre Lebensweise bietet nichts Besonderes: Sie leben im Busch- und Baumbestand, fressen ebenso eifrig die Insekten von den Blättern und singen auch ähnlich in lauten, kurzen Strophen.

Die Laubwürger bauen ein für sie charakteristisches offenes, schüsselförmiges Nest aus Gras und Insektenfäden, das immer in der Gabelung eines waagerechten Astes befestigt wird, und zwar meistens in der Nähe des Bodens in etwa 60 cm bis 3 m Höhe, wenn auch einige Baumbewohner, wie der Rotaugen-, Gelbkehl- und Philadelphia-Laubwürger, gelegentlich viel höher nisten. Der Nestbau obliegt fast ganz allein dem Weibchen, doch beteiligt sich das Männchen am Ausbrüten der Eier, wie es – von ein paar wenigen Ausnahmen abgesehen – regelmäßig bei den Arten üblich ist, in denen sich die Geschlechter äußerlich nicht unterscheiden. Allerdings sitzt das Männchen nicht ganz so lange auf den Eiern, hilft aber dafür stärker beim Füttern der Jungen.

Das Gelege der Laubwürger enthält 3 bis 5 weiße, leicht braun getüpfelte Eier, die jeweils mit einem Tag Abstand gelegt werden, gewöhnlich in den frühen Morgenstunden. Mit dem Brüten beginnen die Vögel, sobald das erste Ei im Nest liegt, so daß die Jungvögel ebenfalls einen Tag um den anderen ausschlüpfen, d. h. vom 13. bis 15. Tag. Weitere 10 bis 14 Tage vergehen, bis sie flügge sind: Während die nördlichen Laubwürger nur einmal im Jahr brüten, können die Bewohner wärmerer Gebiete auch zwei Bruten jährlich aufziehen. In ihrem Nest sind die Vögel außergewöhnlich zutraulich und gestatten sogar, daß man ziemlich dicht an sie herantritt, bevor sie auffliegen. Aber auch dann noch bleiben sie in unmittelbarer Nähe des Störenfrieds, schimpfen und versuchen, ihn fortzujagen. Sie sind derart begeisterte Sänger, daß das Männchen ständig, aber auch das Weibchen häufig während des Brütens sein Lied erklingen läßt.

Wenn man die Neuwelt- und Papageiwürger auch oft als eigene Familien ansieht, so stehen sie doch nach ihrem Bau und Verhalten den Laubwürgern so nahe, daß dies kaum gerechtfertigt erscheint. Die beiden Papageiwürger werden etwas größer als

Roter Kleidervogel
oder Iiwi ♂
Vestiaria coccinea
Hawaii; 15 cm.

die Eigentlichen Laubwürger und besitzen kräftigere, stärker gekrümmte Schnäbel. Sie bewohnen das Buschland und die Waldränder und halten sich gern in Bodennähe auf, wo sie nach Art der Laubwürger bedächtig das Blattwerk absuchen. Große Insekten halten sie mit dem Fuß fest und zerreißen sie mit dem Schnabel; außerdem nehmen sie auch einige Früchte und Beeren. Ihr Flugvermögen ist nicht besonders hoch entwickelt, um so kräftiger aber ihre Stimme: Neben einem rauhen Schelten kennen sie einen musikalischen, trillernden Gesang von der gleichen Ausdauer wie die Laubwürger. Auch diese Vögel bauen ihr ziemlich zerbrechliches Nest in einer Astgabel und legen dort 2 bis 3 rötlichweiße, braun gefleckte Eier hinein.
Wenig beobachtet wurden bisher die 3 Neuweltwürger; über ihre

Nistgewohnheiten wissen wir nichts. Der Gelbbraune Laubwürger im südlichen Mexiko und in Guatemala lebt in den Baumwipfeln und frißt hauptsächlich Früchte, daneben auch einige Insekten. Von allen seinen Verwandten trägt er das am auffälligsten gefärbte Gefieder, aber sein lauter, fortwährender Gesang steht hinter dem der anderen nicht zurück.

Kleidervögel *(Drepanididae)*

Die Paläobotaniker haben festgestellt, daß die ersten Wälder auf Hawaii, in denen sich Waldvögel aufhalten konnten, wahrscheinlich vor etwa 5 Millionen Jahren im mittleren Pliozän entstanden sind; kurz danach dürften die Vorfahren der Kleidervögel dorthin gelangt sein und haben nun eine solche Mannigfaltigkeit entwickelt, wie man sie den Abkömmlingen einer einzigen Ahnengruppe in dieser kurzen Zeit kaum zutrauen möchte. Somit bieten sie ein eindringliches Beispiel für eine – wie die heutige Evolutionsforschung sagt – adaptive Radiation und einen Beweis dafür, daß sich das Entwicklungsgeschehen am schnellsten bei kleinen, isolierten Vorkommen auswirkt, bei denen zufällige Änderungen des Erbgutes die beste Aussicht haben, sich vorteilhaft auf das Überleben ihrer Träger auszuwirken.
Diese Gruppe aus 22 höchst unterschiedlichen, allein auf die Hawaii-Inseln beschränkten Arten bietet tatsächlich ein buntes Bild. Ihre Größe reicht von 11 bis 23 cm, ihre Färbung von reinem Grün und Grau bis zu kräftigem Gelb, Rot oder Schwarz, jedoch niemals glänzend oder metallisch schimmernd. Einige Arten haben das Flugvermögen verloren. Am auffälligsten aber erscheint die große Mannigfaltigkeit in Größe und Form des Schnabels, die zweifellos im Zusammenhang mit der Ernährung steht. Bei einigen Arten ist der Schnabel lang, dünn und abwärts gebogen, um damit den Blütensaft und Insekten aufzunehmen, bei anderen für das Knacken von Samen kurz und dick oder ähnlich dem eines Papageien. Bei einer weiteren Art, die in der Rinde nach Insekten stochert, wirkt der Schnabel wie der eines Spechtes. Der selten gewordene Akepa hat einen an der Spitze gekreuzten Schnabel, der wohl zum Öffnen von Blattknospen dient.
Neuere anatomische Untersuchungen ergaben, daß die Kleidervögel trotz ihrer äußerlichen Unterschiedlichkeit doch nur von einer einzigen Ahnengruppe herzuleiten sind, die sich wahr-

scheinlich von Blütensäften und Insekten ernährte und deren Schnäbel und Zungen kaum Spezialisationen aufwies. Da die Familie die meisten Ähnlichkeiten zu den neuweltlichen Singvögeln zeigt, die nur 9 Handschwingen aufweisen, nimmt man an, daß irgendwelche längst ausgestorbene Angehörige dieser Gruppe, vielleicht aus der Verwandtschaft der Tangaren, von Amerika aus mehr als 3000 Kilometer weit über den Ozean verschlagen worden sind.

Entsprechend den beiden Entwicklungslinien unterteilt man die Kleidervögel in zwei Unterfamilien. Die primitiveren Eigentlichen Kleidervögel *(Drepanidinae)* sehen hauptsächlich rot und schwarz aus; in der Färbung unterscheidet sich das Männchen nicht, wird allerdings etwas größer. Ihre Kopffedern sind steif und spitz, und ihre scharfrandigen Handschwingen verursachen beim Fliegen ein schwirrendes Geräusch. In kleinen, lockeren Schwärmen ziehen die Vögel durch den Wald, um die verschiedenen in Blüte stehenden Bäume zu besuchen und den Nektar auszusaugen, indem sie ein Loch in den Blütenkelch bohren. Einige fressen auch weichhäutige Insekten. Zu dieser Gruppe gehörte der schwarze Mamo, dessen goldgelbe Flankenfedern die Eingeborenen zu den Federmänteln ihrer Fürsten verarbeiteten. Seit 1892 hat man keinen Mamo mehr erbeutet, und im Jahre 1898 wurde er zum letzten Male lebend beobachtet. Vier andere Arten, deren Gefieder dem gleichen Zweck diente, kommen dort noch vor; zwei davon, nämlich der rote Iiwi (Abb. S. 225) und der Apapane, sind sogar noch recht häufig.

Bei der zweiten Unterfamilie, den Grünen Kleidervögeln, finden wir ein vorwiegend grünes Gefieder. Hier unterscheiden sich die Männchen insofern, als sie zudem noch bunte gelbe oder orangefarbene Töne zeigen. Diese Tiere, deren Kopffedern weich und flaumig sind, fressen Insekten, Sämereien und stellen wahrscheinlich eine spätere Entwicklungsgruppe dar. Sie sind nicht so wanderlustig wie die Eigentlichen Kleidervögel, sondern leben ausgesprochen reviertreu. Im Gegensatz zur vorigen Unterfamilie kennen die Männchen hier einen Balzgesang. Zu dieser Gruppe gehört der Amakihi, der häufigste Kleidervogel überhaupt, der auf allen größeren Inseln zu Hause ist.

Von Januar bis Juli brüten die Kleidervögel und bauen dazu ziemlich einfache, offene Nester in den Bäumen und Büschen, mitunter auch im Gras; die Zahl der weißen, häufig dunkel gefleckten Eier beträgt 2 bis 4. Allein das Weibchen brütet, wird aber bei der Brutpflege vom Männchen unterstützt.

Halsband-Waldsänger
Myioborus torquatus
Hochland von Costa Rica
und Panama; 12 cm.
Rosabrust-Waldsänger ♂
Granatellus pelzelni
Venezuela bis Bolivien; 14 cm.
Kappenwaldsänger
Wilsonia citrina
Östliche USA; 14 cm.
Protonotar-Waldsänger
Protonotaria citrea
Östliche USA; 14 cm.

Die Kleidervögel bieten ein eindringliches Beispiel für die Tatsache, daß sich eine allzu schnelle Entwicklung und Überspezialisation ungünstig auf die Lebensfähigkeit einer Art auswirkt. Von den 22 bekannten Arten sind 9 bereits ausgestorben, und weitere 8 oder 10 vegetieren nur noch in kleinen, örtlich begrenzten Populationen. Verschiedene Arten, die früher weit verbreitet über das ganze Inselgebiet lebten, trifft man nur noch auf 1 oder 2 Eilanden an. Die heute noch am häufigsten vertretenen Arten stellen auch die am wenigstens spezialisierten dar. Nicht die Hawaiier, die ihre Federn zum Schmuck der Mäntel verarbeiteten, sind am Niedergang der Kleidervögel schuld, sondern einerseits die Veränderungen der Umwelt durch die amerikanischen Einwanderer, andererseits die Unfähigkeit der Vögel, sich neuen Gegebenheiten anzupassen. Die eingeführten Raubtiere, aber auch die eingeschleppten, zuvor unbekannten Vogelkrankheiten taten dann das übrige zum Aussterben so mancher Arten.

Waldsänger *(Parulidae)*

Kaum eine andere Vogelgruppe gibt der wachsenden Schar der amerikanischen Vogelliebhaber so viel Anlaß zur Freude wie gerade die Waldsänger, und kein nur halbwegs Interessierter kann unbeeindruckt vorübergehen, wenn sich am Morgen ein Waldsänger zu seinem Tagewerk in die Luft schwingt, insbesondere in jener herrlichen Zeit, wenn die Knospen der Bäume aufbrechen. Waren gestern noch die Wälder tot und einsam, so tummeln sich heute schon Scharen bunter, kleiner Waldsänger aus 12 oder mehr Arten, alle im vollen Prachtgefieder, an dem sie sich leicht unterscheiden lassen. Wie enttäuscht aber ist der Vogelfreund, wenn er dieselben Vögel nach der Herbstmauser bestimmen soll, denn dann zeigen sie durchweg das gleiche, unauffällige Gefieder ohne allzuviele hervorstechende Unterscheidungsmerkmale. Die Waldsänger bilden eine einigermaßen gut definierbare Familie neuweltlicher Singvögel mit 9 Handschwingen. Ihre genauen verwandtschaftlichen Beziehungen zu den übrigen Familien ihrer Sammelgruppe kennen wir nicht, doch stehen sie anatomisch den Tangaren und den Ammerverwandten am nächsten. Heute unterscheidet man insgesamt 119 Arten, von denen verschiedene sicherlich nur als geographische Rassen aufzufassen sind, und verteilt sie auf 2 Unterfamilien, nämlich die Eigentlichen Waldsänger *(Parulinae)*, die mit 109 Arten weit verbreitet über beide Teile Amerikas leben, und die 10 Arten Zuckervögel *(Coerebinae)* auf den Westindischen Inseln, in Mittel- und Südamerika. Bis vor kurzem betrachtete man diese zweite Gruppe noch als eine eigene Familie *Coerebidae*, zu der man 30 ebenfalls nektarfressende Vögel zählte, die man jetzt zu den Tangaren stellt.

Waldsänger sind kleine Vögel mit schlankem, spitzem Schnabel, abgerundetem Schwanz und Borstenfedern am Schnabelgrund, am deutlichsten bei den Arten, die ihre Insektennahrung im Fluge erbeuten. Die meisten Arten aber suchen die Insekten von den Blättern und Zweigen ab, wobei jede ihren ganz bestimmten Lebensraum besetzt: Die einen halten sich in den Wipfeln auf, die anderen im niederen Gebüsch, wieder andere sogar auf dem Boden. Im Herbst und Winter nehmen viele Arten auch kleine Beeren und Sämereien.

Von dunkelgrauen und olivbraunen Tönen reicht das Farbkleid der Waldsänger bis zum leuchtenden Gelb, Blau und Rot, doch pflegt Gelb innerhalb der Familie vorzuherrschen. Bei den meisten der 59 Arten, die in Nordamerika nisten und den Winter im Süden verbringen, sind die Männchen bunter gefärbt als die Weibchen, insbesondere im Frühling; dagegen unterscheiden sich die Geschlechter der tropischen Arten nicht im Aussehen, und seien sie auch noch so auffällig, wie z. B. der Bunte und der Rote Waldsänger in Mexiko.

Merkwürdigerweise verbastardieren sich die verschiedenen Arten der Waldsänger gelegentlich miteinander. Aus der Kreuzung zwischen Blauflügel- und Goldflügel-Waldsänger, zweier Angehörigen der Gattung *Vermivora*, geht der nicht unbekannte Brewster- und – bei umgekehrtem Geschlechtsverhältnis der Eltern – der weniger häufige Lawrence-Waldsänger hervor. Zwar bedarf es noch weiterer Untersuchungen, aber soweit wir heute wissen, sind diese Bastarde fruchtbar und folgen in ihrem Erbgang den Mendelschen Regeln. In seltenen Fällen wurden selbst Kreuzungen zwischen verschiedenen Gattungen festgestellt; als eine solche hat sich erst jetzt der Sutton-Waldsänger herausgestellt.

In ihren Gesangsleistungen treten die Waldsänger nicht besonders hervor, wenn wir von einigen Ausnahmen absehen, wie etwa dem 19 cm langen Gelbbrust-Waldsänger, dem größten Angehörigen dieser Familie, der nicht nur über eine laute Stimme verfügt, sondern auch als vorzüglicher Spötter gilt. Im übrigen

aber klingt die Stimme schwach, hoch und fast wie die eines Insekts, oft zischend, summend oder lispelnd. Im Frühling aber singen sie sehr ausdauernd, wobei jede Art ihren eigenen Gesang hören läßt, an dem sie der Kenner ebenso mühelos unterscheidet wie an ihrem Gefieder. Nur gehört ein sehr scharfes Ohr dazu, denn für den Nichteingeweihten klingen die Stimmen sehr ähnlich. Deutlicher hebt sich das klingelnde »tietscher-tietscher-tietscher« des Maryland-, das dünne »witschitie-witschitie-witschitie-witschit« des Gelbkehl- und das lispelnde »zie-zie-zie-zie-ziwo« des Rotschwanz-Waldsängers hervor.
Wenn sich auch viele Waldsängerarten während der Züge eng miteinander vergesellschaften, so zeigt doch jede Art im Sommer eine Vorliebe für ganz bestimmte Lebensräume. Immer trifft man den Kiefernwaldsänger während der Brutzeit im Kiefernwald an, und dort baut er auch regelmäßig sein Nest in einem Haufen von Kiefernadeln; der Tannenwaldsänger nistet nur im Tannen- und Lärchenwald. Dagegen bevorzugt der Gelbstirn-Waldsänger den Laubwald und hat im Appalachengebiet dort merklich zugenommen, wo sich verlassenes Ackerland wieder mit sekundärem Laubwald bedeckte.
Als nicht ganz so wählerisch erweist sich der weitverbreitete Myrtenwaldsänger mit seinem leuchtend gelben Rumpffleck, obwohl auch er gewöhnlich im Nadelwald nistet. Zum Winter aber zieht er in offeneres Gelände und hält sich dann gern in den Myrtenbeständen des Küstengebietes auf, wobei er sich von deren Beeren ernährt. Der sogenannte Magnolienwaldsänger lebt gleichfalls in den nördlichen Tannenwäldern und nistet dort. Zufälligerweise erbeutete Alexander Wilson das Typusexemplar der Art auf einem Magnolienbaum in Mississippi und gab ihr daher den jetzt üblichen, aber unzutreffenden Namen.
Ein ähnliches Schicksal wurde auch anderen Waldsängern zuteil. Oft benannten die Beschreiber eine neue Form einfach nach der Gegend, in der sie den Typus entdeckten, ganz gleichgültig, ob sich das Tier dort nur zufällig auf dem Durchzug aufhielt. Opfer solcher Fehlbenennungen sind der Connecticut-, Kentucky-, Cape-May-, Tennessee- und Nashville-Waldsänger. Der »Prärie«-Waldsänger lebt im Buschland und läßt sich höchst selten in der offenen Grassteppe sehen. Der »Palmen«-Waldsänger nistet im südlichen Kanada, wo es keine Palmen gibt, und überwintert in Florida nicht etwa in Palmenhainen, sondern im offenen Feld- und Buschland. Leider stießen alle Versuche, diese unglücklich gewählten Namen zu ändern, auf erbitterten Widerstand.

Bunter Waldsänger
Setophaga picta
Arizona bis Nikaragua; 12 cm.

Blauer Waldsänger ♂
Dendroica caerulescens
Östliches Nordamerika; 12 cm.

Zu den seltensten und in ihrem Nistgebiet am engsten beschränkten Arten zählt der Kirtland-Waldsänger. Er bewohnt einen begrenzten, weniger als 120 km breiten Strauchkiefernwald in Michigan und zieht zum Winter zu den Bahama-Inseln. Nach einer sorgfältigen Schätzung aus dem Jahre 1951 gibt es dort nicht einmal mehr 1000 Exemplare, und die Art hat alle Mühe, diesen Bestand aufrechtzuerhalten. Das stärkste Hemmnis erwächst ihnen dabei aus dem Kuhstärling, der ja überhaupt besonders gern die Nester der Waldsänger mit seinem Brutparasitismus beehrt. Hier aber hat man festgestellt, daß mehr als die Hälfte der Nester junge Kuhstärlinge enthielten!
Die meisten Waldsänger der gemäßigten Breiten legen ihr Nest als offenes, napfförmiges Gebilde in mäßiger Höhe auf den Zweigen eines Busches oder eines Baumes an. Bewohner der Baumwipfel, wie der Gelbbraune, der Blaue und der Kiefernwaldsänger, gehen bis zu 15 m hoch, doch überschreiten die meisten nicht die 3-m-Grenze, und andere Arten nisten sogar auf

dem Boden. Dazu gehört z. B. der Goldkopf-Waldsänger, den die Amerikaner »Ofenvogel« nennen, weil er ofenförmige, überdachte Nester mit einem seitlichen Eingang baut. Zu den wenigen Höhlenbrütern gehört der Protonotar-Waldsänger, ein prächtiger, goldgelber Vogel aus dem Sumpfland der amerikanischen Südstaaten, der in vermorschten Baumstämmen, aber auch in Spechthöhlen und Vogelkästen nistet. Die katholischen Kreolen von Louisiana benannten ihn nach den päpstlichen Protonotaren, jenen geistlichen Würdenträgern in orangegelben Gewändern.

In ihrem Brutverhalten folgen die Waldsänger einem ganz bestimmten Schema: Der Nestbau bleibt fast völlig dem Weibchen überlassen, doch wird es bei einigen Arten gelegentlich auch vom Männchen unterstützt. Die Eier sehen gewöhnlich weiß aus und tragen leichte bräunliche Tupfen, die sich oft zu einem Ring um das breitere Ende gruppieren. Bei den nördlicheren, wandernden Arten, die gewöhnlich nur eine Brut im Jahr aufziehen, finden wir 4 bis 5 Eier; sie werden stets allein vom

Magnolienwaldsänger ♂
Dendroica magnolia
Kanada; 12 cm.

Gelbbrust-Zuckervogel
Coereba flaveola
Westindien sowie von Mexiko bis Argentinien; 11 cm.

Weibchen ausgebrütet, das manchmal vom Männchen Futter zugetragen bekommt. Nach 11 bis 14 Tagen Brutzeit kriechen die Jungen aus und verlassen dann nach weiteren 8 bis 14 Tagen flügge das Nest.
Da die Waldsänger nachts ziehen, geraten sie häufiger in tiefliegenden Wolkenschichten und stoßen dabei mit allerlei Hindernissen zusammen. Helles Licht zieht die nächtlichen Wanderer an, insbesondere die scharfgebündelten Scheinwerferstrahlen, mit denen man auf Flugplätzen die Höhe der einzelnen Wolkenlagen ermittelt. In diesigen Nächten geraten die Schwärme in den vertikalen Lichtstrahl, können sich aber nicht mehr daraus befreien.
Auch im tropischen Mittel- und in Südamerika, südwärts bis Argentinien, sind die Waldsänger zu Hause, außerdem in Westindien, wo sie vor allem im waldigen Hochland vorkommen, weniger in den feuchten Ebenen. Die beiden häufigsten Gattungen sind *Myioborus* mit 8 und *Basileuterus* mit 22 Arten. Einige davon zeigen ziemlich bunte Farben, doch tragen die meisten ein einfaches Braun oder Gelb. Auch gibt es weder farbliche Geschlechtsunterschiede noch irgendwelche Prachtgefieder während der Brutzeit, wie wir sie bei den ziehenden Arten antreffen. Häufig finden wir überdachte Nester auf oder nahe dem Boden. Die Männchen brüten zwar nicht, doch beteiligen sie sich kräftig am Nestbau und helfen auch bei den übrigen Aufgaben der Brutpflege mit. Da diese Arten ortstreu leben und keine regelmäßigen Wanderungen unternehmen, sind sie den Gefahren nicht so stark ausgesetzt, und so liegt auch ihre Fortpflanzungsrate und -geschwindigkeit unter den bei den nördlichen Arten üblichen Werten. Ihr Gelege umfaßt gewöhnlich nur 2 bis 3 Eier, die Brutzeit beträgt 13 bis 16 Tage, und erst am 12. bis 14. Tag werden die Jungen flügge.
In den Tropen liegt gleichfalls die Heimat der Zuckervögel *(Coerebinae)*, einer Gruppe von Waldbewohnern des Flachlandes, deren Zunge zur Aufnahme von Pflanzensäften tief gespalten und gefranst ist sowie vorn eine Röhre bildet. Typisch hierfür ist der Gelbbrust-Zuckervogel, dessen Verbreitung von den Bahamas über Westindien reicht, jedoch mit Ausnahme von Kuba, und vom südöstlichen Mexiko bis Paraguay und Argentinien. Überall dort tritt die Art ziemlich häufig auf und weicht auch in den verschiedenen Gegenden nicht unbeträchtlich in der Färbung ab, so daß wir ungefähr 35 Rassen unterscheiden.
Abgesehen von der Tatsache, daß sie vorwiegend Nektar zu sich

nehmen und zu diesem Zweck den Blütenboden mit ihrem spitzen, gekrümmten Schnabel durchstechen, leben sie genauso wie die Waldsänger. Einzeln oder in Paaren, aber niemals in einem Schwarm, durchkreuzen sie auf der Nahrungssuche das Blattwerk des Waldes, wobei sie auch größere Mengen an Insekten fressen. Ihre Stimme klingt dünn wie die der Waldsänger.
Im Laubdickicht in der Nähe des Bodens bauen die Zuckervögel ihr geräumiges, überdachtes Nest mit einem Seiteneingang und legen dort ihre 3 bis 6 Eier hinein. Während das Weibchen zum größten Teil das Brutgeschäft übernimmt, stellt das Männchen den aktiveren Teil beim Nestbau dar. Es errichtet nicht nur allein die eigentliche Brutstätte, die dann vom Weibchen ausgepolstert und für die Eiablage hergerichtet wird, sondern baut mitunter noch eine ganze Anzahl weiterer Spielnester in dessen Nähe, in denen es dann die Nacht zu verbringen pflegt.

Stärlinge *(Icteridae)*

Zu den 94 Arten der Stärlinge zählen einige der häufigsten und bekanntesten nordamerikanischen Vögel, wie die Schwarzstärlinge (Blackbirds), Grackeln, Trupiale, Lerchen-, Kuh- und Reisstärlinge; zu den weniger bekannten tropischen Formen gehören die Oropendolas und die Kassiken. Manchmal bezeichnet man auch die ganze Familie als Trupiale, denn der südamerikanische Trupial wurde als erste Art beschrieben und gehört der Gattung *Icterus* an. »Icterus« ist ein griechisch-lateinisches Wort und bedeutet »Gelbsucht«, und tatsächlich herrscht Gelb bei den Angehörigen der Gattung *Icterus* vor, wie sie auch bei den anderen Mitgliedern der Familie weit verbreitet auftritt.
Die Stärlinge bilden eine Familie kleiner oder mittelgroßer Vögel von 15 bis 55 cm Länge und gehören zu den neuweltlichen Singvögeln, die sich durch nur 9 Handschwingen auszeichnen. Mit den Tangaren und den Kardinälen sind sie so nahe verwandt, daß es schwerfällt, genaue Grenzen zwischen diesen drei Gruppen zu ziehen. Federborsten am Schnabelgrund fehlen den Stärlingen; die Schwänze sind meist abgerundet, die Flügel lang und spitz, die Läufe und Füße kräftig entwickelt und die Schnäbel hart, kegelförmig und spitz, bei den Eigentlichen Trupialen allerdings dünn und abwärts gebogen. Bei den Lerchenstärlingen wirkt der Schnabel gerade und spitz wie bei den meisten Schwarzstärlingen, bei den Kuh- und Reisstärlingen aber

1 **Braunkopf-Oropendola** ♂
Zarhynchus wagleri
Mexiko bis Ekuador; 35 cm.

2 **Grüne Oropendola** ♂
Psarocolius viridis
Guayana-Staaten bis Ekuador und Peru; 43 cm.

3 **Montezuma-Oropendola** ♂
Gymnostinops montezuma
Mexiko bis Panama; 48 cm.

4 **Gewöhnlicher Trupial** ♂
Icterus icterus
Kolumbien und Venezuela; 24 cm.

5 **Schwarzbrusttrupial** ♂
Icterus pectoralis
Mexiko bis Costa Rica; 22 cm.

finkenähnlich. Bei den Oropendolas und Kassiken bildet die Hornbekleidung der Schnabeloberseite eine Stirnplatte.
Das Verbreitungsgebiet der Familie erstreckt sich über die ganze westliche Erdhälfte mit Ausnahme des äußersten Nordens, konzentriert sich aber im wesentlichen auf die Tropen. Die meisten Arten aus den gemäßigten Breiten ziehen im Winter ab. Am weitesten nach Norden geht der Braune Schwarzstärling, der von der Baumgrenze an bis zu den Nordstaaten der USA in den Tannen- und Lärchenwäldern nistet und zum Winter südwärts in die Golfstaaten zieht. Den Südpunkt des Familien-Verbreitungsgebietes erreichen die Rotbrust- oder Soldaten-Schwarzstärlinge Patagoniens; eine Form kommt auf den Falkland-Inseln vor, eine andere Population auf der Osterinsel, wohin sie eingeführt wurde.
Fast alle Lebensräume des Landes wurden von den Stärlingen erobert. Meistens leben sie als Waldvögel, ohne Unterschied, ob es sich um die kanadischen Nadel- oder um tropische Urwälder handelt, doch ziehen die Lerchen- und Reisstärlinge offenes Feld und Grasland vor. Der weitverbreitete Rotflügel-, aber auch der nahe verwandte Gelbkopf- und Gelbschulter-Schwarzstärling sind vorwiegend im Sumpfgebiet zu Hause, der Scott-Trupial in den Agaven- und Yuccabeständen der westamerikanischen Halbwüsten.
Ebenso abwechslungsreich ist die Kost der Stärlinge. Alle fressen Insekten, zumeist außerdem noch Sämereien. Die tropischen Trupiale und Oropendolas ernähren sich von Früchten, und das tun auch die Kassiken, nehmen aber außerdem noch Nektar. Allesfresser sind die Grackeln, üble Nesträuber, die sich nebenbei nicht nur an kleinen Reptilien und Amphibien vergreifen, sondern z. T. sogar gelernt haben, Fische zu fangen.
Stärlinge, die ihre Nahrung auf dem Boden suchen, laufen mit kräftigen Schritten, hüpfen aber nur selten. Alle Arten können vortrefflich fliegen. Ihre Stimme klingt gewöhnlich laut und etwas rauh; sie schwankt von kehligem Gurren bis zum klaren, flötenden Pfeifen. Mit Gesangsleistungen warten insbesondere die Trupiale auf. Die meisten Arten der Familie leben gesellig, einige sogar in ganz besonderem Maße. In den gemäßigten Zonen heimische Arten ziehen gemeinsam zum Winter ab und rasten manchmal in ungeheuren Scharen. Die Oropendolas, Kassiken sowie viele Schwarzstärlinge und Grackeln nisten in Kolonien. In ihrem Brutverhalten unterscheiden sich die einzelnen Arten oft beträchtlich, doch fallen die Pflichten zumeist den Weibchen

zu. Wie wir es so häufig bei Gruppen finden, in denen sich die Geschlechter durch ihre Färbung unterscheiden, beteiligen sich die Männchen nur wenig an der Brutpflege und leben auch häufig in Vielehe. Zu ausgesprochenen Brutparasiten haben sich die Kuhstärlinge entwickelt. Zumeist finden wir bei den Stärlingen das übliche offene Nest auf Bäumen, auf dem Boden oder im Röhricht des Sumpfes, doch legen die Trupiale und ihre Verwandten wahre Wunderwerke von langen Hängenestern an. In der Regel sehen die Eier weiß aus, manchmal blau, grün oder gelblich getönt, und tragen in der Regel kräftige, unregelmäßige schwarze Schnörkel. Bei den tropischen Arten enthält das Gelege nur 2 Eier, bei den Bewohnern der gemäßigten Gebiete 3 bis 7.

Die buntesten Stärlinge, zugleich auch die besten Sänger und Nestbauer, sind die Trupiale. Etwa 30 Arten rechnen wir zur Nominatgattung *Icterus,* von denen die meisten in den Tropen vorkommen. Die paar Arten, die im Frühjahr zum Nisten nach Norden ziehen, bringen dorthin einen Abglanz tropischer Farbenpracht und gesanglicher Schönheit. Häufig tragen die Weibchen der tropischen Trupiale ein ähnlich farbfreudiges Gefieder wie die Männchen, allerdings nicht bei den Arten der gemäßigten Breiten. Nach der Brutzeit aber mausert das Männchen und nimmt dabei ein unscheinbareres Gefieder an.

Im Frühling trifft der Baltimore-Trupial in den östlichen Wäldern der USA ein. Das Männchen zeigt kräftige orangefarbene und schwarze Töne, das Weibchen wirkt mehr olivgelb und braun. Im Westen wird er durch den sehr ähnlichen, aber einer anderen Art zugehörenden Goldstirntrupial vertreten. Wo sich die beiden Arten in ihrem Verbreitungsgebiet überschneiden, wie in Oklahoma und Nebraska, verbastardieren sie sich häufig. Weniger ansehnlich wirkt der kleinere, orangebraun und schwarz gekleidete Gartentrupial, der weiter im Norden nistet. Er singt nicht nur im Frühjahr sehr schön, sondern macht sich auch durch das Fortfangen schädlicher Insekten nützlich.

Bei diesen Trupialen halten die Paare zwar fest zusammen, aber das Männchen beteiligt sich nur wenig an den Brutgeschäften, sondern verbringt seine Zeit mit Insektenfang und Gesang, während seine Partnerin das komplizierte Hängenest webt, dort 4 bis 6 Eier hineinlegt und sie bebrütet. Das Nest des Baltimore-Trupials besteht aus einem 15 cm langen, grauen Beutel aus Pflanzenfasern, der sich oben verjüngt; meistens hängt er von einem äußeren Zweig eines hohen Baumes herab.

Wahre Nestbaukünstler sind die tropischen Verwandten der Trupiale, die Oropendolas und Kassiken. Sie weben wunderbare lange Schläuche aus Gras mit einem oberen Eingang, der zu dem 1 bis 2 m tiefer am Grunde gelegenen eigentlichen Nest führt. Im allgemeinen nisten diese Vögel in lärmenden Kolonien.

Vielweiberei gibt es bei den meisten kolonienweise nistenden Stärlingen, aber auch bei einigen anderen; ihr Ausbildungsgrad wechselt innerhalb der verschiedenen Populationen ein und derselben Art und hängt von dem Zahlenverhältnis zwischen den Geschlechtern ab. Beim Blaukopf-Schwarzstärling des westlichen Nordamerika leben die Männchen nur dann in Vielehe, wenn die Weibchen in der Überzahl sind, jedoch nicht bei einem ausgeglichenen Zahlenverhältnis zwischen beiden Geschlechtern, und das gleiche ist bei den Mexikanischen Riesengrackeln und den Rotflügel-Schwarzstärlingen der Fall.

Der Rotflügler, wie ihn die Amerikaner seiner auffallenden roten Epauletten wegen nennen, brütet vom südlichen Kanada an über die USA und Westindien bis Mittelamerika. In Südamerika wird er durch den Gelbschulter-Schwarzstärling vertreten; in den Sumpfgebieten der Präriestaaten ist der ebenso leicht kenntliche Gelbkopf-Schwarzstärling zu Hause. Alle diese Arten leben höchst gesellig, ziehen und überwintern in Scharen und bauen auch ihre Nester kolonienweise in Süßwassersümpfen. Im gemäßigten Nordamerika gehört der Rotflügel-Schwarzstärling zu den ersten Ankömmlingen im Frühling. Die Männchen treffen bereits mehrere Wochen vor den Weibchen ein und haben schon ihre Reviere abgegrenzt, wenn die kleineren und unauffälligeren Weibchen nachkommen. Am spätesten aber kehren die Jungvögel des vergangenen Jahres zurück; in welchem Ausmaß oder ob sie überhaupt in diesem ersten Frühjahr brüten, wissen wir nicht.

In der Regel erscheint das Zahlenverhältnis zwischen beiden Geschlechtern ausgewogen, doch findet man nicht selten zwei oder mehr Weibchen im Revier eines einzigen Männchens nisten. Der Nestbau und das Ausbrüten der Eier bleibt dem Weibchen allein überlassen, aber das Männchen hält während dieser Zeit Wacht und hilft auch bei der Aufzucht der Jungvögel. Das Nest wird als offenes Gebilde aus Gras im Sumpfgebiet angelegt, gewöhnlich nur 30 cm über dem Boden oder dem Wasserspiegel. Die Brutzeit und die Aufzucht der Jungen benötigen je 12 Tage. In ihrem Jugendkleid ähneln die Jungvögel den Weibchen, doch unterscheiden sich später die Geschlechter in der Größe und

Färbung. Bei der jährlichen Herbstmauser wird das schwarze Gefieder des Männchens durch braune Flecken auf den Federn aufgelockert; sie verschwinden allmählich im Verlaufe des Winters, so daß die Vögel zur Paarungszeit wieder schwarz wirken. Eine zweite Mauser im Frühling gibt es nicht.
Nach dem Ende der Brutzeit tun sich zuerst die jungen und dann auch die alten Vögel zu Scharen zusammen, um sich im Gelände ihre Nahrung zu suchen; zur Nacht kehren sie in den Schutz der Sümpfe zurück. Wenn die Vögel später nach Süden ziehen, vereinigen sich die Schwärme und schwellen dadurch immer stärker an. An den Überwinterungsplätzen in den Südstaaten stoßen dann noch andere Schwarzstärlinge hinzu, so daß häufig Millionen von Vögeln aus 5 oder 6 verschiedenen Arten zusammenkommen. Zur Morgendämmerung verlassen die Vögel ihre Rastplätze, um 50 bis 80 km voranzukommen. Am Nachmittag tun sie sich dann nach geeigneten Ruheplätzen um und strömen dorthin von allen Richtungen zusammen. Schon mehrere Stunden vor der Abenddämmerung kommt die Vorhut an, und dann fällt Schwarm um Schwarm ein, bis es Nacht wird. Auf solchen Raststätten versammeln sich Hunderttausende von Vögeln, und auf den größeren Zwischenstationen in Alabama und Arkansas hat man die Menge der dort rastenden Vögel bis auf 5 Millionen geschätzt. Derartige Riesenschwärme richten natürlich beträchtliche Schäden auf den Getreidefeldern an.
Als notorischer Ernteschädling gilt der Bobolink oder Reisstärling, einer der besten Wanderer unter den Stärlingen. Er nistet im südlichen Kanada und in den nördlichen USA, verbringt aber den Winter in Argentinien; dazu zieht er quer über den Golf von Mexiko und die Karibische See. Früher, als man noch der Pferde wegen viel mehr Heu zu ernten pflegte, stellte sich der Reisstärling regelmäßig auf den Farmen von Neuengland ein. Seitdem aber die Heuwiesen selten geworden sind, ist er fast vollständig aus dem amerikanischen Nordosten verschwunden

1 **Reisstärling** oder **Bobolink** ♂
Dolichonyx oryzivorus
Östliches Nordamerika; 20 cm.

2 **Rotbrust-Schwarzstärling** ♂
Leistes militaris
Panama bis Argentinien; 19 cm.

3 **Gelbkopf-Schwarzstärling** ♂
Xanthocephalus xanthocephalus
Westliches Nordamerika; 28 cm.

4 **Seidenkuhstärling** ♂
Molothrus bonariensis
Von Kolumbien und Venezuela bis Argentinien; 18—20 cm.

5 **Westlicher Lerchenstärling**
Sturnella neglecta
Westliches Nordamerika; 23 cm.

6 **Mexikanische Riesengrackel** ♂
Cassidix mexicanus
Südliche USA bis Venezuela und Peru; 43 cm.

1
2
3
4
5
6

und hat sein Verbreitungsgebiet weiter nach Westen verlegt. Nun ziehen die westlichen Bobolinks erst ein Stückchen nach Osten, bevor sie den großen Zug über den Golf von Mexiko antreten.

In seiner Fortpflanzungsweise ähnelt der Bobolink dem Rotflügel-Schwarzstärling. Auch hier treffen die Männchen früher an den Nistplätzen ein und grenzen ihr Revier ab. Das Weibchen baut sein Nest wohlversteckt im Grasland und zieht im Jahr nur eine einzige Brut aus 5 bis 7 Eiern auf.

Als man im 19. und zu Anfang des 20. Jahrhunderts in Nord- und Südkarolina noch in größerem Maße Reis anbaute, bedeutete der Reisstärling im Frühjahr eine ernsthafte Gefahr für die jungen Triebe und im Herbst für die reifenden Körner. Man hat die Vögel daher zu Tausenden abgeschlachtet und sie als »Reisvögel« auf den Markt gebracht, immer zu einem Dutzend auf einen Stock gespießt; heute steht der Reisstärling als Singvogel unter Schutz.

Am höchsten geschätzt als Insektenvertilger und Sänger sind in Nordamerika die Lerchenstärlinge. Jedes Jahr hört man ihr klares Pfeifen, insbesondere zur Fortpflanzungszeit, und sie lassen zudem die unangenehmen Eigenschaften ihrer gesellig lebenden Verwandten vermissen. Niemals treten sie in derartig großen Scharen auf, und nie vergreifen sie sich in solchem Ausmaß am Getreide. Ihr bißchen Pflanzennahrung beschränkt sich im Herbst und Winter auf Unkrautsämereien und das Korn, das nach der Ernte auf den Feldern liegenbleibt. Lerchenstärlinge ziehen nicht unbedingt im Herbst fort, sondern verbleiben auch in nördlicheren Breiten, wenn sie noch schneefreie Felder finden.

Die beiden Arten, der Westliche und der Östliche Lerchenstärling, sehen einander derart ähnlich, daß man sie kaum allein nach ihrer Größe und Färbung unterscheiden kann. Die westliche Art bleibt nur ein wenig kleiner, und das Gelb auf ihrer Brust wirkt etwas fahler als bei der östlichen; auch erstreckt sich das Gelb ihrer Kehle ein bißchen weiter hinauf zu den Kopfseiten. Der Ruf der westlichen Art klingt etwas abweichend und liegt um etwa 1000 Schwingungen tiefer als bei der anderen, aber auch die Unterschiede in der Tonfolge lassen sich gut heraushören.

Neuere Beobachtungen in Wisconsin, wo beide Arten zur gleichen Zeit und am gleichen Ort nisten, haben ergeben, daß sie sich in der Natur offenbar nicht verbastardieren. Ihre Brutgewohnheiten gleichen einander und entsprechen etwa denen des

Bobolink, nur unterscheiden sich die Lerchenstärlinge dadurch, daß der Östliche feuchte Wiesen, der andere aber trockene Plätze bevorzugt. Die Auswahl des Partners geht hauptsächlich von den Weibchen aus, und die richten sich augenscheinlich mehr nach der Stimme als nach dem Aussehen ihres Partners und gehen daher niemals fehl bei dessen Artzugehörigkeit.

Am stärksten fallen die Kuhstärlinge in ihrem Brutverhalten aus dem Rahmen der Familie, denn sie haben den Brutparasitismus in der Neuen Welt zur gleichen Perfektion entwickelt wie die Kuckucke, Honiganzeiger und einige Weberfinken in der Alten Welt. Der Name »Kuhstärling« paßt recht gut, denn diese Vögel halten sich tatsächlich gern bei den Rinderherden auf. Bevor das europäische Rind nach Amerika eingeführt wurde, folgten die Kuhstärlinge den Bisonherden. Mit Ausnahme des Kragenkuhstärlings in Mittel- und Südamerika, der wie ein Madenhacker die Zecken absucht, setzen sich die Kuhstärlinge selten auf den Wirtstieren nieder, sondern umflattern sie vielmehr, um die von ihnen aufgescheuchten Insekten zu fangen.

Von größtem Interesse erscheinen die verschiedenen Ausbildungsgrade des Brutparasitismus, die wir bei den einzelnen Arten der Kuhstärlinge finden, denn sie zeigen, wie diese Lebensweise einst entstanden sein mag. Der erste Schritt dazu bestand wahrscheinlich aus dem Verlust des Triebes und schließlich auch der Fähigkeit, ein eigenes Nest zu bauen. Auf diesem Stadium befindet sich jetzt der Braunflügel-Kuhstärling in Brasilien und Argentinien. Ein paar Vögel bauen zwar noch gelegentlich selbst, die meisten aber ziehen die verlassenen Nester anderer Arten vor. Der nächste Schritt, nämlich den Eigentümer von seinem frisch gebauten Nest zu vertreiben, stellt nur ein Übergangsstadium dar; wir finden ihn bei keiner der heutigen Arten verwirklicht. Hierbei muß der Vogel schnell dazu übergehen, seine eigenen Eier dem Nestbesitzer zu unterschieben, doch braucht der angestammte Nestbautrieb noch nicht ganz verlorenzugehen. So zeigt der südamerikanische Seidenkuhstärling, der bei verschiedenen kleineren Vögeln parasitiert, während der Fortpflanzungszeit mitunter den Trieb, Nester anzulegen: Die Stärlinge nehmen Nistmaterial auf und beginnen auch mit dem Bau, vollenden das Nest jedoch nie. Auch haben die Seidenkuhstärlinge es noch nicht gelernt, ihre Eier mit dem größtmöglichen Nutzeffekt auf die Wirtsvögel zu verteilen; findet das Weibchen kein Wirtsnest, so legt es seine Eier einfach irgendwo auf dem Boden ab, oder es bringt mehr Eier in die fremden Nester, als die Pflegeeltern

Rotstirntangare
Tangara parzudakii
Kolumbien bis Peru; 15 cm.

Rotbürzeltangare ♂
Rhamphocelus passerinii
Mexiko bis Brasilien; 18 cm.

Blaugraue Tangare
Thraupis virens
Mexiko bis Brasilien; 18 cm.

Scharlachtangare ♂
Piranga olivacea
Östliches Nordamerika; 18 cm.

bebrüten können. Im Nest eines Goldkopf-Waldsängers hat man bis zu 37 Eier des Seidenkuhstärlings gefunden!
Manche Kuhstärlinge suchen sich ganz bestimmte Wirtsarten aus, wie der Lärmkuhstärling in Brasilien und Argentinien, der sich an den nicht parasitierenden Braunflügel-Kuhstärling hält, während der Kragenkuhstärling seine Jungen durch Oropendolas und Kassiken ausbrüten läßt. Weniger wählerisch zeigt sich der Rotaugen- oder Bronzekuhstärling in den südwestlichen USA

Blaunackenorganist ♂
Chlorophonia occipitalis
Mexiko bis Panama; 14 cm.

Maskentangare
Tangara nigrocincta
Mexiko bis Bolivien; 13 cm.

Siebenfarbentangare
Tangara chilensis
Kolumbien bis Brasilien
und Bolivien; 14 cm.

und Mexiko. Vorwiegend sucht er verschiedene Trupiale heim, aber auch andere, nicht zu den Stärlingen gehörende Vögel. Noch weniger gebunden aber ist der Schwarze Kuhstärling im gemäßigten Nordamerika, wo man seine Eier in den Nestern von nicht weniger als 200 anderen Vogelarten gefunden hat.
Obwohl sie sich vor den Brutpflichten drücken, richten sich doch die Schwarzen Kuhstärlinge wie die anderen Stärlinge eigene Reviere ein und leben gewöhnlich in Einehe, wenn nicht gerade ein Überschuß an Weibchen herrscht. Wahrscheinlich achten die Weibchen darauf, daß in ihrem Revier auch ein geeignetes Pflegeelternpaar nistet, denn sie scheinen schon im voraus zu wissen, wo sie ihre Eier unterzubringen haben. In der Regel legen sie 4 bis 5 Eier, und zwar jeden Morgen eines in verschiedene Nester, genau zu der Zeit, wenn auch die Pflegemutter legt. Im Gegensatz zu den Kuckucken nimmt das Kuhstärlingsweibchen nicht erst ein Ei des Wirtes heraus, kann aber später noch einmal zu diesem Zweck zurückkommen.
Nach 11 bis 12 Tagen schlüpfen die jungen Schwarzen Kuhstärlinge, ungefähr zur gleichen Zeit wie die nesteigenen Jungvögel, versuchen aber nicht, die anderen Jungen oder Eier aus dem Nest zu verdrängen. Da sie stärker wachsen und auch mehr Futter bekommen, werden sie schon nach 9 bis 10 Tagen flügge. So schränken die Kuhstärlinge wohl die Vermehrung der anderen Vögel ein, unterbinden sie aber nicht gänzlich. Schon öfters hat man beobachtet, daß neben dem jungen Kuhstärling doch noch immer 2 oder 3 nesteigene Jungvögel großgezogen wurden, und das scheint sogar üblich zu sein.

Tangaren *(Thraupidae)*

Wie die Namen »Jaçana«, »Jabirú«, »Anhinga«, »Arassari«, »Tukan«, »Tinamu«, »Hoazin«, »Seriëma« und viele andere, denen wir hier begegneten, so entstammt auch die Bezeichnung »Tangare« der Sprache der Tupi-Indianer aus dem Amazonasgebiet, die sich als ausgezeichnete Vogelbeobachter erwiesen haben. Dieses Wort wurde auch als wissenschaftlicher Name übernommen, doch hat sich im Englischen merkwürdigerweise die Schreibart »Tanager« eingebürgert.
Die große Familie der Tangaren (Abb. S. 244/245), der etwa 220 Arten angehören, beschränkt sich fast ganz auf die amerikanischen Tropen und Subtropen. Abgesehen von 4 Arten, die im

gemäßigten Nordamerika brüten, sind sie keine Zugvögel, wenn auch einige Bewohner des mittel- und südamerikanischen Hochlandes zur Winterzeit tiefere Lagen aufsuchen. Das ganze Jahr über tragen die Tangaren ihr buntes Gefieder, und die Weibchen pflegen ebenso farbenfreudig gekleidet zu sein wie die Männchen. Auffällige äußere Geschlechtsunterschiede gibt es nur bei den 4 nördlicheren und den paar tropischen Arten, die sich außerhalb der Brutzeit zu Scharen zusammentun, wie die Samttangaren und die Kronenorganisten. Nur die nördlichen Arten zeigen einen jahreszeitlich bedingten Wechsel des Gefieders. Bei einigen Gattungen sehen beide Geschlechter unscheinbar braun, rotbraun oder grün aus, doch wirken die meisten so bunt, wie man es sich bei tropischen Vögeln vorstellt.
Tangaren sind kleine bis mittelgroße Vögel, die meist nicht größer werden als 20 cm. Ihre Flügel, die stets 9 Handschwingen tragen, wechseln hinsichtlich der Länge und Form, sind aber in der Regel kurz und abgerundet. Durch ihren Besitz von Federborsten am Schnabelgrund unterscheiden sich die Tangaren deutlich von den Stärlingen, jedoch nicht von den Kardinalfinken, mit denen sie noch am nächsten verwandt sein dürften, obwohl sie sich vorwiegend von Früchten und Blütensäften ernähren.
Bei den 191 Eigentlichen Tangaren der Gruppe *Thraupinae* finden wir eine einfach gebaute Zunge und ziemlich auffällige Schnäbel von geringer oder mittlerer Länge und kegelförmiger Gestalt, die etwas abwärts gekrümmt sind und einen kleinen Einschnitt oder Zahn auf der Schneidefläche nahe der etwas hakig gebogenen Spitze aufweisen. Am besten sind wir mit den 4 nordamerikanischen Feuertangaren der Gattung *Piranga* vertraut, die im Winter in die tropische Heimat ihrer Vorfahren ziehen, wie die Scharlachtangare, die Westliche sowie die Sommer- und Lebertangare.
Trotz des farbfreudigen Gefieders der Männchen fallen diese Tangaren nicht weiter auf, denn sie leben ruhig in den mittleren Höhen des Laubdaches und ziehen weder durch besondere Lebhaftigkeit noch durch ihre Stimme die Aufmerksamkeit eines Betrachters auf sich. In den nördlichen Gegenden ernähren sie sich vor allem von den Bauminsekten, in geringerem Maße auch von Früchten und Beeren. Die Insekten fangen sie im Fluge, ohne dabei große Hast an den Tag zu legen. Ihr Gesang klingt angenehm und wohltönend, aber wenig auffällig. Die nördlichen Tangaren bauen lockere, offene und gut versteckte Nester

an einem waagerechten Ast und legen dort 3 bis 5 grünlichblaue, braun gefleckte und gesprenkelte Eier hinein. Das Weibchen brütet 13 bis 15 Tage, und das Männchen hilft beim Füttern der Jungen, die nach weiteren 2 Wochen flügge werden.
Eine tropische Gruppe mit deutlichem Geschlechtsunterschied bilden die 8 Samttangaren der Gattung *Ramphocelus* von Mexiko bis Argentinien. Hier tragen die Männchen ein glänzend samtschwarzes Gefieder mit roten oder gelben Flecken und einen leuchtend silberblauen Schnabel, die Weibchen aber wirken unscheinbar bräunlich. Als Beispiel sei die Rotbürzeltangare genannt. Sie gehört zu den besseren Sängern ihrer Familie, doch zeichnet sich ihr Lied eher durch Länge und Ausdauer als durch musikalische Qualitäten aus. Die Weibchen singen nicht; wenn die Männchen mit Beginn der Regenzeit ihre Lieder ertönen lassen, fangen sie mit dem Bau des offenen Nestes an. Bei dieser Art finden wir kein ausgeprägtes Revierverhalten, sondern die Paare nisten oft ziemlich dicht beieinander in den unteren Zweigen an den Waldrändern. Hauptsächlich übernimmt das Weibchen den Nestbau, doch wird es häufig vom Männchen bei der Suche nach Nistmaterial begleitet, das nicht selten aus den Nestern anderer Vögel gestohlen wird. Das Männchen beteiligt

Rotstirn - Ameisentangare
Habia rubica ♂
Mexiko bis Argentinien; 18 cm.

Kronenorganist ♂
Tanagra luteicapilla
Nikaragua bis Panama; 10 cm.

Blauer Türkisvogel ♂
Cyanerpes cyaneus
Mexiko bis Ekuador und Brasilien sowie Kuba; 11 cm.

sich zwar nicht am Brüten, wohl aber an der Aufzucht der Jungen.

In der Nominatgattung *Thraupis* vereinigen wir 8 ziemlich große und häufige, 18 bis 20 cm lange Vögel, die als »Eitel«- oder Blautangaren bezeichnet werden. Beide Geschlechter zeigen vorwiegend blaue Farben, wie z. B. die Blaugraue Tangare. Obwohl sich diese Vögel in den Baumwipfeln aufhalten, erkennt man sie doch leicht, insbesondere in lockerem Wald- und Kulturland. Ihre Nahrung besteht aus Früchten und Beeren, doch fangen sie auch Insekten. Außerhalb der Nistzeit bilden die Blautangaren manchmal kleinere Schwärme, doch bleiben die Paare das ganze Jahr über zusammen. In ihren Brutgewohnheiten unterscheiden sie sich nicht von ihren nördlichen Verwandten, doch legen sie nur 2 bis 3 Eier, dies jedoch mindestens zweimal im Jahr. Nach 12 bis 14 Tagen schlüpfen die Jungvögel aus, brauchen aber etwas länger, nämlich 20 Tage, ehe sie flügge sind.

Die 48 mittel- und südamerikanischen Arten, die wir als Bunt- und Schillertangaren zur Gattung *Tangara* stellen, bieten einen

Querschnitt durch die Mannigfaltigkeit typischer Tropentangaren. Bei diesen Frucht- und Insektenfressern gibt es keinen äußeren Geschlechtsunterschied; ihre Schönheit beruht allein auf ihrem Gefieder, denn einen eigentlichen Gesang kennen sie nicht. Am eingehendsten hat man sich mit der häufigen Goldmaskentangare befaßt, die von Mexiko an bis zum Amazonasbecken vorkommt und sowohl im feuchten Regenwald als auch in offenem Gelände bis zu 1500 m Höhe lebt. Häufig trifft man die Vögel zu zweit an, denn die Paare bleiben das ganze Jahr über zusammen. Ihre offenen, schüsselförmigen Nester bauen sie irgendwo im Laub in Höhen von 2 bis 15 m. Am Nestbau helfen beide Vögel mit, doch brütet nur das Weibchen auf den beiden Eiern, wird aber während der 23- bis 25tägigen Brutzeit vom Männchen gefüttert, das sich auch lebhaft an der Aufzucht der Jungvögel beteiligt. Nach 14 bis 16 Tagen verlassen die Jungen das Nest und wirken in ihrem Jugendgefieder bereits fast wie die Alten, nur etwas gedeckter, aber schon nach der ersten Mauser stellt sich die übliche Farbenpracht ein. In jeder Nistperiode, die sich in Mittelamerika vom Februar bis zum September erstreckt, ziehen die Vögel 2 bis 3 Bruten auf.
Unter den Bunttangaren gibt es einige höchst seltene Arten, die nur nach ein oder zwei Exemplaren bekannt sind und nie lebend beobachtet wurden. Ihre Bälge gelangten in den achtziger Jahren des vorigen Jahrhunderts zusammen mit denen anderer bunter Arten zu Schiff in den europäischen Federnhandel. So existiert von der Gould-Tangare, einem grün, blau, gelb und schwarz gemusterten Vogel, nur ein einziges Stück, das im Britischen Museum aufbewahrt wird und wahrscheinlich aus Südostbrasilien stammt. Auch von der ähnlich bunten Arnault-Tangare gibt es nur ein Exemplar; es kam lebend als Käfigvogel nach Europa und befindet sich jetzt im Besitz des Pariser Museums; über seinen genaueren Fundort in Südamerika ist nichts bekannt. Lange und vergeblich haben sich die Ornithologen bemüht, diese und andere wenig bekannten Tangaren wieder zu fangen, und wir können nur hoffen, daß die Vögel noch irgendwo in den Weiten der südamerikanischen Urwälder versteckt leben.
Als eine dritte Seltenheit wurde im Jahre 1866 die Cabanis-Tangare nach einem einzigen Balg beschrieben, der aus Guatemala stammt und sich im Zoologischen Museum Berlin befindet, ein 15 cm langer Vogel mit schönem blaugrünem Rücken und Bauch, graublauem Scheitel und Nacken, an den Flügeln und am Schwanz schwarz mit blauem Rand. Dr. P. Brodkorb von

der Universität Florida hatte das einmalige Glück, diese vermißte Art 1937 in Chiapas wiederzuentdecken.
Zur Gruppe der sogenannten »Organisten« gehören die 24 kleinen Arten der Gattung *Tanagra,* deren Namen man beim Korrekturlesen immer so gern mit dem Gattungsnamen *Tangara* durcheinanderbringt. Diese kurzschwänzigen und kurzschnäbeligen Vögel erreichen meist noch nicht einmal 12 cm Länge. Im Gegensatz zu den meisten tropischen Tangaren zeigen die Männchen bunte Muster aus Schwarzblau und Gelb, während die Weibchen gedeckt olivgrün aussehen. Als Beispiel sei der Kronenorganist genannt. Die Organisten leben paarweise oder in kleineren Gruppen an den Waldrändern und suchen sich dort Früchte und Beeren, insbesondere die der Misteln. Hier finden wir auffallenderweise geschlossene Nester, an deren Bau sich gelegentlich sogar das Männchen beteiligt, wie es auch die Jungen füttern hilft; das 13- bis 14tägige Brutgeschäft aber wird allein vom Weibchen besorgt. Die Jungen werden mit ausgewürgter Nahrung gekröpft; dabei halten sich die Alten am Nesteingang auf und stopfen Beere um Beere den Jungen in den Schlund, deren Schleimhäute – wie bei allen Tangaren – auffallend rot gefärbt sind, wahrscheinlich, um die Eltern dadurch zum Füttern anzuregen. Bei diesen Tangaren dauert es etwas länger, bis die Jungen flügge werden, nämlich 23 bis 24 Tage.
Eng mit den eben behandelten Arten verwandt ist die Gattung *Chlorophonia,* deren Angehörige 14 bis 15 cm lang werden. Die Männchen zeigen prächtige grüne, blaue und gelbe Farbtöne; die Weibchen sehen ähnlich aus, wirken aber etwas ausgeblichener und gedeckter. Es sind Hochlandbewohner, die sich in den Nebelwäldern oberhalb 1200 m Höhe aufhalten; sonst aber gleichen sie in ihrer Lebensweise durchaus den anderen Organisten. Zweimal im Jahr legen sie durchschnittlich 3 Eier ab.
Eine zweite Unterfamilie *(Dacninae)* bilden die 28 nektarfressenden und blütenpickenden Türkisvögel mit ihrem längeren, schlankeren Schnabel und der bürstenähnlichen Zungenspitze. Manche Ornithologen wollen sie zusammen mit den Zuckervögeln zu einer eigenen Familie stellen, doch beweisen der Bau des Gaumens und die Muskulatur, daß wir es hier mit etwas abgewandelten Tangaren zu tun haben.
Von Kuba und dem südlichen Mexiko an bis Ekuador und Südbrasilien lebt der Blaue Türkisvogel, den man oft in kleineren Scharen antrifft, ganz besonders im feuchten Flachland, wo

Graue Hakenschnabeltangare ♂
Diglossa baritula
Mexiko bis Honduras; 11 cm.

Schwalbentangare ♂
Tersina viridis
Panama bis Argentinien; 16 cm.

Samtkappentangare
Catamblyrhynchus diadema
Von Kolumbien und Venezuela bis Peru und Bolivien; 12 cm.

Drosseltangare ♂
Rhodinocichla rosea
Mexiko bis Venezuela; 20 cm.

Blauer Bischof ♂
Guiraca caerulea
Südliche USA bis Costa Rica; 16 cm.

Schmalschnabelkardinal
Pyrrhuloxia sinuata
Südwestliche USA und nördliches Mexiko; 20 cm.

Roter Kardinal ♂
Richmondena cardinalis
USA bis südliches Mexiko; 20 cm.

Papstfink ♂
Passerina ciris
Südliche USA und nördliches Mexiko; 13 cm.

er sich in den Baumwipfeln der Waldränder aufhält; das Weibchen sieht am Rücken mattolivgrün und am Bauch gelblich aus. Zur Herbstmauser nimmt das Männchen ein ähnliches gedeckt-grünes Gefieder an, doch treten noch vor Beginn der nächsten Brutzeit allmählich wieder die bunten Farben auf.

Der lange, dünne Schnabel dient dazu, im Sitzen – nicht im Schwirrflug! – den Blütenkelch anzustechen, doch fressen die Türkisvögel auch Früchte und Insekten. Im Brutverhalten bestehen kaum Unterschiede gegenüber den anderen Tangaren. Der Nestbau und das 12- bis 13tägige Brüten bleiben dem Weibchen überlassen, wobei sich das Männchen zwar in der Nähe aufhält, aber der Partnerin kein Futter zum Nest bringt. Wohl aber hilft es, die Jungvögel mit frischen – nicht ausgewürgten – Früchten und Insekten zu füttern, bis sie nach 14 Tagen fliegen können. Das offene, napfförmige Nest wird aus feinen Fasern und Spinnweben konstruiert und mit 2 gefleckten, weißen Eiern belegt.

Am stärksten umgestaltet ist der Schnabel der Hakenschnabeltangaren im Zusammenhang mit ihrer Lebensweise, denn er biegt sich an der Spitze etwas auf und bildet dort einen Haken. Damit halten die Vögel die Blütenblätter fest und durchstechen dann den Kelch mit dem spitzen Unterschnabel, um mit der Zunge den Nektar herauszusaugen. Das dauert alles nur einen Augenblick, so daß der Vogel in kurzer Zeit eine ganze Anzahl von Blüten besuchen kann, doch fängt er auch Insekten im Flug, und dabei kommen ihm seine kräftig entwickelten Federborsten zugute. Die Heimat der 10 Hakenschnabeltangaren bilden die Hochländer vom südlichen Mexiko bis Peru und Bolivien sowie ostwärts bis Venezuela und zu den Guayana-Staaten. Die Vögel halten sich allein oder in Paaren auf und singen – Männchen wie Weibchen – ihr leises, trillerndes Lied. Das Weibchen baut ein offenes, dickwandiges Nest aus Moos im niedrigen Gebüsch für seine beiden kräftig blauen, braun gesprenkelten Eier, die es allein ausbrütet.

Drei weitere aberrante Arten sollen hier traditionsgemäß zusammen mit den Tangaren behandelt werden, obwohl jede für sich den Rang einer eigenen Familie verdiente. Es sind dies die Schwalbentangare *(Tersina),* die Drosseltangare *(Rhodinocichla)* und die Samtkappentangare *(Catamblyrhynchus),* die alle drei noch weiterer Studien bedürfen.

Am meisten hat man sich mit der Schwalbentangare beschäftigt, deren Männchen ein angenehmes weiches Grünlichblau und deren Weibchen ein einheitlicheres Grün tragen. Die Art lebt von Panama an südwärts bis zum Amazonasgebiet und scheint auch zu wandern. In kleinen Scharen durchstreifen die Vögel die Baumwipfel des Flachlandes, ziehen aber zur Brutzeit in die höheren Lagen ab. Am bemerkenswertesten erscheinen der breite, flache, scharfrandige und an der Spitze hakig gekrümmte Schnabel sowie die dehnbare Speiseröhre, die weit hervortritt, wenn der Vogel sie mit Früchten vollstopft. Schwalbentangaren verfügen über einen gesegneten Appetit und fressen in Gefangenschaft täglich etwa zwei Drittel ihres eigenen Körpergewichtes an Früchten, fangen aber auch Insekten während des Fluges. Ihr Ruf besteht aus einem eintönigen, unmusikalischen Zirpen, und einen Gesang kennen sie überhaupt nicht. Von allen übrigen Tangaren unterscheidet sich die Schwalbentangare dadurch, daß sie in Höhlen nistet, meistens in Baumlöchern, aber auch in selbstgegrabenen Erdgängen am Hang oder in Felsspalten. Das Weibchen baut das Nest und bebrütet 13 bis 17 Tage die 3 glänzend weißen Eier. Das Männchen beteiligt sich an der Aufzucht der Jungen, die nach 24 Tagen flügge sind.

Versteckt auf dem Grunde der Wälder von Mexiko bis Kolumbien und Venezuela lebt die Drosseltangare und fällt dort im Schatten trotz ihres bunten, roten Gefieders überhaupt nicht auf. In ihrem anatomischen Bau kommt sie den Tangaren noch am nächsten, doch ähnelt sie in ihrem Verhalten auffallend den Krummschnabel-Spottdrosseln und Kardinälen. Sie suchen sich ihr Futter auf dem Boden und flattern wie die Spottdrosseln ins schützende Laub. Während der Paarungszeit singen beide Geschlechter einen angenehmen, lauten Wechselgesang. Neuere Untersuchungen haben ergeben, daß sich hier das Männchen sehr wohl am Nestbau und am Brutgeschäft beteiligt.

Am wenigsten aber wissen wir über die Samtkappentangare, die man ebensogut auch als »Samtkappenfinken« bezeichnen könnte, denn es gibt eine ganze Anzahl von Forschern, die diese Art zur Verwandtschaft der Kardinäle rechnen; andere wiederum räumen für sie sogar eine eigene Familie ein. Die Heimat der Samtkappentangare liegt in den Wäldern der Hochanden. Beide Geschlechter, die sich in ihrer Färbung übrigens ganz ähnlich sehen, tragen auf ihrer Stirn einen Flecken kurzer, steifer, samtiger Federn von orangegelber Farbe, nach denen die Art ihren deutschen Namen trägt. Der kurze, stumpfe Schnabel endet mit einem schwachen Haken. Die meisten Bälge, die in den Museen aufbewahrt werden, stammen aus dem Federnhandel, denn es gibt nur wenige Forscher, die diese Vögel lebend in ihrer Heimat beobachten konnten. Dort sollen sie sich einzeln oder in Paaren aufhalten. Wie sie fressen und wie sie nisten, wissen wir leider nicht, aber auch ihre anatomischen Verhältnisse sind noch nicht ausreichend untersucht worden.

Schwarzkopfhabia
Saltator atriceps
Mexiko bis Panama; 25 cm.

Finkenvögel *(Fringillidae)*

Zum Schluß unserer Besprechung der verschiedenen Vogelfamilien kommen wir zu den zwei großen Familien kleiner bis mittelgroßer Arten, die man in ihrer Gesamtheit als Finkenartige bezeichnet: den Finkenvögeln und Weberfinken. Hierzu gehören 690 Arten; vielleicht sind es 20 mehr oder weniger, aber das hängt ganz davon ab, ob man nur ein paar wenig bekannte Formen als gute Arten oder nur als Rassen auffassen will. Charakteristisch für alle diese Finkenartigen ist der kurze, kegelförmige, spitze Schnabel, der so recht für das Aufknacken von Sämereien geeignet erscheint.
Vom Standpunkt der Stammesgeschichte aus betrachtet, haben wir die Finkenartigen als eine junge, aber ungemein erfolgreiche Gruppe anzusehen, denn die Samenpflanzen, die ihnen die Nahrung liefern, setzten sich erst vor 25 oder 30 Millionen Jahren,

während des Miozäns, durch. Auch andere Vögel stellten sich zum Teil auf diese neue Nahrung um; nirgends aber haben Sämereien eine derart große Rolle in der Ernährung gespielt wie gerade bei den Vorfahren der Finkenartigen. Als dann nach dem Ende des Miozäns die samentragenden Pflanzen, besonders Gräser und Seggen, sich gewaltig auszubreiten begannen, taten es auch die Finkenartigen, und so war es ihnen möglich, überall dort Fuß zu fassen, wo es solche Samenpflanzen gab. Nur in der Antarktis fehlen sie und auf einigen ozeanischen Inseln.
Lange Zeit haben sich die Ornithologen den Kopf darüber zerbrochen, wie sie die große Sammelgruppe der Finkenartigen ihrer natürlichen Verwandtschaft entsprechend einteilen sollten. Heute wissen wir bereits so viel, daß sie aus mindestens 2 (oder 3) Stammgruppen hervorgegangen sind, die sich gleichzeitig in den verschiedenen Teilen der Welt zu entfalten begannen. Kompliziert wird das Problem noch dadurch, daß verschiedene Gruppen anatomische Parallelentwicklungen herausgebildet haben und dann in die Verbreitungsgebiete ihrer Nachbarn einwanderten. Es hat sich als nützlich herausgestellt, den ganzen Komplex der Finkenvogel-Verwandten nach dem Ort ihrer Entstehung in 2 große Familien einzuteilen, nämlich die – ursprünglich neu-

Spechtfink ♂
Camarhynchus pallidus
Galapagos-Inseln; 12 cm.

Großer Grundfink ♂
Geospiza magnirostris
Galapagos-Inseln; 14 cm.

weltlichen – Finkenvögel und die – ursprünglich altweltlichen – Weberfinken. Recht beträchtliche Teile dieser 2 Familien kommen jetzt in beiden Erdhälften vor, und manchen Gruppen, die wir hier als Unterfamilien betrachten, räumt man häufig den Rang eigener Familien ein.

Die annähernd 315 Arten der Finkenvögel, die in der Neuen Welt entstanden sind, bilden einen guten Teil jener Singvögel der westlichen Erdhälfte, die nur 9 Handschwingen besitzen. Obwohl wir sie als stammesgeschichtlich jüngste, am weitesten verbreitete und am höchsten entwickelte Einheit ansehen, halten andere Forscher sie für die nächsten Angehörigen einer Stammgruppe, aus der sich auch die Laubwürger, Stärlinge, Waldsänger und Tangaren abgezweigt haben. Tatsächlich sind die Finkenvögel so eng mit den Stärlingen und Tangaren verwandt, daß es dem Ermessen des einzelnen überlassen bleibt, welcher Familie er bestimmte Arten zuteilt. So sieht man beispielsweise den Dickzissel aus den Prärien des mittleren Westens der USA für einen Finkenvogel an, doch hat man ihn mit guten Gründen auch zu den Stärlingen und Kardinalfinken gestellt, und nun wollen ihn einige Anatomen als Angehörigen der Tangaren auffassen. In der Tat erscheinen die Grenzen zwischen den 3 Familien, die sich aus der Anatomie und dem Verhalten ergeben, wenig deutlich. Eines der Hauptmerkmale stellt die Tatsache dar, daß die Finken sich vorwiegend von Sämereien ernähren.

Abgesehen von den anatomischen Eigenschaften, wie der Form der Gaumenknochen oder dem Ansatz der Kopf- und Beinmuskulatur, gibt es noch verschiedene Verhaltensweisen, durch die sich die Finkenvögel als eine natürliche Einheit ausweisen und von ihren altweltlichen Verwandten, den Weberfinken, auseinanderhalten lassen. So nehmen sie ihre Nahrung vorwiegend auf dem Boden auf und lassen in der Regel einen hochentwickelten, angenehmen Gesang hören, und zwar von ihrem Sitzplatz aus, nicht aber während des Fluges. Von wenigen Ausnahmen abgesehen, sind sie gute Flieger, und die meisten in den gemäßigten Breiten beheimateten Finkenvögel wandern zum Winter ab. Außerhalb der Brutzeit leben sie oft gesellig, wie sie auch in Scharen ziehen und überwintern.

Niemals nisten die Finkenvögel in Kolonien; sie zeigen auch sonst wenig Abweichungen von dem allgemeinen Brutverhalten. Fast alle bauen ein offenes, schüsselförmiges Nest, jedoch sehr selten hoch oben in den Bäumen, vielmehr meistens im niedrigen Buschwerk, im Gras oder auf dem Boden. Nur bei wenigen tropischen Arten finden wir überdachte Nester, und Höhlennister sind lediglich die Safranfinken. Soweit wir wissen, leben die Finken grundsätzlich in Einehe, kennen keinen Brutparasitismus und grenzen gegeneinander Brutreviere ab, die gegen Artgenossen verteidigt werden.

Deutlich heben sich 3 Unterfamilien heraus: die Dickschnabelkardinäle *(Richmondeninae)*, die kleine Gruppe der Darwinfinken *(Geospizinae)* und die Eigentlichen Finken *(Fringillinae)*. Die 35 Arten Kardinäle (Abb. S. 253) zeigen einen ziemlich untersetzten Körper und einen stämmigen, kräftigen Schnabel; sie leben vor allem im Waldland und lassen auch sonst eine Reihe von Gemeinsamkeiten mit den Tangaren erkennen. Im Gegensatz zu dem sperlingsbraunen Gefieder der Weibchen tragen die Männchen ein leuchtend buntes, rotes oder blaues Farbkleid. Die Arten leben nicht ausgesprochen gesellig, doch bleiben die Paare oft das ganze Jahr über beieinander. In den meisten Fällen brütet allein das Weibchen, doch hilft das Männchen beim Nestbau, füttert mitunter das brütende Weibchen und beteiligt sich stets an der Aufzucht der Jungen. Die meisten Kardinäle übertreffen in ihren Gesangsleistungen noch die Tangaren, auch finden sie ihre Nahrung in weit stärkerem Maße auf dem Erdboden. Als Verbreitungszentrum dieser Arten haben wir das tropische Amerika anzusehen, und von dort aus kommen sie bis Südkanada und bis Argentinien vor.

Jedem Vogelliebhaber bekannt ist der Rote Kardinal, dessen Heimat die wärmeren Gebiete des östlichen Nordamerika bis nach Mexiko und Britisch-Honduras umfaßt und der in diesem Gebiet 6 geographische Rassen ausbildet. Die Vögel leben ziemlich stark ortsgebunden und unternehmen auch kaum größere jahreszeitliche Züge. Anscheinend dehnt der Kardinal sein Verbreitungsgebiet allmählich weiter nach Norden aus, denn er kommt bereits ziemlich häufig in der Gegend von New York vor, wo er vor kurzem noch fehlte. Nahe mit dieser Art verwandt ist der Schmalschnabelkardinal, der von Texas und dem südlichen Arizona an bis nach Mexiko beheimatet ist. Er sucht sich seine Nahrung in noch viel stärkerem Maße auf dem Erdboden; selten trifft man ihn außerhalb des schützenden Pflanzenwuchses.

Andere Angehörige dieser Unterfamilie, die gleichfalls aus ihrer tropischen Heimat in den Norden vorstießen, wie etwa der Rosafarbene und der Blaue Bischof, ziehen im Winter wieder in die Tropen zurück. Ungewöhnlich in seinem Brutverhalten er-

scheint der Schwarzkopf-Kernbeißer, denn hier übernimmt das Männchen den größten Teil des Brutgeschäftes und singt sogar dabei. Dadurch, daß er auch während des Hochzeitsfluges seinen Gesang ertönen läßt, gehört er zu den ganz wenigen Finkenvögeln, die in der Luft singen. Von Mexiko bis Bolivien lebt der Blauschwarze Bischof, dessen Brutpaare sich beim Nestbau gegenseitig zusingen. Auf Südamerika, von Venezuela bis zum gemäßigten Argentinien, ist der Dunkelblaue Bischof beschränkt. Im Gegensatz zu den Bewohnern gemäßigter Breiten, deren Gelege 4 Eier enthalten, legen die tropischen Arten nur 2 Eier, ziehen aber bis zu 3 Bruten im Jahr auf.
Die kleinsten und buntesten Arten aus der Gruppe der Kardinäle sind die 6 Farbfinken *(Passerina),* deren Heimat von den USA bis Panama reicht und deren nördliche Arten im Winter nach Süden ziehen. Das Männchen des Papstfinken (Abb. S. 253) gehört zu den farbfreudigsten Vögeln Nordamerikas, während das Weibchen auf dem Rücken mattgrün und auf dem Bauch gelblich gefärbt ist. Trotz des bunten Federkleides fällt die Art im Laubdickicht kaum auf.

Innerhalb der Kardinalgruppe ähneln den Tangaren am meisten die 11 großen, einfarbigen Habias (*Saltator* – Abb. S. 256) im mittleren und südlichen Amerika, ruhige, seßhafte und zurückhaltende Vögel, deren größte Art der Schwarzkopfhabia darstellt. Sie leben in den offenen Waldgebieten der Tropen und an den Rändern der Lichtungen. Ihr Rücken wirkt zumeist grünlichbraun, der Bauch heller, manchmal gestreift; die Geschlechter sehen sich mehr oder weniger ähnlich. Auch ihre Schnäbel sind recht groß, aber doch nicht so massig wie die der Kardinäle. Sie fressen ebenfalls Sämereien, hauptsächlich jedoch Beeren, Früchte und mitunter selbst Blüten. Tangarenähnlich wirkt auch ihre Stimme, die für einen derart großen Vogel ziemlich leise klingt. Das Weibchen baut ein großes, offenes Nest im bodennahen Laubwerk und bebrütet seine 2 Eier 13 bis 14 Tage lang; die Jungen werden von beiden Eltern gefüttert, auch dann noch, wenn sie bereits nach 14 Tagen das Nest verlassen haben.

Mit Recht hat man der zweiten Unterfamilie den Namen Darwinfinken (Abb. S. 257) gegeben, denn sie lieferten Charles Darwin, der anno 1835 mit der »Beagle« die Galapagos-Inseln be-

suchte, den Beweis dafür, daß eine Art nichts Unveränderliches ist. Die Darwinfinken bilden eine kleine, geschlossene Gruppe mit 4 Gattungen und 14 Arten, die nur auf der Galapagos-Inselgruppe, 900 Kilometer von Ekuador entfernt, sowie auf der Kokosinsel zwischen diesem Archipel und Panama vorkommt. Höchstwahrscheinlich stammen sie alle von einer Ahnenform ab, die vielleicht im Pliozän, vor ungefähr 5 oder 10 Millionen Jahren, vom amerikanischen Festland aus in diese abgelegene Inselwelt, fern vom Kontinent, verschlagen wurde.

Die Darwinfinken messen zwischen 10 und 20 cm. Meist sehen beide Geschlechter graubraun aus, doch sind die Männchen einiger Arten ganz schwarz. Am stärksten aber variiert der Schnabel, von kräftiger Finkenform bei den Körnerfressern bis zur schmalen Pfriemenform bei den insektenfressenden Arten. Eine Art mit gekrümmtem Schnabel und geschlitzter Zunge nimmt Nektar aus den Opuntienblüten und frißt deren weiche, breiige Früchte, eine andere mit einem kurzen, dicken und etwas abwärts gekrümmten Schnabel ernährt sich von Knospen, Blättern und Früchten. Kräftig und gerade ist der Schnabel beim Spechtfink, der eine höchst eigenartige Lebensweise entwickelt hat. Er sucht in der Rinde nach Insekten und deren Larven, doch fehlt ihm die lange Zunge des Spechtes, um damit die Kerbtiere herauszuholen. Statt dessen greift er sich ein spitzes Holzsplitterchen oder einen Kaktusdorn und stochert damit in den Bohrlöchern der Insektenlarven herum. Hier haben wir, abgesehen von dem pinselnden Laubenvogel, den einzigen Fall eines echten Werkzeuggebrauches im Vogelreich vor uns.

Trotz aller Unterschiede im Bau des Schnabels und in der Art des Nahrungserwerbes beweist doch die Anatomie der Darwinfinken, daß alle Arten ganz eng miteinander verwandt sind; das gleiche ergibt sich aus dem verhältnismäßig einheitlichen Brutverhalten. Bei allen Arten finden wir Brutreviere, die das Männchen verteidigt und dem Weibchen durch einen ausdruckslosen, wenig musikalischen Gesang anbietet. Immer wird ein überdachtes, verhältnismäßig großes Nest am Außenast eines Kaktus oder in einem Baum bei 1 bis 10 m Höhe angelegt. Die Größe der Eier schwankt bei den einzelnen Arten, doch sehen sie alle weiß aus mit rosa Punkten; ihre Anzahl beträgt meist 4. Das Weibchen brütet 12 Tage und wird währenddessen vom Männchen gefüttert, das auch bei der 14tägigen Aufzucht der Jungen mithilft.

Mit 266 Arten, verteilt auf etwa 75 Gattungen, stellen die

Eigentlichen Finken *(Fringillinae)* die größte Unterfamilie dar. Am zahlreichsten und mannigfaltigsten tritt sie im tropischen und subtropischen Amerika auf, wo sie wahrscheinlich entstanden ist. Von dort aus haben sich die Finkenvögel über den ganzen amerikanischen Doppelkontinent ausgebreitet, nordwärts bis zu den eisbedeckten Küsten des Polarmeeres und nach Süden bis zum Kap Hoorn. Im Norden kommen die beiden Gattungen der Sporn- *(Calcarius)* und Schneeammern *(Plectrophenax)* auf beiden Erdhälften vor. Ziemlich früh, etwa an der Grenze zwischen Miozän und Pliozän, müssen die Finkenvögel dann auch in die östliche Erdhälfte eingewandert sein, und dort haben sich 3 nur auf die Alte Welt beschränkte Gattungen mit etwa 40 Arten herausgebildet. Sie konnten sich nicht nur über den ganzen eurasischen Kontinent ausbreiten, sondern sich auch südlich nach Afrika bis zum Kap der Guten Hoffnung vorschieben, ohne jedoch die Grenzen der Alten Welt zu überschreiten.
Die Eigentlichen Finken sind kleine, 10 bis 20 cm lange Vögel mit meist unscheinbarem braunem, grau gestreiftem oder gesprenkeltem Gefieder, jedoch selten bunt gefärbt. Auffälligere Muster kommen durch kontrastreiche Schwarzweiß-Zeichnungen und gelegentlich auch durch gelbe Flecken zustande. In der Regel ähneln sich die Geschlechter sehr, doch wirkt das Männchen mitunter etwas lebhafter gefärbt.
Die meisten Finken leben im Gras-, Busch- oder im offenen Waldland, auch im Unterholz; keine Art kann als ausgesprochener Baumvogel angesehen werden. Sie nisten mitunter im Gebüsch und in niederen Bäumen, sehr häufig aber auf dem Boden; hier vor allem suchen sie sich auch ihr Futter. Wieder bilden Sämereien die Hauptnahrung, dazu kommen noch Knospen, Blätter und gelegentlich – je nach Jahreszeit – Früchte und Beeren, vor allem aber Insekten, um den Eiweißbedarf zu decken. Etwa 50 Arten sind im gemäßigten Nordamerika zu Hause, darunter einige recht häufige, wie der Singammer und der Schwirrammer oder die Lerchenammern der amerikanischen Präriestaaten, deren Männchen ein schwarzweißes und deren Weibchen ein im wesentlichen braunes Gefieder zeigen.
Eine weitere Gruppe bilden die Ammerfinken *(Zonotrichia)* mit dem Weißkopf-, Goldscheitel-, Weißkehl- und Harris-Ammerfink, die im nördlichen Waldland Nordamerikas nisten und als besonders nette Finkenvögel gelten können. Weniger bekannt sind Küsten- und Spitzschwanz-Ammerfinken, die vorwiegend im Marschland leben. Die allermeisten dieser im Norden heimi-

schen Arten ziehen zum Herbst in Scharen in die Südstaaten und nach Mittelamerika, um dort den Winter zu verbringen, doch gibt es auch ein paar harte Formen, die es im Norden aushalten. So verbleiben die Junkos und verschiedene Arten der Ammerfinken aus der Gattung *Zonotrichia* gewöhnlich auf den Feldern und in den Vorstädten der amerikanischen Nordstaaten und treffen dort mit den Schnee- und Spornammern zusammen, die sich bei zu hohem Schnee aus den arktischen Gebieten dorthin zurückziehen.

In wärmeren Breiten sind die kleinen Pfäffchen *(Sporophila)* mit etwa 30 Arten zu Hause, deren Heimat von Südtexas bis Argentinien reicht. Diese kleinen, 10 bis 12 cm langen Vögel mit dem kurzen, kräftigen Schnabel halten sich, oft in großen, flinken Scharen, auf Wiesen, im Pflanzenwuchs der Sümpfe, an den Straßenrändern und Lichtungen auf. Hier sehen die Männchen schwarz aus mit weißer oder brauner Zeichnung, die Weibchen dagegen einfarbig bräunlich. Die Pfäffchen leben gesellig und nisten auch nahe beieinander, ohne Kolonien im eigentlichen Sinne zu bilden; sie errichten sich zwar kleine Reviere, verteidigen sie aber kaum.

Der Große Kubafink mag als Beispiel für eine aus 4 Arten bestehende Gattung genannt sein, die von Mexiko bis Brasilien, aber auch in Westindien vorkommt und in ihrer Nahrung und der Schwarmbildung den Pfäffchen ähnelt. Hier bauen beide Geschlechter ein geschlossenes, fest überdachtes Nest mit einem Seiteneingang, wobei das Männchen beginnt und das Weibchen das Werk vollendet.

Ein ganz anderes Nistverhalten zeigen die 10 Bodenfinken der Gattung *Sicalis* im Buschland von Mexiko bis Argentinien, wo sie den Namen »Wildkanarien« tragen. Hierzu gehört der leuchtend gelbe Safranfink, der nach Jamaika eingeführt wurde und

Bergfink ♂
Fringilla montifringilla
Nördliches Eurasien; 15 cm.

Kappenammer
Emberiza melanocephala
Südosteuropa, Südwestasien; 16 cm.

Wiesenammer
Emberiza cioides
Turkestan bis Japan; 15 cm.

Ortolan
Emberiza hortulana
Europa und Westasien; 16 cm.

dort recht häufig geworden ist. Einer der wenigen Höhlenbrüter innerhalb seiner Familie, stopft er zum Nestbau eine Menge Stroh und Federn in Baumhöhlen, unter Dachsparren oder in Gesteinsspalten, benutzt aber in Südbrasilien auch die verlassenen Nester der Töpfervögel.

Trotz ihres deutschen Namens stellt man den Dominikaner- und den Graukardinal zu den Eigentlichen Finkenvögeln; diese südbrasilianischen und argentinischen Vögel fallen durch ihre Größe und Färbung auf. Dank seines leuchtend roten Schopfes und seines angenehmen Gesanges galt der Graukardinal lange Zeit als beliebter Käfigvogel; er wurde auch nach Hawaii eingeführt.

Unter den altweltlichen Arten finden wir eine große Anzahl von Vögeln, die uns wohlbekannt sind. Da wäre zuerst der in Europa, Nordwestafrika und Westasien weitverbreitete Buchfink, der als erster Angehöriger der Familie von Linnaeus im Jahre 1758 benannt wurde; so mußte nach den strengen Regeln der zoologischen Nomenklatur diese vorwiegend neuweltliche Familie ausgerechnet nach einer altweltlichen Nominatgattung bezeichnet werden. Der Buchfink – ein häufiger Sommergast in Parks, in Gärten und im Kulturland, auch dort, wo es nur ein paar Bäume gibt – wandert außerhalb der Brutzeit in kleineren Scharen umher, die oft nur aus den Angehörigen eines Geschlechts zusammengesetzt sind. Zur gleichen Gattung *Fringilla* gehört der Bergfink, der seine Nester im Birken- und Nadelwald des nördlichen Eurasien errichtet. Im Winter zieht er, oft in ungeheuren Scharen, ohne festes Ziel nach Süden. So hat man bei einem solchen Masseneinbruch von Bergfinken allein an den Schlafplätzen bei Thun in der Schweiz eine Zahl von über 70 Millionen geschätzt!

Als größte altweltliche Gattung begegnen uns die etwa 30 Arten der Ammern *(Emberiza)*, meist recht einfach gekleidete Vögel ohne wesentliche äußere Geschlechtsunterschiede. Meist tragen sie ein braunes Gefieder mit schwarzen, weißen, grauen, aber auch roten und gelben Mustern; oft sind die äußeren Schwanzfedern ganz oder teilweise weiß gefärbt. Das Verbreitungsgebiet der Ammern erstreckt sich über den größten Teil Europas und Asiens, und die meisten Arten leben – wenigstens zum Teil – als Zugvögel.

An erster Stelle wäre hier der wunderschön goldbraun und zitronengelb gefärbte Goldammer zu nennen, dessen »Wie-wie-wie-hab-ich-dich-lieb« häufig im Feld und in Baumanlagen ertönt. In Europa fehlt er nur im äußersten Norden und im Süden, in

Asien geht er bis Sibirien. Weit verbreitet lebt der Rohrammer, von Westeuropa durch Asien bis nach Japan. Die Kehle ist beim Männchen schwarz mit weißem Halsband, beim Weibchen aber mehr bräunlich; sein Lebensraum ist das Röhricht von Teichen, Seen und Sümpfen. Nicht ganz so weit nach Norden dringt der Grauammer vor, denn er brütet nicht mehr in Skandinavien. Bei ihm, der offenes Gelände bevorzugt, vermissen wir nicht nur die weißen Schwanzfedern, sondern er zeigt auch insofern ein abweichendes Verhalten, als die Männchen meist in Vielehe leben und 4 oder gar 5 Weibchen um sich versammeln.
Auch dem Kappenammer fehlen die weißen Schwanzfedern. Er erreicht eine Länge bis zu 18 cm und gehört damit zu den größten europäischen Ammern; er kommt nur im südöstlichen Europa und im anschließenden südwestlichen Asien vor. Ihren Namen verdankt die Art dem schwarzen Kopf des Männchens, doch wechselt er im Herbst seine Farbe ins Bräunliche. Auf mehr südliche Gebiete zwischen Spanien und Ostasien beschränkt sich der Zippammer, den wir auch im Alpengebiet und am Rhein begegnen. Kopf und Kehle sind aschgrau; Scheitel und Kopfseiten schmückt eine hübsche schwarze Streifenzeichnung. Der Gesang klingt dünn und erinnert an den einer Heckenbraunelle. Von Nordwestafrika und von Spanien bis Anatolien, aber auch in Südengland und im Rheintal lebt der Zaunammer, dessen Männchen man an den gelben Streifen über und unter dem schwarzen Augenstreif erkennt. Aus Hecken und Bäumen in der Nähe des Kulturlandes hört man seinen eintönigen, klirrenden Gesang. Im Winter hält sich die Art in gemischten Scharen auf den Feldern in der Nähe menschlicher Ansiedlungen auf.
Hoch im Norden liegt die Heimat der nachfolgenden 3 Ammern. Der Waldammer kommt von Skandinavien an bis nach Kamtschatka vor und stellt die einzige europäische Art der Ammern dar, die auch auf den amerikanischen Vogellisten aufgeführt wird, denn mitunter wird er in einigen Exemplaren bis zu den Alëuten verschlagen. Man erkennt die gelben Männchen am breiten, weißen Augenstreifen und an dem zimtbraunen Brustband. Vom westlichen Finnland an über das nördliche Rußland bis Sibirien lebt der Weidenammer im offenen Gelände, hauptsächlich in Birken- und Weidenbeständen in der Nähe des Wassers. Das gelbbäuchige Männchen fällt durch sein schwarzes Gesicht auf, das Weibchen erinnert an den Goldammer. Auf ihren Wanderungen gelangt die Art weit nach Westen bis England oder gar Malta.

Zu den Ammern gehören gleichfalls die beiden Ortolane, deren Name sich von der wissenschaftlichen Artbezeichnung des Gewöhnlichen Ortolans herleitet: hortulana, das heißt »Gartenbewohner«, und tatsächlich hält er sich gern in den Gärten auf, aber auch auf den Feldern. Im Herbst sammeln sich die Ortolane in größeren Scharen, um nach Süden zu ziehen. Wie die meisten Zugvögel, so speichern sie zuvor Fett in ihrem Körper, um die Anstrengungen des weiten Wanderweges bewältigen zu können. Seit Jahrhunderten hat man die Ortolane auf ihrem Herbstzug mit Netzen erbeutet, um sie auf den Tisch der Feinschmecker zu bringen. Das Ortolanmännchen erkennt man an der zimtfarbenen Unterseite, dem gelben Augenring, der gelben Kehle und dem gelben Bartstreif zum olivgraugrünen Kopf. Während sich der Ortolan weithin über Europa und Mittelasien verbreitet hat, lebt der Graue Ortolan, dessen Kopf und Brustband im Gegensatz zur vorigen Art leuchtend blaugrau ist, von Griechenland bis Israel als Bewohner felsiger Hänge und Halbwüsten.
Eine stattliche Erscheinung ist der ostasiatische und japanische Wiesenammer, der offenes Feld und Buschgelände bewohnt; besonders gern hält er sich im Gebüsch längs der Straßenränder und an den Hecken zwischen den Feldern auf. Das ganze Jahr über singen diese Vögel, vor allem selbstverständlich im Frühjahr und im Sommer, und sitzen dabei besonders gern auf dem höchsten Zweig eines Gebüsches oder auf den elektrischen Leitungen an den Landstraßen. Wie bei den amerikanischen Singammern, so hat auch hier jeder einzelne Vogel seine ganz eigene »Privatmelodie«, die er immer und immer wiederholt, manchmal stundenlang.
Aber auch nach Afrika, in die Heimat vieler Weberfinken, sind die Ammern vorgedrungen. Im größten Teil von Südafrika, im offenen Gelände, im lockeren Wald oder als häufiger Gast in den Vorstadtgärten lebt der Goldbrustammer.
Im Brutverhalten unterscheiden sich alle diese europäischen Finkenvögel nicht von ihren amerikanischen Verwandten. Alle bauen offene Nester im Gebüsch und auf Bäumen, meist auf oder kurz über dem Boden. Nestbau und Brüten obliegen vorwiegend dem Weibchen, wenn auch bei einigen Arten das Männchen hilft. Die Gelege enthalten 3 bis 6, meist 4 oder 5 Eier, und viele Arten ziehen mehrere Bruten im Jahr auf. In der Färbung der Eier gibt es kleine Unterschiede, doch finden wir meist helle Farbtöne mit feinen Tupfen.

Weberfinken *(Ploceïdae)*

Die 375 Arten, die wir unter diesem Familiennamen zusammenfassen, fallen in 3 gut abgegrenzte Gruppen, nämlich 112 Stieglitzvögel *(Carduelinae)*, 107 Prachtfinken *(Estrildinae)* und 156 Webervögel, mit insgesamt 4 Unterfamilien, deren größte die Nominatgruppe der *Ploceïnae* darstellt. Diese 3 Hauptgruppen sind eng miteinander verwandt, doch ob sie alle tatsächlich aus der gleichen Stammgruppe hervorgegangen sind, bleibt noch zweifelhaft.
Die Weberfinken lassen keine engeren Beziehungen zu irgendeiner anderen altweltlichen Vogelgruppe erkennen. Die größten Ähnlichkeiten bestehen noch zu den neuweltlichen Finkenvögeln, denn beide Familien haben sich ungefähr parallel zueinander entwickelt. Abgesehen von ihrem kräftigen, kegelförmigen Körnerfresserschnabel finden wir auch bei den Weberfinkenvögeln eine Reduktion der 10. Handschwinge, wenn auch nicht so betont wie bei ihren westlichen Verwandten. Bei manchen Arten, insbesondere in der Unterfamilie der Stieglitzverwandten, bleibt die 10. Handschwinge durchaus noch erkennbar, wenn sie auch nur noch die halbe Länge der 9. aufweist. Nur bei den am

Gimpel ♂
Pyrrhula pyrrhula
Gemäßigtes Eurasien; 15 cm.

Zeisig ♂
Carduelis spinus
Nördliches gemäßigtes Eurasien; 12 cm.

Bindenkreuzschnabel ♂
Loxia leucoptera
Nördliche Erdhälfte; 14 cm.

Stieglitz ♂
Carduelis carduelis
Europa, Westasien, Nordwestafrika; 13 cm.

höchsten entwickelten Formen ist diese Feder gänzlich verschwunden.
Andere anatomische Unterschiede zwischen beiden Familien beruhen auf dem abweichenden Bau der Gaumenknochen und der Kiefermuskulatur. Sehr eindrucksvolle Unterscheidungsmerkmale aber stellen die relativen Längen der Gliedmaßen und Schnäbel dar. Bei der altweltlichen Familie bleibt der Lauf verhältnismäßig kurz und übertrifft niemals die Länge der Mittelzehe einschließlich der Kralle. Der sichtbare Teil des Oberschnabels wirkt ziemlich lang und übertrifft die Länge der Unterkiefersymphyse um das Doppelte; das Umgekehrte gilt für die neuweltlichen Finkenvögel.
Die *Carduelinae* werden typisiert durch unseren Stieglitz, der sich gern von Distelsamen ernährt, und so leitet sich ja auch sein Gattungsname, aus dem wiederum die Bezeichnung der ganzen Unterfamilie gebildet wird, von dem lateinischen Wort »carduus« ab, das »Distel« bedeutet. Am höchsten entwickelt sind diese Stieglitzverwandten auf der nördlichen Halbkugel, wo sie offenbar in dem eurasischen Gebiet entstanden sind, das wir als Paläarktis zu bezeichnen pflegen und wo jetzt 20 Gattungen mit insgesamt 64 Arten zu Hause sind. Hiervon ausgehend haben sich die Stieglitzvögel mit 30 Arten über Afrika und mit weiteren 32 über Amerika ausgebreitet; verschiedene Arten kommen sogar auf allen diesen Kontinenten vor. 3 Arten sind bis Ostindien und zu den Philippinen vorgedrungen, aber keine hat Australien und die pazifischen Inseln erreicht.
Mit wenigen Ausnahmen haben wir es hier in weit stärkerem Maße mit baumbewohnenden Waldvögeln zu tun als bei den Finkenvögeln. Auch pflegen sie während ihres eigenartig wellenförmigen Fluges zu singen, und ihr Geselligkeitstrieb ist hoch entwickelt. Ausgesprochenen Zugvögeln begegnen wir nur selten, doch ziehen die meisten nördlicheren Arten zum Winter unregelmäßig nach Süden. Sie wandern in geschlossenen, einheitlichen Scharen; einige Arten nisten auch in lockeren Kolonien. Im Gegensatz zu den anderen Weberfinken bauen sie feste, offene Nester, die gewöhnlich in ziemlicher Höhe über dem Boden an Ästen untergebracht werden, doch nisten ein paar Arten, wie die Birkenzeisige, auch in baumlosen Gebieten. Im allgemeinen brütet nur das Weibchen, doch wird es vom Männchen, das auch beim Atzen der Jungen hilft, im Nest gefüttert. Recht große Unterschiede herrschen hinsichtlich der Färbung und der Mauser. Manche Arten sind gestreift oder gesprenkelt, an-

dere wieder sind gleichmäßig gefärbt. Die Geschlechter können sich unterscheiden oder ähneln; nicht selten tragen die Männchen ein buntes gelbes oder rotes Hochzeitskleid, das sie während der Herbstmauser ablegen, und dann gleichen die Männchen im Winter ebenso wie die Jungvögel durchaus den Weibchen. Beim einheimischen Stieglitz sehen sich die Geschlechter das ganze Jahr über gleich, doch unterscheiden sie sich beim amerikanischen Trauerzeisig, indem das Männchen ein leuchtend gelb-schwarzes Hochzeitskleid trägt, das aber im Spätsommer abgelegt wird.

Sein ansprechendes Äußeres, der schöne Gesang und seine leichte Haltbarkeit lassen unsren einheimischen Stieglitz als einen vortrefflichen Käfigvogel erscheinen. Er ist auf den Bermudas sowie in Australien und Neuseeland eingebürgert worden.

Nahe verwandt mit dem Stieglitz sind der bei uns häufige Bluthänfling, außerdem der Berghänfling der nordischen Moore sowie der Birkenzeisig, ein Vogel mit roter Kopfplatte bei beiden Geschlechtern, der von den Tundren beider Erdhälften an in den Birken-, Weiden- und Erlenwäldern des Nordens vorkommt, aber auch die Knieholzregion der Alpen bewohnt und auf den Britischen Inseln in Hecken und Buschwerk brütet. Überall in Gärten und Parks sowie im lichten Wald, von Nordwestafrika durch ganz Europa bis Westsibirien, lebt der Grünfink, allbekannt durch seine gelbe Flügel- und Schwanzzeichnung zum olivgrünen Kleid, seinen klingenden Ruf und das »schüäh« seines Gesanges. Das weiteste Verbreitungsgebiet aber nehmen die 22 einander so ähnlichen Zeisige ein, die im Nadel- und Laubwald der gesamten nördlichen Halbkugel beheimatet sind. Selbst in Afrika, südwärts bis zum Kap der Guten Hoffnung, haben sie sich akklimatisiert, und in Amerika sind sie den Kordilleren und Anden bis zur Magellanstraße gefolgt, so daß sie nun die einzigen Stieglitzvögel in Südamerika darstellen. Ein Stieglitzverwandter, der nach Haiti verschlagen wurde und dort die Gebirgsnadelwälder bewohnt, hat sich sogar zu einer eigenen Gattung entwickelt.

Eine der größten Arten in dieser Verwandtschaftsgruppe ist der bis 22 cm lange Hakengimpel, dessen Männchen rosarot aussieht, während das Weibchen grünlichbraun ist und einen gelblichen Scheitel und Bauch zeigt. Er brütet auf beiden Erdhälften im nördlichen Nadelwald, in Europa nur in Skandinavien. Der Nadelwald ist auch der Lebensraum unserer 3 Kreuzschnabel, von denen der Fichtenkreuzschnabel vorwiegend im Fichten-,

Birkenzeisig ♂
Acanthis flammea
Norden der nördlichen Erdhälfte; 13 cm.

Hausgimpel ♂
Carpodacus mexicanus
Westliches Nordamerika und Mexiko; 13 cm.

der Kiefernkreuzschnabel gern im Kiefern- und der Bindenkreuzschnabel vor allem im Lärchenwald lebt. Bei diesen Arten überkreuzen sich die Spitzen des Ober- und Unterschnabels in einzigartiger Weise und bilden so ein vorzügliches Instrument, um die Samen aus den Nadelholzzapfen herauszuholen. Daher findet man die Kreuzschnäbel nur selten außerhalb des Nadelwaldes, doch fressen sie auch andere Sämereien und füttern vor allem ihre Jungen mit Insekten. Auf beiden Erdhälften haben sich die Kreuzschnäbel, als »Zigeunervögel« den Nadelwäldern folgend, nach Süden ausgebreitet. Eine Population des Fichtenkreuzschnabels bewohnt das Hochland von Guatemala bis Nikaragua, während der Bindenkreuzschnabel sogar bis Haiti vorgedrungen ist und zusammen mit der dort beheimateten Zeisigart in den Nadelwäldern des Berglandes lebt.

Wohlvertraut sind wir mit dem kräftigen Kirschkernbeißer, der von Europa bis Ostasien lebt; mit seinem gewaltigen Schnabel knackt er Sämereien, Kerne und Knospen. Seiner schönen Färbung und des angenehmen Gesanges wegen wird er gern als Käfigvogel gehalten.

Nicht minder beliebt als Pflegling ist der hübsche Gimpel oder Dompfaff, dessen Heimat das gemäßigte und nördliche Eurasien von Nordspanien bis Kamtschatka und Japan ist.

Auch die am häufigsten im Käfig gepflegte Art gehört in diese Verwandtschaftsgruppe: der Kanarienvogel. Noch immer leben die Wildkanarien auf den Kanarischen Inseln, von wo aus sie im 16. Jahrhundert als Käfigvögel nach Europa eingeführt wurden, doch kommen sie auch auf den Azoren und auf Madeira vor. Verwandte Arten aus der gleichen Gattung gibt es in Afrika und Europa; am bekanntesten davon ist der einheimische Girlitz. Die freilebenden Kanarienvögel sehen auf dem Rücken olivfarben aus mit braunen und schwarzen Streifen, und auf dem Bauch grünlichgelb. Durch jahrhundertelange künstliche Zuchtwahl, bei der es vor allem auf das Aussehen und die Gesangsleistungen ankam, hat man die vielen Schläge herausgezüchtet, die heute im Handel sind.

In der Beliebtheit als Käfigvögel stehen die Prachtfinken als 2. Unterfamilie den Kanarienvögeln kaum nach, denn sie sehen nicht nur sehr bunt aus, sondern sind auch recht lebhaft und gewöhnen sich leicht in die Gefangenschaftsverhältnisse ein. Ihre gesanglichen Leistungen sind allerdings nur gering, wenn auch einige Männchen ein angenehm trillerndes Lied hören lassen; im übrigen aber besteht ihre Stimme zumeist nur aus einem einfachen Zirpen, Zischen und leisen Schwatzen.

Trotz ihrer farblichen Mannigfaltigkeit bilden die Prachtfinken doch im Hinblick auf ihre Anatomie und ihr Verhalten eine ziemlich einheitliche Gruppe. Heute unterscheiden wir 15 Gattungen mit 107 Arten kleiner, höchstens 15 cm langer Vögel

Tigerfink ♂
Amandava amandava
Indien bis Indochina und Ostindien; 7 cm.

Dreifarbige Papageiamadine ♂
Erythrura trichroa
Mikronesien bis Neu-Irland und Neue Hebriden; 11 cm.

Schwarzköpfchen ♂
Lonchura malacca atricapilla
Indien bis Philippinen und Ostindien; 11 cm.

mit kurzem, kräftigem, spitzem Schnabel. Sie unternehmen meist keine Wanderungen, sondern verbleiben an ihren Lebensstätten im offenen Grasland, im Pflanzenbewuchs der Sümpfe oder im Gebüsch der Waldränder und -lichtungen und finden ihre Nahrung hauptsächlich am Boden: Sämereien, aber auch Insekten, kleinere Früchte und Beeren.

Die Prachtfinken leben sehr gesellig und bilden oft riesige Schwärme, die sich aus 3 oder 4 Arten zusammensetzen; manche Arten brüten in Kolonien. Stets errichten sie ein überdachtes rundes, melonen-, birnen- oder flaschenförmiges Nest mit einem seitlichen Eingang, aber von auffallend lockerem Bau. Verschiedene Arten legen Schlafnester an, in denen sie sich ausruhen. Beide Geschlechter verfertigen nicht nur das Nest, sondern das Männchen beteiligt sich auch am Ausbrüten der 4 bis 10 reinweißen Eier und hilft beim Füttern der Jungen mit, die nach 11 bis 17 Tagen ausschlüpfen.

Die Nominatgattung der Astrilden *(Estrilda)* enthält 28 Arten, deren Verbreitungsgebiet von Afrika bis Australien reicht; ihr typischer Vertreter ist der Wellenastrild, ein Bewohner der schilfbewachsenen Sumpfgebiete im größten Teil Afrikas südlich der Sahara. Dichte Schwärme des kleinen Heuschreckenastrilds durchziehen das feuchtere Grasland, wo man die Vögel kaum sieht, wenn sie auf dem Boden ihre Nahrung suchen.

In Afrika lebt auch der Grüne Tropfenastrild, der nicht nur Grassamen, sondern auch Termiten frißt, sowie das Orangebäckchen, das außerdem auf Puerto Rico heimisch geworden ist, nachdem dort eine Anzahl entwichener Käfigvögel eine Kolonie gründete. Andere Arten, wie der Schmetterlingsfink, halten sich bei den Dörfern und auf den Kulturfeldern Ostafrikas auf. Gern bauen sie ihr überdachtes Nest in der schützenden Nähe von Wespennestern, benutzen aber auch die verlassenen Bauten der Webervögel, die sie dann mit Federn und Pflanzenfasern auskleiden. Unauffällige Bewohner des Dornengestrüpps und des Unterholzes sind die 3 Arten der Buntastrilden, die ruhig auf dem Erdboden nach kleinen Sämereien und Körnern suchen.

Der prächtige, kleine Tigerfink im südlichsten Asien hält sich in schilfbestandenen Sumpfgebieten und im feuchten Grasland auf und nistet unregelmäßig das ganze Jahr hindurch, vor allem während der Regenzeit, wenn die meiste Nahrung anfällt. Man fängt ihn mit Netzen für den Tierhandel, denn er wird in der Gefangenschaft zahm und zutraulich.

»Männchen«, »Nonnen«, »Schilf-« oder »Muskatfinken« nennen

wir die Angehörigen der Gattung *Lonchura*, deren Heimat von Afrika über das südliche Asien bis nach Australien und zu den Karolinen reicht und die mit 30 Arten eine der größten Gruppen der Prachtfinken darstellen. Ihre Grundfärbung besteht meist aus einem rötlichen Braun mit schwarzer und weißer Zeichnung. Diese fortpflanzungsfreudigen Vögel leben im Gras- und Sumpfland und ziehen – zumindest in Gefangenschaft – 5 Bruten im Jahr aus ihren 4 bis 8 Eiern auf. Die Jungen brüten bereits im ersten Lebensjahr.

Oft fallen Schwärme dieser Arten in die Getreidefelder ein, etwa die Schwarzköpfchen, das einen der ärgsten Schädlinge auf den Reisfeldern der Philippinen und Malaias darstellt. Scharen des Bronzemännchens ziehen über die offenen Landschaften des Kongogebietes und lassen sich dort nieder, wo gerade das Gras oder Getreide reift. Sie rasten auch gemeinsam und setzen sich dabei in den Schlafnestern, die sie eigens für die Ruhe anlegen, sogar übereinander. Häufig wird der Reisfink in den zoologischen Handlungen als Käfigvogel angeboten. Dieser untersetzte, graue Vogel mit dem rosa getönten Bauch zeigt zwei große Ohrflecken und einen hellrosa Schnabel. Im Käfig nimmt er sich sehr anziehend aus, weniger allerdings auf den Reisfeldern.

Auf die australische und orientalische Region beschränken sich die 23 Arten der bunten Amadinen, die sich auf 3 Gattungen verteilen. Ein typischer Vertreter ist die prächtige Gould-Amadine mit ihrem spitzen, nicht abgestutzten Schwanz, die sich in kleineren Scharen im offenen Grasland aufhält, oft in der Nähe von Wasserläufen. Nahe mit ihr verwandt, lebt der Zebrafink als ein häufiger Vogel in Australien und gelangt auch oft in den Tierhandel; seinen deutschen Namen verdankt er dem schwarzweiß gestreiften Schwanz. Im Busch oder auf niedrigen Bäumen, gelegentlich aber auch im hohen Gras oder sogar – ungewöhnlicherweise – in Baumhöhlen, bauen die Vögel ihr flaschenförmiges Nest aus trockenem Gras.

Einen spitzen Schwanz finden wir gleichfalls bei den leuchtendgrünen, mit roten oder blauen Flecken verzierten Papageiamadinen der Gattung *Erythrura*, die sich zumeist an den Waldrändern oder in den Bambusdickichten wohlfühlen, wo man sie dank ihrer grünen Färbung kaum erkennt. Weit verbreitet auf vielen pazifischen Inseln, von den Salomonen, Neuen Hebriden und Loyalitätsinseln nordwärts bis zu den Karolinen und westwärts bis zum Bismarck-Archipel, lebt die Dreifarbige Papageiamadine.

Gould-Amadina ♂
Erythrura gouldiae
Nordaustralien; 14 cm.

Schmetterlingsfink ♂
Uraeginthus bengalus
Östliches Afrika; 11 cm.

Olivgrüner Astrild ♂
Amandava formosa
Mittleres Indien; 10 cm.

Buntastrild ♂
Pytelia melba
Mittleres und südliches Afrika; 12 cm.

Die dritte Einheit dieser Familie wird durch die 4 Unterfamilien der Webervögel gebildet, nämlich die Büffelweber *(Bubalornithinae)*, die Sperlinge *(Passerinae)*, die Eigentlichen Weber *(Ploceïnae)* und Witwen *(Viduinae)*. Am stärksten ist diese Gruppe der Webervögel in Afrika verbreitet, wo sie vermutlich auch entstanden sein dürfte. Von hier aus haben sich zwei Unterfamilien weit über die paläarktische und bis zur Grenze der orientalischen Region vorgeschoben, und der überall gegenwärtige Haussperling wurde mit Hilfe des Menschen zum häufigsten und am weitesten verbreiteten Vogel.
Nur wenige Arten leben als Einzelgänger, die meisten aber äußerst gesellig. Ihren Namen tragen die Webervögel nach den riesigen Gemeinschaftsnestern, die einige Arten weben und die höchst kompliziert aufgebaut sind. Andere Arten verschwenden jedoch keine solche Mühe darauf, sondern schleppen lediglich Zweige und Stroh zu ganz losen Niststätten zusammen. Die Witwen sind sogar Brutparasiten und bauen überhaupt kein eigenes Nest. Auch das Fortpflanzungsverhalten einiger Arten erscheint sehr spezialisiert und schließt einige sonderbare Hochzeitsbräuche ein; weit verbreitet ist die Vielehe.
Nur wenige Webervögel kennen einen wohltönenden Gesang,

Maskenastrild ♂
Estrilda melanotis
Südafrika; 10 cm.

Grüner Tropfenastrild ♂
Mandingoa nitidula
Mittleres und
südliches Afrika; 7 cm.

Heuschreckenastrild ♂
Ortygospiza locustella
Südostafrika; Tanganjika;
8 cm.

doch verhalten sie sich im allgemeinen ziemlich lärmvoll, wenn ihr Ruf auch zumeist nur aus einem rauhen, eintönigen Zirpen und Schwatzen besteht. Vereinzelte Arten unternehmen regelmäßige Wanderungen, die anderen aber bleiben an ihrem Ort und wandern nur auf der Suche nach neuer Nahrung oder wechseln ihre Niststätten je nach der Jahreszeit oder auch Jahr für Jahr. Im allgemeinen halten sich die Webervögel in offenem Gelände auf, bewohnen aber noch verschiedene andere Lebensstätten: Im Waldesdickicht trifft man sie nur selten, während andere lockere Baumbestände lieben oder steinige Berghänge; die meisten bevorzugen Grassteppen, Savannen oder Sumpfgebiete. Eine ganze Anzahl, vor allem selbstverständlich der Haussperling, hat sich dem Menschen angeschlossen und hält sich in der Nähe seiner Wohnstätten auf.
Die urtümlichste und einheitlichste Gruppe bilden die 3 Büffelweber, große, kräftige afrikanische Sperlingsvögel von 20 bis 25 cm Länge, von denen zwei ein recht unscheinbares schwarzes und braunes Gefieder tragen, während der dritte durch seinen weißen Kopf und Bauch auffällt. In kleinen Schwärmen von etwa einem Dutzend Vögeln durchstreifen sie das trockene Grasland und die Felder, um ihre Nahrung, die etwa zu gleichen

Teilen aus Sämereien und Insekten besteht, auf dem Boden zu suchen. Sie bauen große Gemeinschaftsnester aus Zweigen, die sie auf den Ästen der großen Bäume anhäufen, und den tragenden Ast belegen sie mit Dornenzweigen zum Schutz gegen herumstreunendes Raubzeug. Jedes Nest besteht aus zwei oder mehr Kammern, die jeweils von einem Brutpaar besetzt werden und durch getrennte Eingänge nach verschiedenen Richtungen ins Freie führen. Nicht selten trägt ein einzelner Baum 9 oder 10 solcher Nester.

An erster Stelle unter den 35 Sperlingen genannt zu werden, verdient der Haussperling. Seine eigentliche Heimat umfaßt Europa, Westasien und Nordafrika, und dort hat er sich zum ausgesprochenen Stadtvogel entwickelt, der den europäischen Kolonisatoren in alle Teile der Erde nachfolgte. In Amerika wurde er im Jahre 1852 eingeführt, und zwar auf einem Friedhof in Brooklyn, New York; von dort aus hat er sich praktisch alle besiedelten Teile des Kontinents erobert. Ebenso erfolgreich setzte er sich in Südamerika, Südafrika, Australien, auf Neuseeland und Hawaii durch, doch sind einige Ansiedlungsversuche auch fehlgeschlagen. Im südlichen Grönland konnte er sich beispielsweise nicht halten, was ja nicht weiter überrascht. Auf den Philippinen vermochte er sich nicht gegen seinen nächsten Verwandten zu behaupten, den Feldsperling, der dort schon früher von Asien aus angesiedelt wurde und die gleiche ökologische Nische als Stadtvogel eingenommen hatte.

Der Feldsperling sieht ganz ähnlich aus wie das Männchen des Haussperlings, zeigt aber einen tief schokoladenbraunen Scheitel und einen schwarzen Fleck auf den helleren Ohrdecken; die Geschlechter unterscheiden sich nicht. Von Westeuropa an kommt er ostwärts bis China, Japan und Java sehr häufig in der Nähe der Städte vor und richtet in den Reisanbaugebieten beträchtlichen Schaden an. Sobald im Herbst die Zeit der Reisernte naht, fällt er in die Reisfelder ein.

Nahe verwandt mit den Sperlingen ist der Schneefink in den südlichen Gebirgen von Europa und Asien. In den Pyrenäen, Alpen, Apenninen und auf dem Balkan nistet er erst ab 1800 m Höhe; im Himalajagebiet geht er sogar bis fast 5000 m Höhe hinauf. Jeder Bergsteiger kennt diesen Vogel, der sich auch in der Nähe der Alpenhotels aufhält; von weitem wirkt er fast wie das Weibchen des Haussperlings, zeigt aber viel Weiß auf den Flügeln und dem Schwanz. Von den übrigen europäischen Sperlingen seien dann noch der im Süden heimische Weiden-

sowie der Steinsperling erwähnt, der vom südwestlichen und südlichen Europa an bis zum Himalaja und bis nach Südafrika vorkommt; seine Brutplätze an den Ruinen Mitteldeutschlands sind heute verwaist.

Im Freien bauen die Sperlinge ein geschlossenes, kunstloses Nest mit einem seitlichen Eingang, der Haussperling aber und seine nächsten Verwandten suchen sich Gesteinsspalten, Baumlöcher und jede Nische unter den Hausdächern, die sie dann mit Stroh, Zweigen, Federn und sonstigen Abfall vollstopfen. Der Feldsperling geht als Höhlenbrüter gern in Nistkästen, die aber auch der Haussperling oft besetzt. Das Gelege des Haussperlings enthält 4 bis 8 weiße, kräftig grau gesprenkelte Eier und wird von Weibchen und Männchen abwechselnd ausgebrütet. Etwa 13 bis 14 Tage dauert die Brutzeit, und ebenso viele Tage braucht es, bis die Jungen flügge sind. Gewöhnlich werden zwei oder mehr Bruten im Jahr aufgezogen.

Das am höchsten entwickelte Brutverhalten zeigt der südafrikanische Siedelsperling, dessen riesige Gemeinschaftsnester manchmal aus der Ferne wie Eingeborenenhütten wirken. Nicht weniger als 100 bis 300 Brutpaare arbeiten zusammen, um diese bis 3 m hohen und bis 5 m breiten Bauten hoch oben in den Zweigen eines möglichst einzeln stehenden Baumes zu errichten. Als erstes wird die gemeinsame Bedeckung in Form eines wasserdichten Strohdaches angelegt, und darunter hängen dann die retortenförmigen Brutkammern der einzelnen Paare; als Eingang dient eine vom Boden ausgehende Röhre. Die Vögel nisten mitten im Sommer, der dort in unsere Weihnachtszeit fällt, und legen dann ihre 2 bis 4 mattweißen, kräftig dunkelblau gesprenkelten Eier. Das ganze Jahr über bleibt der Schwarm bei seinem Baumnest zusammen, unaufhörlich schwatzend, denn einen eigentlichen Gesang kennen diese Vögel nicht. Außerhalb der Nistzeit suchen sie in kleineren Verbänden nach Grassamen und Insekten, kehren aber zur Nacht wieder in ihr Gemeinschaftsnest zurück.

Etwa 109 Arten bilden die Gruppe der Eigentlichen Weber, deren Angehörige vor allem in Afrika, aber auch im südlichen Asien leben. Hier unterscheiden sich die Geschlechter zumeist, indem die Weibchen ein mattgraues Gefieder tragen, ähnlich dem der weiblichen Spatzen, während die Männchen zur Brutzeit ein buntes Kleid mit Gelb und Schwarz zeigen; nach der Brut gleichen sie sich im Aussehen ihren Weibchen an. Auch die Jungen sehen im ersten Jahr etwa wie die Weibchen aus, denn nicht vor

Ende des zweiten Jahres legen sie ihr Hochzeitskleid an. Nur ein paar Arten nisten allein, die meisten aber in Kolonien, die einige wenige bis Millionen von Brutpaaren umfassen können. Sie alle weben hübsche flaschen- oder retortenförmige Nester, zu denen der Eingang entweder von der Seite oder durch einen langen Schlauch zum Boden führt.
Als Beispiel sei der Textorweber genannt, ein häufiger Vogel, der sich gern an die Eingeborenensiedlungen des tropischen Afrika hält. Hier tragen die großen, einzeln stehenden Bäume oft Hunderte seiner Nester, die aber keinen Gemeinschaftsbau bilden wie beim Siedelsperling, sondern einzeln an je einem Zweig aufgehängt werden. Das Männchen beginnt den Nestbau, indem es zuerst einen Rahmen aus Palmenfasern webt. Das Material dazu beschafft es sich dadurch, daß es zuerst ein kleines Loch in einen Palmenwedel hackt und dann im Fortfliegen eine lange Faser herauszieht An diesem Rahmen wird das Nest in Form einer umgekehrten Flasche befestigt, und als Eingang dient eine Röhre vom Boden aus. Den Rest besorgt das Weibchen, indem es das Ganze mit weicherem Material auspolstert. In manchen Kolonien halten sich die Geschlechter ihrer Zahl nach etwa die Waage, doch überwiegen in anderen die Weibchen. Wenn dann ein Männchen seine Partnerin glücklich soweit gebracht hat, daß sie auf ihren Eiern sitzt und brütet, baut es ein zweites Nest und sucht sich ein neues Weibchen.
Außerordentlich häufig lebt in Indien, Indochina und Malaia der verwandte Bajaweber, dessen Flaschennester zu 8, 10 oder oft auch zu 50 bis 100 Stück von den Bäumen der ländlichen Siedlungen herabhängen. Auch hier beginnt das Männchen mit dem Nestbau und webt zuerst eine feste Stütze aus Grasfasern um den Zweig und dann eine hängende Schlinge, an die nun feste Wände angefügt werden sowie eine seitlich nach unten ragende Eingangsröhre. Das Ganze kann ein paar Zentimeter bis über einen Meter lang sein. Sobald die Außenseite des Nestes fertiggestellt ist, kommen die Weibchen herbei und wählen sich ein ihnen zusagendes Nest aus; während »Sie« das Auspolstern übernimmt, stellt »Er» den röhrenförmigen Eingang fertig. Kaum fängt das Weibchen an zu brüten, macht sich das Männchen schon wieder mit dem Bau des nächsten Nestes zu schaffen, und so geht es die ganze Brutzeit hindurch. Wenn jedoch kein ausgesprochener Weibchenüberschuß herrscht, bleiben die zusätzlichen Nester oft leer oder unvollendet.
In den Kulturlandschaften sind verschiedene afrikanische Weber-

Viehweber ♂
Dinemellia dinemelli
Sudan bis Abessinien und Kenia; 23 cm.

Blutschnabelweber ♂
Quelea quelea
Afrika südlich der Sahara; 12 cm.

Haussperling ♂
Passer domesticus
Eurasien und Nordafrika; 15 cm.

Feldsperling
Passer montanus
Eurasien; 13 cm.

vögel zu einer ernsten Gefahr geworden. Das gilt vor allem für den kleinen Blutschnabelweber, einen gut 12 cm langen, graubraunen Vogel mit leuchtend rotem Schnabel. Zur Brutzeit trägt das Männchen rote Tupfen um den Kopf und eine schwarze Gesichtsmaske, gleicht aber während des übrigen Jahres dem unscheinbaren, sperlingsähnlichen Weibchen. Planlos durchstreifen die Blutschnabelweber in Schwärmen die offenen und spärlich bewaldeten Savannen, und wenn einer dieser nach Millionen zählenden Schwärme zur Reifezeit des Getreides in die Felder einfällt, richtet er derartige Verheerungen an, daß man den Vögeln bereits mit Flammenwerfern und Chemikalien, die vom Flugzeug aus abgeregnet wurden, zu Leibe gehen mußte.

Die Blutschnabelweber sind außerordentlich vermehrungsfreudig, nisten dort, wo es ihnen gerade paßt, und brüten, im Gegensatz zu den meisten anderen Webervögeln, bereits im ersten Lebensjahr. Ihr Brutinstinkt wird durch das Einsetzen der Regenzeit ausgelöst, und dann lassen sie sich irgendwo nieder und gehen ihren Fortpflanzungsgeschäften nach. Anscheinend suchen sich die großen Schwärme in jedem Jahr neue Nistplätze. Manchmal ist hektarweit jeder Baum mit ihren Nestern bedeckt. Wieder baut das Männchen das Nest als einfaches, eiförmiges Gebilde aus Gras mit einem oberen Seiteneingang und nur wenig oder überhaupt keinem Polstermaterial. Sobald das Nest fertig ist, und wenn es dem Weibchen gefällt, paaren sich die Vögel und legen am nächsten oder am darauffolgenden Tag die Eier. An diesen Massennistştätten scheint es keine Vielehe zu geben, denn die Männchen brüten hier hin und wieder am Tage, während das Weibchen immer die Nachtzeit auf den Eiern verbringt. Am 13. Tag kommen die Jungen aus, und zwar alle mit einem Male innerhalb der gesamten Kolonie. Nach 12 Tagen verlassen sie das Nest, und dann begibt sich wieder der ganze Schwarm, vermehrt durch die neu hinzugekommenen Jungvögel, auf seine ungerichtete Wanderschaft.

Als ansehnlichste Angehörige dieser Familie müssen der Oryx- und andere Widahweber gelten. Das Männchen des Oryxwebers gehört nicht nur zu den buntesten Webervögeln, sondern zeigt auch ein überaus bemerkenswertes Paarungsverhalten. In hüpfendem Flug balzt es vor seinem Harem von 2 oder 3 Weibchen und klappert dabei mit den Flügeln. Die Art nistet im Röhricht der Sümpfe und befestigt ihr schalenförmiges Nest zwischen zwei Schilfstengeln. Die Vögel fressen zwar Termiten, schaden aber auch den Ernten.

Eine nahe verwandte Gruppe bezeichnet man als »Witwen«. Dieser Name ist nichts weiter als eine Verballhornung der Küstenstadt Ouidah im Golf von Guinea, von wo die ersten Vögel herkamen. Deshalb sollte man hier von Widahwebern sprechen, zum Unterschied von den Eigentlichen Witwen. In dieser Gruppe tragen die Männchen zur Fortpflanzungszeit nicht nur bunte Farben, sondern auch verlängerte Schwanzfedern. So erreicht das Männchen des Hahnenschweif-Widahwebers, ein glänzend schwarzer Vogel mit scharlachroten Flügeldecken, trotz seiner geringen Körpergröße eine Gesamtlänge von knapp 60 cm und stellt damit den größten Vogel der Familie dar.

Am weitesten aber fällt die Unterfamilie der Eigentlichen Witwen *(Viduinae)* aus dem Rahmen der Familie; ihr Lebensbereich ist das offene Grasland südlich der Sahara. Im Gegensatz zu den unauffälligen braunen Weibchen gehören die Männchen im Hochzeitsgewand mit den langen Schmuckfedern ihres Schwanzes zu den auffälligsten Erscheinungen ihrer Familie. Sie alle leben nicht nur in Vielehe, sondern treiben auch Brutparasitismus und zeigen außerdem ein Balzverhalten, das an das der Laubvögel erinnert, wie die Hochzeitsflüge bis zu 100 m Höhe mit klappernden Flügeln und zitterndem Schwanz.

In ihrem Brutparasitismus sind sie sehr wählerisch: Jede Art legt ihre Eier in die Nester von ganz bestimmten anderen Vögeln, zumeist Prachtfinken. Die Eier sind auch nicht getönt oder gefleckt wie bei den anderen Webervögeln, sondern reinweiß wie bei den »bevorzugten« Astrilden. Überraschenderweise zeigen sogar die jungen Witwen das gleiche bunte Mundinnere wie die Wirtsvögel – eine Eigenschaft, die ihnen vielleicht von gemeinsamen Ahnen überkommen ist.

Das Witwenweibchen soll zwar manchmal ein Ei aus dem fremden Nest entfernen, doch sonst scheinen die Prachtfinken nicht weiter geschädigt zu werden. Die jungen Witwen wachsen neben den nesteigenen Jungen auf, denen sie stark ähneln. Gern möchte man wissen, wann und wie die jungen Witwen merken, daß sie ja gar nicht hierhergehören, und wie sie zu ihren eigentlichen Artgenossen finden. Es gibt eben noch sehr viele Probleme im Zusammenhang mit dem Brutparasitismus zu lösen, und zwar nicht nur bei den Witwen, sondern auch bei den Kuckucken, Honiganzeigern und Kuhstärlingen.

1 **Siedelsperling**
Philetairus socius
Südafrika; 13 cm.

2 **Paradieswitwe ♂**
Steganura paradisaea
Tropisches Afrika; 38 cm.

3 **Oryxweber ♂**
Euplectes orix
Südafrika; 13 cm.

4 **Textorweber ♂**
Textor cucullatus
Erythräa und Abessinien

5 **Brillenweber ♂**
Hyphanturgus acularis
Tropisches Afrika; 16 cm.

Register

Die Ziffern mit * beziehen sich auf Seiten mit Abbildungen.